国外建筑理论译丛

建筑理论导读
——从 1968 年到现在

[美] 哈里·弗朗西斯·马尔格雷夫　著
戴维·戈德曼

赵　前　周卓艳　高　颖　译

中国建筑工业出版社

著作权合同登记图字：01-2012-8811号

图书在版编目（CIP）数据

建筑理论导读——从 1968 年到现在 /（美）马尔格雷夫，戈德曼著；
赵前，周卓艳，高颖译 .—北京：中国建筑工业出版社，2016.10
（国外建筑理论译丛）
ISBN 978-7-112-19786-6

Ⅰ .①建⋯ Ⅱ .①马⋯②戈⋯③赵⋯④周⋯⑤高⋯ Ⅲ .①建筑理论
Ⅳ .① TU-0

中国版本图书馆 CIP 数据核字（2016）第 214735 号

An Introduction to Architectural Theory: 1968 to the Present / Harry Francis Mallgrave and David Goodman,
978-1405180634 / 1405180633
Copyright © 2011 Harry Francis Mallgrave and David Goodman
Chinese Translation Copyright © 2016 China Architecture & Building Press
All rights reserved. This translation published under license.
Copies of this book sold without a Wiley sticker on the cover are unauthorized and illegal.
没有 John Wiley & Sons, Inc. 的授权，本书的销售是非法的

本书经美国 John Wiley & Sons, Inc. 出版公司正式授权翻译、出版

　　本书是第一本全面介绍自 1968 年以来过去 40 多年间重要的建筑理论和建筑思想的图书。它以敏锐而生动的文字阐述了深刻的问题，描述了发生在建筑思想领域中的一场真正的革命，以及这种知识大动荡所带来的影响。本书也是第一本完整的且具有批判性的建筑理论史，它涉及了广泛意义上的建筑理论架构，包括城市规划、建筑结构和景观设计；涵盖了对自 1968 年以来的建筑思想史的调查（包括对高技派现代主义的批判、后现代主义和后结构主义理论的兴起，批判的地域主义和建构），全面回顾了过去 15 年在建筑思想中所产生的显著变化，系统介绍了 20 世纪的 70 年代、80 年代、90 年代三个 10 年中出现的新理论观点及其代表人物和代表作品，总结、分析了建筑领域的现状及其未来一些年可能会出现的趋势。

　　本书实例充足、文字生动，观点鲜明，条理清晰，语言通俗易懂，具有一定的思想深度。对我国建筑师、城市规划师和相关专业的在校师生而言，这无疑是本很有价值的建筑理论文献，而对建筑历史、建筑理论感兴趣的一般读者而言，本书也具有较高的阅读性。

责任编辑：董苏华
责任校对：王宇枢　张　颖

国外建筑理论译丛
建筑理论导读——从 1968 年到现在

[美]哈里·弗朗西斯·马尔格雷夫　戴维·戈德曼　著
赵　前　周卓艳　高　颖　译
＊
中国建筑工业出版社出版、发行（北京海淀三里河路 9 号）
各地新华书店、建筑书店经销
北京嘉泰利德公司制版
北京云浩印刷有限责任公司印刷
＊
开本：787×1092 毫米　1/16　印张：16¼　字数：353 千字
2017 年 1 月第一版　2017 年 1 月第一次印刷
定价：59.00 元
ISBN 978-7-112-19786-6
（29307）

目　录

序言　20世纪60年代

从第二次世界大战结束到20世纪60年代中叶，建筑界被两大价值观所主导。一种表现为现代性视野下的政治信仰——社会改良派相信通过影响社会变革并建立起一种普遍存在的社会环境秩序，建筑师能够在较大程度上改善人性，也能挽救由于全球物质和精神破坏而产生的灾难。另一种则相信技术及其应用是行之有效的最佳途径。面对这些豪言壮语描述下的理想，有人可能会说在统一的现代性前提下，20多年来，技术幻想一直迷惑着建筑风格的"女主人"，而她却一点儿也没有想到这种令人兴奋的诱惑会如此之迅速便失去了魅力。

其实，我们在追溯历史时不难发现这时期存在一些预示着未来建筑将发生分歧的迹象。1947年，刘易斯·芒福德（Lewis Mumford，1895—1990年）提出地域性现代主义的可能性，但却遭到了自封为现代艺术博物馆（the Museum of Modern Art）权威的无礼审查。[1]同年，阿尔多·凡·艾克（Aldo van Eyck，1918—1999年）① 在布里奇沃特② 召开的国际现代建筑协会（CIAM）上挑战了奉行现代设计的极端理性主义者，然而并未得到支持。[2]1953年，在普罗旺斯地区艾克斯城举行的另一次国际现代建筑协会上，阿尔及利亚和摩洛哥的建筑师团队递交了一份住宅设计方案，其建筑样式与国际现代建筑协会所推崇的典范大相径庭，而来自伦敦的另一建筑师团队也大胆挑战了《雅典宪章》提出的城市规划理论和方法。[3]1959年，作为意大利颇有影响力的杂志《美屋》③ 的编辑，厄内斯托·罗杰斯（Ernesto Rogers）在两个层面上质疑建筑现状：其一，意大利从现代主义"撤退"，这主要表现为近期一些建筑师着迷于20世纪初的"新自由主义"（Neoliberty）形式；其二，国际现代建筑协会已成为历史主义致命的子弹——也就是说建筑渴望一种更具包容性的现代主义，建筑设计有时也应谦恭有礼地参照历史。说也奇怪，这种对现状的抨击居然

---

① 荷兰建筑师，年轻时曾在英国接受教育，是结构主义建筑运动中最有影响力的建筑师之一。1954—1959年，他在阿姆斯特丹建筑学院任教，1966—1984年任代尔夫特技术学院教授。凡·艾克是国际现代建筑协会的活跃成员，也是"十次小组"的主要创立者，他主张建筑设计应摈弃功能主义，回归人文关怀，认为二战后所谓的现代主义建筑实际上大都缺乏创新。1959年到1963年，他一直是荷兰著名建筑杂志《论坛》的编辑（于1967年重返该职位），这也为他宣传"十次小组"的观点提供了极大便利。——译者注
② 美国南达科他州下属的一座城市。——译者注
③ 即Casabella-continuità，意大利知名的建筑与产品设计杂志，月刊，它创办于1928年的米兰，着眼于现代激进的设计，也包含对世界杰出建筑师的采访。——译者注

图 P.1 维拉斯加塔楼，BBPR，米兰（1950—1958 年）。
本图经戴维·塞奇（Davide Secci）许可

促成了罗杰斯（他的设计公司是 BBPR's）的设计作品维拉斯加塔楼（Torre Velasca，1950—1958 年，图 P.1）的建成。这座建筑是米兰市区的一座现代混凝土塔楼，对很多评论家而言，它悬挑出的顶部楼层唤起了人们对意大利中世纪城镇的回忆。这次，来自官方的反应是快速而敏锐的，在荷兰奥特罗举办的第 59 届国际现代建筑协会上，罗杰斯的历史主义隐喻成为被攻击的对象。早在几周前，针对意大利杂志《美屋》着迷于"新自由"风格的问题，著名的建筑评论家雷纳·班纳姆（Reyner Banham，1922—1988 年）即使没有谴责它的隐喻手法，也对其告诫：

> 若用马里内蒂[①]的语言来形容拉斯金[②]的理想的话，那就是：为建筑披上旧装就像一个人虽然身体已经完全成熟，但还想在自己的婴儿床上再睡一觉，重温被年迈的保姆哺育的快感以恢复儿时的平静。即使以纯粹的米兰和都灵地方标准来衡量，"新自由"风格也是一种幼稚的回归。[4]

技术和生态

实际上，在 20 世纪 50 年代末，班纳姆已经成为技术领域中的佼佼者，并在接下来的 10 年中尽享其胜利成果。他文学上才华横溢、多产且敏锐，50 年代后半期一直在杰出的德国流亡历史学家尼古拉斯·佩夫斯纳（Nikolaus Pevsner）的引导下致力于意大利未来主义的研究。与此同时，他还参加了伦敦新粗野主义（New Brutalist）运动兴致勃勃的讨论，并且还与"独立小组"（Independent Group）[③]中主张突破传统的一派过从甚密。其中，

---

① 这里是指意大利诗人、文艺批评家菲利波·托马索·马里内蒂（Filippo Tommaso Marinetti，1876—1944 年）。作为 20 世纪初未来主义运动的发起者，他于 1909 年发表了《未来主义宣言》，提出了未来主义的一些主张，表现出对陈旧文化思想的憎恶和对速度、科技等元素的狂热。——译者注

② 约翰·拉斯金（John Ruskin，1819—1900 年），英国维多利亚时代伟大的艺术家、作家、艺术评论家。他主张回归中世纪社会，倡导手工艺劳动，其思想对工艺美术运动中威廉·莫里斯等人的影响很大。——译者注

③ 从 1952 年开始，在伦敦以当代艺术学院为中心，汉密尔顿等一批年轻画家、雕塑家、建筑师和评论家开始讨论当代技术和通俗表现媒介的相关问题，他们自称为"独立小组"，着重讨论大众文化及其含义，如西方电影、广告牌、机器之美等，该团体迷恋新型城市的通俗文化，尤其被美国的表现形式所吸引。——译者注

后者是伦敦当代艺术学院（London's Institute of Contemporary）的一个艺术论坛，参加者包括理查德·汉密尔顿（Richard Hamilton，1922—2011年）[①]、劳伦斯·阿罗韦（Lawrence Alloway，1926—1990年）[②]、约翰·麦克黑尔（John McHale，1922—1978年）[③]。他们志同道合，均对美国爵士乐、大众文化、好莱坞电影、科幻以及底特律汽车表现出近乎病态的热爱，这也在向世人表明：虽然被称为"垮掉的一代"，但他们觉醒的灵魂却正徘徊于追求某种更伟大的目标的边缘。

1960年，班纳姆的博士论文《第一机器时代的理论和设计》（Theory and Design in the First Machine Age，1960年）在建筑理论界产生了划时代的意义，这不仅在于其本身的学术成就，而更主要的在于其对"功能主义与技术"的关注。班纳姆的主要观点是：被诸如汽车和远洋邮轮所鼓舞的"第一机器时代"现在其实已被更令人神往的"第二机器时代"所取代（当然还未被颠覆）。能够明确解释这一时代趋势的是一些新生事物：电视、广播、电动剃须刀、吹风机、磁带录音机、搅拌机、研磨机、洗衣机、冰箱、真空吸尘器以及磨光器，这些新玩意儿使今天的家庭主妇拥有了比20世纪初产业工人还强大的动力。如果20世纪20年代的汽车对于文化精英而言是地位象征的话，那么电视（第二机器时代的机器象征）则使民主精神成为大众娱乐的重要传播目标。[5]所有新机器时代缺乏的正是恰当的理论。

通过随后几年一系列的演讲和写作，班纳姆逐渐弥补了这种不足。面对越来越多的激进观点，他认为完善这种理论当务之急的就是更彻底地接纳技术及其概念。然而，这样的策略也是充满危险的，至少对不断增长的、自鸣得意的建筑业而言是如此：

> 打算以技术为契机的建筑师知道自己必须与速度赛跑才能保持设计的先进性，他可能必须模仿未来主义者，并放弃自己全部的文化素养，包括那种易于辨认的职业外表；另一方面，若他决定另辟蹊径，可能又会发现即使没有他，技术文化也会继续发展。[6]   4

班纳姆对建筑界深信不疑地以巨型结构来解决几乎所有城市问题的现状感到困惑，经过两年的深思熟虑，他决定在伦敦重要的建筑杂志《建筑评论》（Architectual Review）上质疑建筑的这种优柔寡断。[7]此时，英国已经在建造几座巨型城市，然而年轻一代却有许多不切实际的幻想。20世纪50年代后期，出生于匈牙利的以色列建筑师尤纳·弗里德

---

① 理查德·汉密尔顿（Richard Hamilton，1922—2011年）是世界上最有影响力的当代艺术家之一，波普艺术的领军人物，杜尚的学生，其代表作有"到底是什么使今日的家庭如此非凡迷人"。——译者注
② 劳伦斯·阿洛韦是英国著名的艺术评论家和策展人，也是"波普艺术"这一术语的发明者，20世纪50年代，他曾是"独立小组"的主要成员，自60年代起开始定居美国。——译者注
③ 约翰·麦克黑尔是出生于苏格兰的艺术家和社会学家，也是"独立小组"和伦敦当代艺术学院的创办者。——译者注

曼（Yona Friedman，1923 年— ）①创建了"移动建筑研究小组"（Group d'Etude d'Architecture Mobile，简称 GEAM），并提出了"空间城市"的设想：全球应倾力建造 1000 个巨型城市，其中每个城市能容纳 300 万居民。弗里德曼常与一些艺术家和思想家合作，如埃克哈德·舒尔策·菲利茨（Eckhard Schulze-Fielitz）、保罗·迈蒙（Paul Maymont）和康斯坦［尼乌文赫伊斯（Nieuwenhuys）］·弗雷·奥托（Constant Frei Otto，1925 年— ）。弗里德曼提出了"可移动的建筑"以应对躁动不安的社会中存在的永无休止的变化。在高耸于被舍弃了的大地景观之上建造一个多层的空间框架，居住者可以在这个空间框架中自由插入自己的居住单元，即使是食物生产也可以在高层的城市绿屋中进行。[8]

同年，日本的新陈代谢派（Metabolist）正试图以技术上异想天开的建筑方案来解决密集城市的人口问题。[9]与此同时，伦敦正在体验阿基格拉姆学派（Archigram）漫画书中奇妙幻想所带来的快乐，而未来主义者的另一个派别也正沉溺于对技术的迷恋。就他们付出的努力而言，1964 年也许是很重要的一年，这一年彼得·库克（Peter Cook）的"插入城市"和罗恩·赫伦（Ron Herron）的"行走城市"引起了巨大的轰动。[10]

在这种异想天开的欣喜背后有一位技术专家，他就是理查德·巴克敏斯特·富勒（Richard Buckminster Fuller，1895—1983 年）②，而在他众多的崇拜者中"布基"（Bucky）这个名字更广为人知。从 20 世纪 40 年代晚期开始，基于对非线性思想和"少费多用"（ephemeralization）的坚定信念，富勒一直奔走于世界各地建筑院校的演讲大厅，他认为对这类建筑不应以通常的审美观来评判，而应以其重量和生态完整性的程度来衡量。如果说 1928 年美国建筑师学会（American Institute of Architects）忽视了他"以最少结构提供最大强度"（Dymaxion）的建筑（20 世纪最早的、以可持续发展为明确目标的尝试）的话，那么到 20 世纪 60 年代早期时富勒已不再被忽视。他的信箱里塞满了各种客座教授和演讲的邀请函，荣誉开始垂青于他。当然，那种宣传在他为 1967 年蒙特利尔世界博览会设计建造的网格穹顶中达到了极点，然而人们只关注于他思想中的这一方面，却忽视了他更重要的理论贡献。

5 早在 1955 年，富勒就已经与伦敦的"独立小组"以及约翰·麦克黑尔有所联系。在

---

① 1923 年出生于匈牙利布达佩斯，城市规划师和设计师，20 世纪 50 年代后期到 60 年代初，因其巨型城市结构的设想而成名。第二次世界大战时，他为躲避纳粹迫害而迁居以色列城市海法达 10 年，1957 年后定居巴黎，1966 年成为法国公民。他从未有过建成物，但其想象力却影响了当今城市和建筑领域最前卫的实践者。——译者注

② 美国哲学家、建筑师及发明家，曾在 1946 年取得"戴麦克逊地图"（Dymaxion map）投影法的专利。在他的一生中，他论述了关于技术与人类生存的思想。他称这种思想为"dymaxion"（最大限度地利用能源，以最少结构提供最大强度），这个词来源于三个单词：Dynamic（意思是动力），Maximum（意思是最多、最大），还有 tension（意思是张力）。富勒对"dymaxion"这个词的解释是：用很少能量做更多事情的方法，他所做的每件事都是按照这种思想来完成的，如他设计一种"戴麦克逊车"，一座"戴麦克逊房子"和一张"戴麦克逊世界地图"，但也许他的另一项发明更为著名——由许多直线型材料制作而成的穹顶。——译者注

写给他们的信件中，他曾对奉行"国际式"风格的现代主义建筑师提出批评，认为他们仅仅肤浅地关心"浴室"的美学，而不关心墙后面的管道工程。这种批评使班纳姆深受触动，以至于在《第一机器时代的理论和设计》的结论中，他引用了这封信的一部分内容。[11]麦克黑尔也大受感染，并于 1962 年放弃了自己的艺术实践，前往美国并开始了与富勒的合作。同年，他出版了第一本以富勒的创作为主题的专著《世界资源清单：人类的趋势与需求》（Inventory of World Resources: Human Trends and Needs）。[12]10 年后，麦克黑尔被公认为未来主义的主要领导人。

然而，富勒已经开始了向其他方向的拓展。1963 年，他曾向国家航空航天局（NASA）中的高级结构研究小组咨询，此时美国正在计划首次载人登月事宜。富勒以自己的方式，通过参照返回地球的层际空间生态系统而思路豁然开朗——"该系统的生活配套设施是空间技术的独立生活装置与汽车工业技术的结合，这意味着在接下来的 10 年地球上将大量生产并使用自主生活技术。"[13]简而言之，他认为地球也像是一艘宇宙飞船，这种研究经验一定会有助于解决世界上的住宅问题，因为"古老的建筑艺术"基本上已落后于先进的技术，而无论如何提供住房的仅占世界人口中的很小一部分。

这一主题在《得洛斯宣言》（Delos Declaration）中引起了共鸣，富勒及其他 33 名科学家还在得洛斯岛上签署了一份协议。这座神圣的岛屿是神话中阿波罗合法但不适宜居住的出生地，科学家们在这里进行了为期 8 天的希腊岛游览。这次游览从法国第二大城市马赛出发，到雅典结束。因为雅典既是《雅典宪章》（Athens Charter）①的诞生地，也是著名的建筑师和城市规划师康斯坦丁诺斯·道萨迪亚斯（Constantinos Doxiadis，1914—1975 年）②伟大设想的诞生地——他曾邀请各个领域的专家汇集于此，试图就全球人口的任意增长提出一个科学（人类聚居学）的解决方案。[14]

20 世纪 60 年代后半期，"全球规划"的思想成为富勒追求的主题，这正如我们控制一个具有有限资源的层际空间星球的想法开始受到公众关注一样。[15]1965 年，肯尼斯·博尔丁（Kenneth Boulding，1910—1993 年）③在一篇向空间科学委员会提交的短文中贴切地谈到了这一点。其标题是《地球正如宇宙飞船》（Earth as a Space Ship），文中博尔丁认为生态学对于人口无限增长和生态污染缺乏深刻的洞察力，他严厉地批评了新兴的生态学运动："作为一门科学，生态学还远未超越观察研究鸟类的水平。"全球既要从使用矿物

① 1933 年 8 月，国际现代建筑师协会（CIAM）第 4 次会议通过的关于城市规划理论和方法的纲领性文件，提出了城市功能分区和以人为本的思想。它集中反映了当时探索新建筑的观点，特别是法国勒·柯布西耶的观点：要将城市与其周围影响地区作为一个整体来研究。——译者注

② 希腊建筑师和城市规划师，成名于巴基斯坦首都伊斯兰堡的城市规划。20 世纪 50 年代，他创办了"雅典人类聚居学研究中心"（Athens Center of Ekistics）和"雅典工学院"（Athens Institute of Technology），从事人类聚居学理论研究和人才培养工作。——译者注

③ 1910 年出生于英国利物浦，毕业于牛津大学，1948 年成为美国公民。博尔丁是经济学家、教育学家、和平主义者、诗人、宗教神秘主义者、虔诚的贵格会教徒、系统论科学家和哲学家。他是系统论的创建者之一，还独自开辟了经济学和社会学中的诸多研究领域。——译者注

燃料转变为利用海洋能源和太阳能源，也要着手研究相互制衡的地球系统。[16]正如他在结论中所写的那样："例如，我们不懂冰川时代的机制，地质稳定或干扰的真正本质，火山作用和地震的影响范围，我们居然也不懂复杂的被称为大气的热力机。"[17]

1965 年，富勒针对这一点发起了"世界设计学十年"的活动，他最初设计的一个方案后来成为 1967 年世界博览会的焦点。该方案以"世界游戏"（World Game）著称，它连接计算机（另一项技术发明）和世界各地的大学生，以便记载全球资源并设计最高效的资源利用方法。这个方案最初以南伊利诺伊大学为中心，1969 年夏天时初见成效，然后很快便有成百个来自世界各国的学生加入其中，在临时的网格穹顶中完成了很多研究。同年，伊恩·麦克哈格（Ian McHarg）出版了他的经典著作《设计结合自然》（Design with Nature）。富勒也出版了一些直接涉及环境主题的著作：《乌托邦或遗忘》（Utopia or Oblivion，1969 年）、《地球号宇宙飞船的操作手册》（Operating Manual for Spaceship Earth，1969 年）、《我看上去是个动词》（I Seem to be a Verb，1970 年）、《走向有益的环境》（Approaching the Benign Environment，1970 年）、《直觉》（Intuition，1972 年）以及《地球有限公司》（Earth, Inc.，1973 年）。包括他的两卷《协同论》（Synergetics）在内，这些集中于 20 世纪 70 年代后半期的作品是他作为几何学家的成就的迸发，使我们得以全面领会他独特的视角。20 世纪 60 年代，很多建筑学的学生偏爱富勒奇妙的思想理念，尤其是布基反过来称颂建筑师们为最后的广博思想家，他们不愧是人类最后的伟大希望。

现代主义的社会基础

如果我们转而分析热衷于技术的社会组成，可以发现人们在不断地质疑这种改革观——现代主义整体上缺乏公众需要的通俗性与亲和力。然而，这些也并非新鲜事。20 世纪 20 年代，德国早期现代主义者无装饰的建筑形式并没有被公众很好地接受，而 10 年后在英国，当它们进入德国建筑师作品集寻求庇护时，这种情况则更差一些。1940 年，英国批评家詹姆斯·莫德·理查兹（J.M. Richards）在《现代建筑导论》（An Introduction to Modern Architecture）一书开篇时即承认了公众并不喜欢这种新风格的事实。然而，他却相信当人们认识到现代主义的美学和结构基础后会接受这一风格的。[18]但是，事态的发展并没有得到改观，以至于 1947 年时，理查兹再次提醒国际现代建筑协会注意此事，经过几次客气斯文的讨论后，这一议案被搁置在一边。

在北美，即使企业界很快认可了高层玻璃幕墙——钢和玻璃的新技术在经济上的优势，公众也并没有对这种风格产生好感。在美国，很多欧洲人司空见惯的国际式现代主义风格饱受非议，这种不满实际上有两个来源：第一个是美国存在非正统的现代主义，它自 19 世纪 90 年代起在北美已有所发展，这其中首先要提到的是路易斯·沙利文（Louis Sullivant，1856—1924 年）学派和赖特（Frank Lioyd Wright，1869—1959 年），其次要提到的是在美国南部和西海岸沿线存在着多种现代主义的地域性解释；另一个不满来源于第二次世界大战结束后几年的"现代"城市设计策略。现在已很少有人还记得林登·约翰逊（1908—1973 年）^①"伟大社会"计划中的一些城市更新观念了，这个计划于 20 世纪 60 年代在肯尼迪和艾森豪威尔执政期间首次贯彻实行。这期间，美国很多城市都在清除建筑物——国家常利用政治手段为高速公路的修建扫清社会障碍，这也造成了 20 世纪 60 年代美国城市的快速衰退。10 年间，虽然建筑师们顺利地接受了高层建筑的"方案"，但是伴随城市聚居区而来的却是诸多问题：种族隔离、贫穷、福利和犯罪。

事实上，只有到了 20 世纪 60 年代，许多建筑师和批评家才开始认识到这些政策严重的局限性或质疑它们存在的理论基础。简·雅各布斯（Jane Jacobs）在其著作《美国大城市的死与生》（The Death and Life of Great American Cities，1961 年）中有力地抨击了"光辉城市，美丽花园"的思想，从而在整个欧美开创了一个反思现代城市规划理论的时代。其实，雅各布斯的先知先觉也是偶然间受到刘易斯·芒福德的启发才形成的，但这同时也受到凯文·林奇（Kevin Lynch）的著作《城市意象》（The Image of the City，1960 年）的影响，林奇在书中通过对城市"可意象性"（Imageability）的认知分析向现代主义城市环境的视觉层面发起挑战。赫伯特·甘斯（Herbert Gans，1927 年—）^②在《城市村民》（Urban Villagers，1962 年）一书中，生动地描述了波士顿意大利移民区在被"城市更新"政策废弃的前夜所展现出的丰富多彩的社会生活。马丁·安德森（Martin Anderson）^③的著作《联邦的威胁者》（The Federal Bulldozer，1964 年）用发人深省的统计学分析冷静而尖锐地批评了那些在社会和经济方面的错误政策。到 20 世纪 60 年代中期时，一些社会学家如爱德华·霍尔（Edward T. Hall）、罗伯特·萨默（Robert Sommer）和奥斯卡·纽曼（Oscar Newman）从人类学、心理学及建筑学的角度揭露了衰退的城市中心区在社会和物质层面的下降。然而就此而言，这些研究对华盛顿或其他各地的政治决策者们几乎没有产生任何影响。

小册子《社区与私密》（Community and Privacy，1963 年）是这方面一项有趣的早期研究，它由塞尔日·切尔马·耶夫（Serge Chermayeff，1900—1996 年）和克里斯托弗·亚历山大（Christopher Alexander，1936 年—）合著。俄罗斯出生的塞尔日·切尔马·耶夫经由英国曾前往哈佛大学和芝加哥设计学院学习，他的主要关注点是住宅社会学。该书旨在为"环境设计学"奠定基础，倡导建筑学借鉴并结合其他科学的分析研究成果。¹⁹ 它也是第二次世界大战后最早的生态学研究之一，作者不惜笔墨，用大篇幅的内容反对城市迁往郊区，同时也讨论了现代生活的压力。然而，也有人认为它存在致命的缺陷——即全新的信仰：人类的"品味"是可塑的，所有有待改变的人类行为都需要一些政府的说服。

尽管如此，这本书的其中两部分仍进一步演化为克里斯托弗·亚历山大的一本著作。亚历山大出生于奥地利，战争年代他随全家移民到英国，最后在剑桥大学学习数学和建

8

---

① 美国第 35 任副总统和第 36 任总统，也曾是国会参议员。——译者注
② 出生于德国的美国社会学家，1997—2007 年间曾执教于哥伦比亚大学，是当时最多产、最具有影响力的社会学家之一。——译者注
③ 经济学家，政策分析师，作家，罗纳德·里根总统的主要顾问之一。——译者注

筑学。20 世纪 50 年代晚期，他开始在哈佛大学攻读博士学位，在《社区与私密》中，他为典型的城市住宅建立了 33 种可变的设计，并将它们分成了一系列的小组（以 IBM 公司的 704 台计算机辅助完成），从而弥补了切尔马耶夫作品的不足。这种参数化的设计策略成为他博士论文的基础，因为他感到有必要研究现在这种难以解决的复杂性。1962年，他完成了论文《形式的综合：在理论上的注释》（The Synthesis of Form: Some Notes on a Theory）。[20] 两年后，他出版了《形式综合论》（Notes on the Synthesis of Form）。

这本书为设计师提供了分析和综合的模型，再现了 20 世纪 60 年代的另一番面貌：渴望找到一种复杂的设计方法以适应社会的多样性需求。亚历山大的方法是确定可能的设计参数，将它们合成为子集与树状图表，从而解决所有潜在的"格格不入"或形式与内容之间不和谐的相互关系。他还对"自觉"的设计和"不自觉"的设计进行了区分，并由此向西方建筑师奉为经典的设计（对亚历山大而言，这意味着形式与内容协调的完美设计）发起挑战，而这些所谓的"经典设计"案例从本土文化到第三世界文化都屡见不鲜。在这里，他还认为：现存的建筑传统和地域性材料易于表达建筑文化的独特性。亚历山大的这本书和他的博士论文还为一个"印第安村"的设计提供了 141 个设计参数。

正如亚历山大后来自己所指出的那样，他归纳的模型都有一个问题：在设计过程的编程阶段主观影响很大。但是，这里还存在另外一个问题。1962 年，在"十次小组"（Team 10）[①]的会议上，亚历山大提交了"印第安村"的设计方案并与同样也热衷于建筑之人文主义理想的阿尔多·凡·艾克进行了热烈的讨论。[21] 这件事使亚历山大深刻地反省了自己的树状图表，在 1965 年的一篇文章《城市不是树》（A City is Not a Tree）中，他进一步完善了自己早期认可的半格结构（semi–lattice structure）图表模式，借此各分支彼此间可以用多种方式进行叠加。[22] 在亚历山大看来，基于树形思考而设计的城市案例有很多，如新兴城市或近年来新建的城市——美国马里兰州的哥伦比亚和格林贝尔特、英国新城、昌迪加尔以及巴西利亚。他认为，正是由于各功能之间的分离和等级结构，这些城市规划现在已被证实是失败之举。他也列举了一些反其道而为之（反现代）的半格结构或"自然"城市的案例，如英国剑桥有很多各具特色的学院，它们并非界限分明而独立于城镇多彩生活之外的校园，相反，其周围环绕着咖啡馆、酒馆、商店和学生出租屋。他强调这种丰富和含糊正是人类生活的本质。

亚历山大的论文代表了其理论研究中一个有趣的转折点。现在，他的著作在很大程度上已降格为设计方法论的实证主义专题研究，但是由于 1967 年他在伯克利创建了环境结构中心（Center for Environmental Structure），因此他后来将研究方向转变成为建筑设计创建"模式"（patterns）。数学符号和点阵图没有了，取而代之的是一种描述"模式"的更灵活的概念——一种在特定文脉下对特殊问题采取的"如果 / 就"的解决模式，同时这种方法还得到研究的支持。这些模式可以应用于不同的建筑，且既适用于建筑单体，也适用于整个城市。

1968 年，这一体系以《一种形成综合服务中心的模式语言》（A Pattern Language

① 十次小组是以史密森夫妇为首的一个青年建筑师组织，因其在国际建筑师协会（CIAM）十次大会上公开倡导自己的主张，并对过去的方向提出创造性的批评而得名。——译者注

Which Generates Multi-Service Centers）首次出现，但也许一个促进他发展的更有影响力的因素则是他参加了联合国举办的"利马住宅方案设计"。这次设计由建筑师彼得·兰德（Peter Land）担任项目经理，兰德毕业于伦敦建筑联盟学院（London's Architectural Association，简称 AA），后来受聘于耶鲁大学。1966 年，他说服秘鲁政府和联合国为住宅方案的展示举办一次专业性的国际竞赛，即"住房试点项目"（Proyecto Experimental de Vivienda，简称 PREVI），从而可以为第三世界的住宅设计树立一种典范。出于对 20 世纪 60 年代大行其道的"超级社区"方案的反对，兰德在 1970 年的方案中提倡一种高密度、低层住宅的紧凑发展，这种方案实行人车分离，中间集中安排了社区设施、公园以及 450 个邻里单元，其周围由人行步道所环绕。住宅群的设计还包括有内天井、穿堂风、价格低廉的可扩展系统以及抗震结构。这一方案由 24 个建筑设计团队共同完成——包括 12 个秘鲁团队和 12 个国际团队，其中也有亚历山大的设计事务所。[23]

亚历山大及其合作者的工作成果不仅体现在方案上，还体现在另一本囊括了 67 种模式的著作——《模式生成住宅》（Houses Generated by Patterns，1969 年）上，该书的大部分内容来自秘鲁的住宅设计研究。正如亚历山大希望的那样，这些结合了组群、内部更关注"单元"、停车（很小的场地），强调行人路径的模式，"可能会促使一种新的秘鲁本土的建筑特色开始变得明确起来"。这种模式尤其对秘鲁文化习惯的敏感之处充满兴趣，如需要夜间舞厅，步行穿越学校，严格的私密梯度以及住宅入口处过渡空间的设计（图 P.2）。他们不但在重建地方传统的总体意图上不够成功，而且在建筑感的表现上也不够成

图 P.2 "入口空间"的示意，来自克里斯托弗·亚历山大，桑福德·赫申（Sanford Hirshen），萨拉 - 石川佳纯（Sara Ishikawa），克里斯蒂·科芬（Christie Coffin）和什洛莫·安格尔（Shiomo Angel），《模式生成住宅》（Houses Generated by Patterns，1969 年）。本图得到"环境结构中心"的许可

功。然而，在接下来的十年中，这些不足却为他极具影响力的研究奠定了基础，这些我们在后面的章节中再进行讨论。

1968 年

虽然以上的这些活动都有良好的初衷，但却由于 20 世纪 60 年代晚期的一些突发事件戛然而止。1963 年，总统约翰·F·肯尼迪（1917—1963 年）[①] 遇刺身亡令冷战时期的美国首次受到重创，一年之内，他的继任者林登·B·约翰逊作出了一个给日后带来灾难的决定——逐步加强对越南的战争，并通过制定扩军草案为战争提供了必要的兵力。同时，马丁·路德·金（Martin Luther King Jr，1929—1968 年）领导的民权运动在美国南部初步成形。政治抗议首先要求和平，但当一些立法在地方和全国的注册选民中获胜之后，1965 年时，塞尔马的暴力事件和沃茨的骚乱打破了这种平静。每年夏天，全国的黑人社区都会发生一些冲突，并会演变为暴力事件而蔓延开来。这些暴乱往往与当时普遍存在的反战示威游行相伴而行，不断地刺激着广泛联盟的觉悟青年。作为"婴儿潮"一代[②] 的抗议者，其思想意识在社会上流传甚广，波及马克思主义者、和平主义者、女权主义者、学者和知名人士，当然还有嬉皮士。一夜间，整整一代人被反正统的、全新的摇滚乐歌词所煽动，团结在反主流文化的叛乱中，这种时代特征因马素·麦克鲁汉（Marshall McLuhan，1911—1980 年）[③] 和昆廷·菲奥里（Quentin Fiore，1920 年—）[④] 的精辟论调"你不能再回家"而名垂后世。[24]

欧洲学生同样也不稳定，但这种心神不安似乎受其内部因素的驱使。一般而言，欧洲的年轻人对待政治也十分严肃认真，几乎全部的社会主义热情仅仅因不同的战争策略而产生分歧。例如 20 世纪 60 年代中期时，意大利常年不稳定的政府因其体制受到由北方学生与工会组成的革命联盟的攻击，已沦落到维持无政府和游击战的状态，而这次攻击的主要原因在于该联盟对南方农民的不满。同样，这一事实也隐含着对建筑领域的暗示，因为马克思主义理论跨越文化既存在于威廉·莫里斯的反工业主义中，也存在于赫伯特·马

---

① 美国第 35 任总统，其任期从 1961 年到 1963 年在得克萨斯州达拉斯市遇刺身亡为止。他是美国颇具影响力的肯尼迪政治家族中的一员，是美国自由派的代表。他的遇刺被视为对美国历史的发展产生重大决定性影响的事件之一，因为这一事件在其后数十年中一直影响了美国政治的发展方向。——译者注

② 在美国，"婴儿潮"一代是指第二次世界大战结束后，从 1946 年初至 1964 年底出生的人，人数大约有 7800 万，他们深刻地影响了美国政治、经济和文化的发展。60 年代中叶，越战期间，美国的年轻人掀起了反越战和"嬉皮"风，这只是一种消极的反抗，缺乏积极的建设性的思想。——译者注

③ 加拿大著名的哲学家和教育家，现代传播理论的奠基者，其观点深刻地影响了人类对媒体的认知。在没有"互联网"一词出现前，他已预示了互联网的诞生，并首先使用"地球村"一词（global village）。自 1960 年起，他一直是一个颇具争议但又极具影响力的人物。——译者注

④ 图形设计师，其主要作品集中于图书领域，并以 20 世纪 60 年代时期的设计著称，他将文字与图形或不同尺度的装置以动感的、非传统的方式组合在一起，与 60 年代激昂狂暴的时代精神相契合。——译者注

尔库塞（Herbert Marcuse，1898—1979 年）①的技术焦虑中，而他们都对技术进步普遍怀疑，或者说是不公开的反对。

欧洲的多次混乱局面也可被视为是 20 世纪 60 年代上演的各种街头戏剧。在这些参与表演的团队中，更有影响的是受达达主义鼓舞而于 1957 年创建的左翼联盟"国际情境主义"（Situationist International，简称 SI）②。经过几轮置换后，20 世纪 60 年代晚期，居伊·德波（Guy Debord，1931—1994 年）③的思想策略开始被"国际情境主义"所认可，其著作《景观社会》（The Society of the Spectacle，1967 年）对这些思想原则进行了扼要地阐述。马克斯·霍克海默（Max Horkheimer，1895—1973 年）④和特奥多尔·W·阿多诺（Theodor W. Adorno，1903—1969 年）⑤以多种途径更新了早期关于"文化工业"的理论，德波在其中概述了 221 篇短论文的策略（它们中有很多是故意从其他人那里剽窃而来或掩饰了这种剽窃），由此他抨击了发达资本主义、大众媒介、消费文化（商品拜物教）、宗教、家庭——简而言之，任何与"资产阶级"生活有远亲关系的事物。最后，他认为西方文化沉迷于每晚在夜间新闻中看到的"壮丽景象"，因而已变得毫无希望，而且亡羊补牢也无济于事。情境主义者选择在街道中将无政府的"情境"表演出来以对抗这种日渐衰弱的习惯，实际上，他们因自己是"剧中专家"而自豪。

12

无论在欧洲还是在其他地方，1968 年都是上演这类精彩表演很典型的一年。就美国而言，这一年年初便已预示了一种不祥，美国一侦察船在朝鲜海岸被截获，一周后，越共从越南南部发动了他们的新年攻势⑥，6 万名士兵越界进入南部一路直达西贡。⑦这次大屠杀遭到了强烈的反对，这也导致 3 月底林登·约翰逊放弃竞选下任总统，从而将美国总统竞选置于完全开放的状态。与此同时，中欧斯洛伐克的亚历山大·杜布切克（1921—1992 年）⑧取代了安东尼·诺沃提尼（1904—1975 年）⑨，成为共产党第一书记。这一令人欢呼的对抗

① 德国哲学家、社会学家和社会理论家，法兰克福学派的一员。他主要研究资本主义和科学技术对人的异化。——译者注
② 由前卫艺术家、知识分子、政治理论家组成的激进国际组织。"国际情境主义"活跃于 1957—1972 年间，其思想基础源自反独裁马克思主义和 20 世纪初的前卫艺术运动——达达主义与超现实主义，它试图综合两者的精髓以成为 20 世纪中叶一种对发达资本主义的现代批判。——译者注
③ 法国哲学家、马克思主义理论家、国际字母主义成员、国际情境主义的创始者、电影导演。1967 出版的《景观社会》（La Société du Spectacle）是他最有影响力的著作，对于之后的马克思主义、无政府主义等极左思想有着深远的影响。1994 年在刚度过 63 岁生日后几周，他自杀身亡。——译者注
④ 德国哲学家，法兰克福学派的创始人之一。——译者注
⑤ 德国社会学家、哲学家、音乐家及作曲家，也是法兰克福学派的成员之一，其社会批判思想使他自 1945 年起在法兰克福学派的批判理论中取得显赫的学术地位。——译者注
⑥ 也称作"春节攻势"，指 1968 年 1 月越南民主共和国（北越）正规军和越共游击队联手，针对越南共和国（南越）境内各军民指挥体系枢纽发动的大规模攻势。该攻势是越南战争中规模最大的地面行动，也是造成美国主动自越南撤军的关键事件。——译者注
⑦ 越南城市，现称胡志明市。——译者注
⑧ 捷克斯洛伐克政治家，于 1968 年 1 月到 1969 年 4 月担任捷克斯洛伐克共产党第一书记。——译者注
⑨ 1953—1968 年的捷克斯洛伐克共产党总书记。——译者注

标志着捷克和斯洛伐克人民结束了苏联长达 20 年的统治，迎来了"布拉格之春"。由于铁幕的阻隔，人们长期中断了与欧洲其他部分的联系，此时重获自由的喜悦溢于言表。

这种兴奋对法国学生来说有过之而无不及，3 月，法国学生欲占领巴黎大学①的楠泰尔（Nanterre）校园并要求主要的大学进行改革。4 月，马丁·路德·金惨遭暗杀，这无异于给高度紧张的局势火上浇油。5 月初，索邦对示威者的逮捕又进一步引发了游击战、罢工、路障和暴乱，从而使巴黎大部分地方遭遇了近两个月的戒严。同时，意大利学生占据了主要大学的大部分地方，并与工人一起迫使多数意大利的经济生产停滞。6 月，罗伯特·肯尼迪（1925—1968 年）②在洛杉矶一酒店的厨房遭到枪杀。这一年的夏天，人们不仅目睹了一般的种族暴乱、反战示威游行，还目睹了芝加哥民主党大会上有关"警察防暴"的电视现场报道。愤怒的欧洲学生和知识分子从容地高举旗帜，其上绘有菲德尔·卡斯特罗（1926 年—）③、切·格瓦拉（1928—1967 年）④以及苏联总书记列昂尼德·勃列日涅夫（1906—1982 年）的肖像。8 月初，还有众多坦克和 50 万华约（即《华沙条约》，Warsaw Pact）军队响应了捷克斯洛伐克人民"人性的社会主义"的号召。人们将杜布切克捆绑着拖至莫斯科参加所谓的"讨论"，几周后他返回布拉格，并在电视摄像机前眼泪汪汪地宣布放弃其犯罪活动。对很多观察家而言，1968 年的政治和军事景象存在着一些内在的悖论，仿佛并未给人留下深刻的印象。

面对这一年的喧闹与狂怒，现代建筑师们曾经的远大抱负也未能幸免于难。正如我们先前所说的那样：虽然现代性和进步的拥护者怀有创造美好世界的良好愿望，但直到此时，对于未来却表现出一种近乎一致的看法。这种高尚的职业形象与它的乌托邦激情一起仿佛断裂似的置于途中，却不能被完全理解。这种共同目标和技术进步的准则不仅很快遭到本行业年轻人的拒绝，而且对于越发不安分的建筑风格的"女主人"而言，即使有一天将真的离开家庭，她也会义无反顾，誓不回家。

---

① 巴黎大学（Université de Paris），前身为索邦学院，曾是世界上历史最悠久的大学之一，其授课历史大约可追溯到 12 世纪中期。1968 年法国学生运动之后，巴黎大学被拆分成 13 座独立的大学，沿用"索邦"称谓的大学为巴黎第一大学、巴黎第三大学和巴黎第四大学。——译者注
② 第 35 任美国总统约翰·肯尼迪的弟弟。——译者注
③ 古巴前领导人。20 世纪 50 年代，领导古巴革命，推翻了巴蒂斯塔亲美独裁政权，成功地将古巴转变为社会主义国家，并取得了一系列重大的社会经济成就。——译者注
④ 阿根廷的马克思主义革命家、医师、作家、游击队队长、军事理论家、国际政治家及古巴革命的核心人物。也是古巴共产党、古巴共和国和古巴革命武装力量的主要缔造者和领导人之一。古巴革命胜利后，任古巴政府高级领导人。后来辞去职务，离开古巴到第三世界进行反对帝国主义的游击战争。自切·格瓦拉死后，他的肖像便成为反主流文化的普遍象征和全球流行文化的标志。——译者注

第一部分　20世纪70年代

第 1 章　打破旧风格：1968—1973 年

　　如果 1968 年的社会和政治事件表现出建筑领域中一些有关信任危机的迹象，那么这些迹象确实并没有提供足够的细节或解释。事实上，如果这个时候仅仅着眼于专业期刊和出版物，人们大概难以找到可以表明与过去做法相决裂的任何证据。例如，维托里奥·格雷戈蒂（Vittorio Gregotti，1927 年—）[1] 在 1968 年完成了他的著作《意大利建筑的新方向》（New Directions in Italian Architecture），在书中他用一个章节来讲述意大利的建筑学院中学生的种种抗议，但是其中没有一个事例表明这种即将到来的建筑风格将会打破现代主义的传统。1968 年，欧洲最重要的项目就是由冈纳·贝尼施（Günther Behnisch，1922—2010 年）和弗雷·奥托共同设计的 1972 年慕尼黑奥运综合体方案。同样，1969 年，罗伯特·斯特恩（Robert Stern，1939—2013 年）完成了他的著作《美国建筑的新方向》（New Directions in American Architecture），并与保罗·鲁道夫（Paul Rudolph，1918—1997 年）[2] 合作设计了弗吉尼亚斯塔福德港的一个项目，这个项目充分体现了极端现代主义的主流风格。同年，以路易斯·康（Louis Kahn，1901—1974 年）为代表的费城学派设计的建筑在埃克塞特、纽黑文、沃思堡和印度拔地而起。与此同时，美国的凯文·罗奇（Kevin Roche，1922 年—）[3]，约翰·丁克路（John Dinkeloo，1918—1987 年）及其合伙人事务所也成为最繁忙的事务所之一，它负责监管纽黑文纪念体育馆（the Memorial Coliseum）和哥伦布骑士会（the Knights of Columbus）[4] 综合体的建造。1969 年中倘若存在着预示了现

---

① 意大利建筑师、城市规划师、理论家、评论家和教师。——译者注

② 美国建筑师。早年毕业于哈佛大学设计研究院，1940—1943 年间，他得到格罗皮乌斯的指导，1958 年起任耶鲁大学建筑系的系主任。保罗·鲁道夫重视建筑的创造性，提出"建筑设计表现个人素质。如果建筑师把自己的作品当成艺术品看待，那么参与工作的人越少越好，我们要正视这个问题。评价建筑，首先应该是它的创造性，然后才是别的。"在教学上，他宣扬设计简化的哲学，指出割爱的必要，认为建筑设计不可能把所有的要求都予以满足，只能重点突出的解决某些必须解决的问题。——译者注

③ 凯文·罗奇是一位重要的美国当代建筑师，也是 1982 年第四届普利茨克奖得主。他出生于爱尔兰都柏林，1948 年移民美国。1964 年成为美国公民。他去美国时，起意环球旅行 10 年，每年为不同的建筑师工作。伊利诺伊理工学院的研究生课程成为他的第一站，当时密斯正执教于此。1951 年，他加入了位于密歇根州的沙里宁事务所。他未来的合伙人约翰·丁克路（John Dinkeloo）也于同年加入。自 1954 年至沙里宁 1961 年辞世，凯文是其最主要的设计成员。——译者注

④ 世界上最大的天主教会兄弟会志愿者组织。1882 年成立于美国，它为纪念哥伦布而命名，并致力于"慈善"、"团结"、"兄弟情谊"、"爱国主义"的原则。——译者注

代主义将消亡的征兆的话,那么这就是周身笼罩着金色光芒的伟人——格罗皮乌斯(Walter Gropius,1883—1969 年)和密斯·凡·德·罗(Mies van der Rohe,1886—1969 年)——即最后两位"大师"的离世。

但是,杂志和书籍并不总是在说这种情况,尤其是因为来自 1968 年的主要分歧是一代人的问题。此外,这是一个将向极端现代主义的思想平台发起挑战的分水岭,它凭借的不是一种统一的对策,而是一种理论上的支离破碎,事实上,它是就如何着手而进行的试探性的开始与自我反省。1968 年前后,在政治与文化上还存在着一种尖锐的,足以区分北美和欧洲的理论分歧,这一点可以通过回顾罗伯特·文丘里(Robert Venturi,1925年—)和阿尔多·罗西(Aldo Rossi,1931—1997 年)相反的立场来说明。他们都在 1966 年出版了重要的著作以表明自己对现状的不满,都在接下来的几年里继续发展自己的思想,且都在随后,即 20 世纪 70 年代中期时领导了不同的思想流派——这两个流派均是"后现代主义"萌芽中明确的分支。然而,这两种观点的理论基础并不一致。

文丘里和斯科特·布朗

作为一个反叛者,罗伯特·文丘里是第一个获得认可的人。1950 年,他获得了普林斯顿大学的建筑学学位,之后曾在奥斯卡·斯托诺洛夫(Oscar Stonorov,1905—1970 年)、埃罗·沙里宁(Eero Saarinen,1910—1961 年)和路易斯·康等人的事务所工作。1954 年,他赢得了罗马奖并延长了在这个城市的逗留。从 1957 年起,文丘里在费城开设私人事务所,且在几年内赚了许多小佣金,其中包括栗子山母亲住宅(Chestnut Hill,1959—1964年),北宾州家庭病房护士协会(the North Penn Visiting Nurses Association,1961—1963 年)以及公会大楼(the Guild House,1961—1966 年)的设计。对文丘里的发展同样重要的是他和宾夕法尼亚大学所建立起的联系,20 世纪 60 年代早期,他在理论方面最早教授的一门课就是围绕美国的一个建筑方案而展开的。在该课程教学笔记的基础上,他于 1963 年创作了一本书的初稿,并在之后的三年进行了多次修改,这本书名为《建筑的复杂性与矛盾性》(Complexity and Contradiction in Architecture),后由现代艺术博物馆(the Museum of Modern Art)出版。

这本渴望成为"温和宣言"的著作远比第一次阅读可能带给人的启示更为复杂。开篇,这本书即表现出它是一本综合了人文主义的小册子,它从多方面汲取了营养——路易斯·康和阿尔瓦·阿尔托(Alvar Aalto,1898—1976 年)最近的作品,阿尔多·凡·艾克的人类学视角,托马斯·马尔多纳多(Tomás Maldonado,1921—1998 年)对符号学的兴趣,赫伯特·甘斯的社会学以及文丘里凭借手法主义(mannerism)和最近的波普艺术现象而形成的个人魅力。这本书呼吁开辟手法主义的现代主义阶段,并通过一套形式上的或构图上的策略清晰表达了这种部分来自文学理论的思想。这些是为设计注入了复杂性与矛盾性的策略,他在一些章节中用以下标题对此进行了解释:"双重功能的要素"(Double-

Functioning Element）、"适应矛盾"（Contradiction Adapted）以及 "矛盾并存"（Contradiction Juxtaposed）。

这本书的另一个新奇之处在于它对历史实例的高度依赖，其中许多实例是意大利和 *19* 英国的手法主义建筑和巴洛克建筑。它们被用来缓冲书中那些为了说明视觉复杂性和含糊性的实例，而这种用历史来证实当代设计实例的方法在当时来说是与众不同的。然而，这薄薄的一册书在另一方面又流露出一种直率好辩的论调。在一个经常被引用的实例中，文丘里颠覆了那种心高气傲的现代主义陈词滥调，如密斯·凡·德·罗传闻中的格言 "少就是多"（Less is more）被戏谑地回应以 "少就是厌烦"（Less is a bore）。此外，他还列举了一些实例——它们仍来自诸如路易斯·康和阿尔瓦·阿尔托这样的建筑师，这些实例在这一时期并不是绝对抑或相当重要的，它们足以证明他拒绝 "正统现代建筑（Modern architecture）清教徒式的道德语言"。另外，文丘里借助于某种自信的文笔，为现代主义的手法主义阶段提出了他的（通常为感性的）几个论点。

但是，这本书有时也会违背文丘里不断发展的思想。在后面的章节中，处处可见形式含糊的主题与文本中几个仿佛潜在的次要主题紧密相连。一个是他对来自流行文化的 "修辞"（rhetorical）元素或 "下等酒馆"（honky-tonk）元素的喜爱。文丘里为这些元素融入一种新的更具包容性的建筑中而辩护：首先，这基于它们（波普艺术激发下）的务实精神；其次，它们展现了一种姿态—— 一种社会对当下政治体系的抗议，因为这一体系使人们卷入了一场不得人心的战争。[1] 另一个次要主题所呈现出的是文丘里早期的民粹主义（populism）。例如，在反对彼得·布莱克（Peter Blake，1932 年—）将 "主干道"（Main Street）的混乱与托马斯·杰斐逊（Thomas Jefferson）的弗吉尼亚大学（the University of Virginia）校园的秩序并然进行比较时，文丘里坚持认为这样的比较不但毫无意义，而且还会引发这样的问题，即 "是不是主干道上的一切都正确？"[2] 就战后强调大规模规划和构图秩序而言，这仅仅是向现代主义情感发起的巧妙挑战，在这本书的结论中，文丘里表明他将就此采取更为激进的立场："这也许来自每天的景观，庸俗和蔑视，从中我们可以获得复杂和矛盾的秩序，它对组成城市整体的建筑而言至关重要。"[3]

大约在 1965 年或 1966 年，丹尼丝·斯科特·布朗（Denise Scott Brown，1931 年—）令人敬畏的影响力也日益凸显。20 世纪 50 年代晚期，这位赞比亚出生的建筑师与其丈夫罗伯特·斯科特·布朗（Robert Scott Brown）共同在宾夕法尼亚大学学习，并师从于路易斯·康。罗伯特在 1959 年一场悲惨的事故中去世，但是丹尼丝却通过选修赫伯特·甘斯、戴维·克兰（David Crane）和保罗·达维多夫（Paul Davidoff，1930—1984 年）[1] 及其他人的课程提高了在城市研究方面的兴趣。在来费城之前，她就已经进入了伦敦建筑联盟学院（the Architectural Association），因此她在 20 世纪 50 年代中期的 "新粗野主义"（New *20*

---

① 美国规划师，规划教育家和规划理论家，他与妻子琳达·斯通·达维多夫共同提出了 "倡导式规划"（advocacy planning），其作品反映了他们对少数民族和低收入群体的特别关注。——译者注

Brutalist）现象中占据了一席之地。她将自己的批判观点（一种对极端现代主义明确的反感）带到了宾夕法尼亚大学，执教于此后，她在 1962—1964 年之间与文丘里合作教授理论方面的课程。

次年，斯科特·布朗获得了加利福尼亚大学伯克利分校（the University of California at Berkeley）访问学者的职位。在那里，她与和自己意见相左的城市社会学家梅尔文·韦伯（Melvin Webber）合作共同教授一门课程。这时，在 1964 年的一篇经典论文中，韦伯已经开始批判那种城市建设应围绕商业中心或区域中心的设计原理。他指出了发生在交流模式上的变化——许多商业互动并非来自本地，而是来自全美乃至全球——他认为未来的各种电子模式（并不具有像城市空间那样的传统特征）将会成为"城市和城市生活的本质。"[4]

1965 年，斯科特·布朗和戈登·卡伦（Gordon Cullen, 1914—1994 年）以《有意义的城市》（The Meaningful City）为标题发表了几篇论文，这些文章分别从以下四个主题入手对城市进行了分析：感知，信息，意义和现代形象。"符号"概念将这些分析统一起来，这正是战后规划师们设想的城市批判的核心之处。在斯科特·布朗看来，规划师并没有理解城市形态及其象征方式，而大多数居民则通过这种象征方式来理解城市："我们并不缺少符号，只是我们在尝试运用这些符号时并不灵活，显得拙劣。大多数城市的规划局甚至到现在为止也没有达到预期效果，于是这种情况就被默认了。"[5] 当这两位建筑师在 1967 年夏天结婚时，这种对于城市对话的关注便成为斯科特·布朗提供给文丘里的一个新观点。从这时起，他们的著作和思想就成为合作的结晶。

1967 年，他俩执教于耶鲁大学时拥有了共同的工作室，此时文丘里的民粹主义（populism）和斯科特·布朗对城市的关注才初露锋芒，这体现在重新设计纽约地铁站的研究中。第二年，世界许多地方陷入混乱，这两位建筑师为他们在耶鲁大学的学生提供了一个工作室以完成拉斯韦加斯"商业带"（The Strip）的设计。这一成果最早出现在 1968 年发表的两篇文章中，并共同成为他们的著作——《向拉斯韦加斯学习》（Learning from Las Vegas，1972 年，图 1.1）的写作基础。

图 1.1 《向拉斯韦加斯学习》，罗伯特·文丘里，丹尼丝·斯科特·布朗和斯蒂文·艾泽努尔（Steven Izenour），麻省理工学院出版社（MIT Press），1972 年

在第一篇文章中，他们俩对现代建筑师提出批评，因为他们中的精英主义者和纯粹主义者对现状感到不满，尤其对城市商业建筑的本土风格感到不满。在文丘里和斯科特·布朗看来，专

业机构自以为是地放弃了象征主义（iconology）的传统，因此对"具有说服力的建筑"敬而远之。文丘里与斯科特·布朗将他们最近的拉斯韦加斯之旅和参观历史悠久的意大利广场时意外发现的建筑师传统经验相比较，并以具有明显争议的方式提出了自己的观点：

> 对于20世纪40年代的美国年轻人而言，他们只熟悉汽车尺度，网格城市，而以前建筑时代的反城市理论，传统的城市空间，行人尺度以及意大利广场混杂但却连续的风格却是一个重要的启示。他们重新发现了广场。20年后的建筑师们或许会准备应对类似大型开放空间、大规模、高速度的设计建造经验。拉斯韦加斯之于其商业带恰如罗马之于其大广场。[6] *21*

在他们1968年发表的第二篇文章中，斯科特·布朗和文丘里描绘了他们著名的关于"符号本身就是建筑"（鸭子）和"建筑前面的符号"（后来被称为"装饰的棚屋"）之间的区别。他们坦诚地表达了对后者的偏爱，这也许仅仅因为它"是一种更容易、更廉价、更直接、基本上更诚实地解决装饰问题的途径。它允许我们用常规方法来设计传统建筑，用更轻盈、更灵巧的手法来解决它们的象征需要。"[7] 当然，由他们偏爱于这种做法而产生的暗示是难以估量的，但是这也会促使他们明确突破对现代主义的技术幻想。

实际上，在《向拉斯韦加斯学习》的结尾篇幅中，他们特别强调了最后一个观点， *22* 即通过借用约翰·拉斯金的建筑仅仅是"结构装饰"这一"曾经令人震惊的说法"反驳了密斯·凡·德·罗"象征性地暴露，但实质上又用钢结构框架包围起来"的观点。[8]

这些观点并非没有争议，但有趣的是，阻力并不是来自现代主义建筑的创立者们，而是来自一些年轻的建筑师，他们虽身处同一时代，却各自怀有迥异的观点。1970年时，早些年在乌尔姆造型学院（Hochschule für Gestaltung at Ulm）① 已开创了一些视觉传达课程的阿根廷画家托马斯·马尔多纳多对此作出了尖锐的回应，他坚持认为那些拉斯韦加斯的霓虹灯既不代表一种民粹主义的行为，也不代表一种视觉丰富的状态，而是"闲聊"（chit-chat），它只是迎合了"赌场和汽车旅馆老板以及房地产投资商的需求"而已[9]，代表了一种"交流深度的缺乏"。

《美屋》是意大利最重要的杂志，1971年，在由彼得·埃森曼（Peter Eisenman，1932年—）精心策划的一期双语专刊上出现了一场更尖锐的辩驳。借助于一篇名为《向波普学习》（Learning from Pop）的文章，丹尼丝·斯科特·布朗恰如其分地做好了准备，文中她扩展了向拉斯韦加斯学习的课题计划，同时她强调建筑师还需要学习"洛杉矶莱维敦的韦斯特海默商业带（Westheimer Strip）的设计，那里有高尔夫度假胜地、水上运动社区、合作公寓城（Co-op city）、肥皂剧拍摄基地、电视广告、大众杂志广告、广告牌和66号公路。"[10]

---

① 由英格·艾舍·绍尔（Inge Aicher Scholl）、奥托·艾舍（Otl Aicher）和马克斯·比尔（Max Bill）于1953年在乌尔姆创立，直到1968年被解散。因其强调从技术方面培养设计师及其对系统设计（system design）的推崇，从而使乌尔姆造型学院成为战后德国最重要的设计学院。——译者注

新课题的另一部分是她钟爱的城郊住宅及其主人得体的精美装饰，其中位于前门附近的有：一览无余的草坪、装饰性的植物、车道入口、圆柱、指路灯（她 1970 年的耶鲁工作室被命名为"向莱维敦学习"）。斯科特·布朗认为建筑师应该到这里学习，部分原因在于美国城市更新计划的惨败，而部分原因则在于自由的精英文化对这个专业的支配。斯科特·布朗以一种大胆的民粹主义立场反击道：

> 波普景观（pop landscape）的形式现在同样与我们息息相关，正如古罗马的形式之于布杂艺术（Beaux-Arts）[①]，立体主义和机器建筑之于早期的现代主义者，工业高度发达的中部地区和多贡（Dogon）[②]之于"十次小组"，这就是说极其相关，比最近的潜水球发射台或医院系统 [或者甚至是班纳姆设计的圣莫尼卡码头（Santa Monica pier）] 更甚。[11]

斯科特·布朗相对简洁的辩驳被肯尼思·弗兰姆普敦（Kenneth Frampton，1930 年—）[③]重新加入到自己冗长的评论中，在这里，他指出马尔多纳多的早期批判已经结束。随着斯科特·布朗的这些辩驳被赫尔曼·布洛赫（Hermann Broch，1886—1951 年）[④]、维斯宁兄弟（Vesnin brothers，1880—1933 年，1882—1950 年）、汉娜·阿伦特（Hannah Arendt，1906—1975 年）[⑤]、赫伯特·马尔库塞开始引用——就像安迪·沃霍尔（Andy Warhol，1928—1987 年）拍摄的一些令人毛骨悚然的车祸照片被人们引用一样——弗兰姆普敦以极其严肃的态度对她的主要论点进行了反驳：

> 设计师真的需要按照甘斯的方式得到复杂的社会学的认可，并告诉他们那些他们想要的也正是他们已经拥有的？对于当前美国国内外的高压政策，毫

---

① 一种混合型的建筑艺术形式，主要流行于 19 世纪末和 20 世纪初，其特点为参考了古罗马、古希腊的建筑风格。强调建筑的宏伟、对称、秩序性，多用于大型纪念建筑。——译者注

② 尼日尔河是非洲西部的大河之一，它流过马里共和国时拐了个大弯，在河湾处，居住着一个名叫多贡族的黑人土著民族。他们以耕种和游牧为生，生活艰难贫苦，大多数人还居住在山洞里，他们没有文字，只凭口授来传述知识。——译者注

③ 1930 年生于英国，哥伦比亚大学建筑学教授。他是一名建筑师和建筑历史学家。他曾在全球多所建筑院校中以客座教授的身份授课，包括阿姆斯特丹的贝尔拉格学院，瑞士苏黎世高工，香港中文大学。他的出版物包括《现代建筑：一部批判的历史》（Modern Architecture: A Critical History，1980 年），《现代建筑和批判现实》（Modern Architecture and the Critical Present，1993 年），《美国著名建筑》（American Masterworks，1995 年）。——译者注

④ 奥地利小说家，生于维也纳。主要作品有《梦游者》、《维吉尔之死》等。晚年一直在耶鲁大学研究群众心理学。——译者注

⑤ 原籍德国，20 世纪最伟大、最具原创性的思想家、政治理论家之一。著有《极权主义的起源》，随着《人的状况》、《在过去与未来之间》、《论革命》等著作的出版，她也成为 20 世纪政治思想史上的瞩目人物，近年来其声誉日隆。——译者注

无疑问，可以用莱维敦来达成一个同样乐观的共识。难道设计师就该像政客一样等候沉默的大多数的指示么？如果真这样，那么设计师该如何表达自己呢？那些学非所用的设计才能果真可以为莱维敦不情愿的民众提出合理的建议么？——或者其他的——他们可能更喜欢西海岸暴发户的奢侈品味，一种到现在为止已经由麦迪逊大街使用了太多年的不必要的功能？在这方面，可以肯定，我们过分夸耀的多元化现在已经所剩无几，而这种多元化的表面并没有覆以精心设计的基于大众品味的幻想色彩。[12]

弗兰姆普敦进一步拒绝接受以汽车、电视机、飞机来衡量生活水准的各种社会价值观，这基本上是法兰克福学派极为重要的理论了，这一学派也包含了克莱门特·格林伯格（Clement Greenberg，1909—1994 年）的一些思想——在这里，先锋派艺术的作用恰恰是反对资本主义文化，而且它似乎不可避免地成为庸俗艺术的产物。

罗西和塔夫里

在这些年中，罗西的思想也表现出了一种相似的对现代主义理想的厌恶，但他却是从一个完全相反的角度来看待这一问题的。20 世纪 50 年代，他在米兰综合技术大学（Polytechnic University）研习建筑，当时还是学生的罗西受厄内斯托·罗杰斯之邀为《美屋》撰写文章。他撰写的书评和论文共计 31 篇，涉及历史和时事两方面的主题，如"新自由派风格现象"（Neoliberty phenomenon）就属于其中之一。20 世纪 60 年代初，他开始了自己的学术生涯，随后于 1965 年进入米兰的母校执教。前 5 年中，他的建筑作品极少，最重要的项目就是位于龙基的，受路斯式风格启发的别墅（Loosian-inspired Villa ai Ronchi，1960 年）和赛格拉特（Segrate）城市广场的巨大喷泉（1965 年）。后者借助于大量的圆柱支座和突出的三角形山墙充分继承了马克 - 安托万·洛吉耶（Marc-Antoine Laugier，1713—1769 年）还原的传统（reductive tradition），以其原始的形式展现了罗西的魅力。

至少从理论方面来看，罗西的转折点出现在他于 1966 年写的《城市建筑学》（L'architettura della città）一书。这项研究有几个重要的（主要是马克思主义的）在历史上的前身，其中包括朱塞佩·萨蒙纳（Giuseppe Samonà，1898—1983 年）、里昂纳多·贝内沃洛（Leonardo Benevolo，1923 年—）和卡洛·艾莫尼诺（Carlo Aymonino，1926—2010 年）的研究。[13] 和文丘里在当代所做出的尝试一样，罗西的书为 20 世纪 60 年代中期无精打采的论述注入了清新的气息，其内容建立在一些法国地理学家学术研究的基础上，除此之外，还包括基于对现代规划师奉行原则的反对而引发的长期讨论。正如罗西后来所描述的那样，他的全部使命就是"为永恒的类型学寻找一个固定的法则。"[14]

罗西的书主要关注的是欧洲城市，而其中的建筑元素或文化面貌又对这些城市做出了进一步的阐释。这种强调随之也产生了对几个关键词的说明，因为它们赋予每个城市以生机勃勃的"意识"——这些概念包括手工艺品、永恒、纪念物、记忆和场所等。长久以往，它们集合在一起就成为城市的主要要素，同时它们也是传统的源泉，是城市的集体记忆。类型学的概念也是罗西讨论的中心。在这方面，他追随新古典主义者安托万 – 克里索斯托姆·卡特勒梅尔·德·昆西·（Antoine-Chrysostome Quatremère de Quincy, 1755—1849 年）的指引，因为正是他将"类型"定义为"并不是被复制或精确模仿的形象，这正如一种要素（element）的想法，这种要素本身即是形成模型的法则。"[15] 罗西认为有必要返回到这些永恒的城市类型中，这也成为他探索的核心——这既是《雅典宪章》启发下的对另一种设计实践的选择，也是对"幼稚的功能主义"的批判。罗西还认为支持后一种观点的人通过将设计简化为组织和流线的程序化方案，从而剥离了它具有自主价值的建筑形式，罗西将这种实践比喻为 [援引自马克斯·韦伯（Max Weber, 1864—1920 年）[①]] 城市设计的商业化。相比之下，传统类型的思想允许历史思考回归建筑（譬如复原文化遗址这类事情），因为它既是必要的，也是最接近建筑"本质"的。即使罗西没有明确举例来回顾前工业时代或 18 世纪的城市设计策略与形式，但这种思想至少是隐含在内的，或者是将会被其他人所发展的。

在《城市建筑学》出版的同一年，罗西与乔治·格拉西（Giorgio Grassi, 1935 年—）共同合作参与了位于意大利蒙扎的圣洛克（San Rocco）住宅设计竞赛，这是他们第一个较大的类型学方案。1967 年，继罗西的尝试之后，格拉西也出版了他的书《建筑的逻辑结构》（La costruzione logica dell'architettura）。这本书推崇一种"理性主义系谱"，即"在理性和可传播的基础上建立一种科学的建筑研究及其要素分类"。[16] 格拉西的类型学思想令人回想起 17 世纪和 18 世纪皮埃尔·勒·米埃（Pierre Le Muet, 1591—1669 年）、查尔斯·艾蒂安·布利塞斯（Charles Etienne Briseux, 1680—1754 年）和罗兰·弗雷亚尔·德尚布雷（Roland Freart de Chambray, 1606—1676 年）的设计手册，但是他在形式上的探索更接近于海因里希·特塞诺（Heinrich Tessenow, 1876—1950 年）、路德维希·希尔伯赛默（Ludwig Hilberseimer, 1885—1967 年）和亚历山大·克莱因（Alexander Klein）的住宅与城市类型学——他们都是早期的现代主义者，且其作品在当时还鲜为人知。罗西和格拉西进行了如此多的尝试，其目的就是力图赋予建筑一种"稳定"的形态类型。因此，到 1967 年时，他们已经为意大利理论中的一个新方向奠定了基础，剩下的只不过是给这个基础——从批评的角度来看—— 一个精确的政治上的校正。1968 年为曼弗雷多·塔夫里（Manfredo Tafuri, 1935—1994 年）[②] 提供了一个最佳时机和媒介，这一年的年初，他已迁居威尼斯，以便担任这座城市的一所建筑学院——威尼斯大学建筑学院（IUAV）的教授职位。[17] 几年之内，塔夫里与罗西将联手缔造一个米兰 – 威尼斯轴心。

---

① 德国政治经济学家和社会学家，也是公认的现代社会学和公共行政学最重要的创始人之一。——译者注
② 意大利建筑师、历史学家、理论家、批评家和学者。他是 20 世纪后半叶一位颇具争议性的、最重要的建筑理论家和建筑史学家之一，左派知识分子的象征性人物。其著作以极度晦涩而著称，但也由此获得理论界的关注，并在学科之外引发了触动。——译者注

塔夫里在高度紧张的政治气氛下来到威尼斯。1968 年的冬天和春天，这所建筑学院被学生所占领，学生们拒绝教师（包括塔夫里在内）进入学校。马西莫·卡恰里（Massimo Cacciari，1944 年—）、弗朗切斯科·达尔·科（Francesco Dal Co，1945 年—）、切萨雷·德米凯利斯（Cesare De Michielis，1943 年—）最近已经创建了一本批评性的杂志——《新天使》（Angelus Novus），它研究探讨的是法兰克福学派的著作以及 20 世纪 20 年代的社会主义建筑。卡恰里和达尔·科还与《反面》（Contropiano）有着密切的联系，这本马克思主义杂志正在向左倾立场的意大利共产党的体制结构发起挑战。《反面》编辑部中包括有著名的活动家艾伯特·阿索·罗萨（Alberto Asor Rosa，1933 年—）、马里奥·特龙蒂（Mario Tronti，1931 年—）和安东尼奥·内格里（Antonio Negri，1933 年—）——其中后两位在当时参与了围绕这些策略而展开的激烈争论。[18]

塔夫里带来了他第一项有关当代建筑的研究——《建筑学的理论与历史》（Teorie e storia dell' architettura）[①]，该书以低调而明晰的政治口吻娓娓道来，在今天看来，这种写作基调似乎介于乔治·卢卡奇（Geirg Luk á cs，1885—1971 年）的革命理论与瓦尔特·本雅明（Walter Benjamin，1892—1940 年）[②] 的冷静分析之间。事实上，这本书的写作意图之一就是将 20 世纪 20 年代的政治局势与当代思想做个比较。对塔夫里而言，其主题思想可以用"导向性批评"（operative criticism）一词来概括，这个概念涉及那些将历史解读为当下趋势的批评家们——即那些剔除或误读历史的人们要利用思想判断的便利来服务现在。所以，"意识形态"（ideology）这个词也充满了政治含义。这一马克思主义术语意味着虚伪的防止无产阶级真正意识到其革命潜能的资产阶级"阶级意识"（class consciousness）（宗教、文化、审美）。塔夫里的论点本质上源于许多成熟的历史书籍，简而言之，就是因为 20 世纪 20 年代的建筑师已丧失了他们的革命抱负。

塔夫里用工具性（instrumentality）的概念来支持这种论点：批评是如何从那时起成为一种思想或错误理论的工具的。在对当下从彼得·柯林斯（Peter Collins，1947 年—）到艾莫尼诺的建筑理论进行一番调查后，塔夫里发现很多人长期渴望能够通过运用结构主义、符号学和类型学的研究策略而形成更为科学的分析方法。然而，塔夫里自己也承认这种方法确实具有一些强制性，于是他迅速地去除了资本主义和许多当代作家（文丘里）符号学制胜手段之间的隐形纽带，这些作家信奉像"含糊不清"这样的历史概念，并以此为自己的设计偏好作证。[19] 最后，塔夫里还想证实历史的自主性或者理论已从当代实践中分离出来，他呼吁社会这么做不仅是出于知识分子对曲解的尴尬，因为如此多的历史学家都曾用这种曲解来诠释过去，而且还出于面对资本主义的高度发展而表现出的无能为力。现在，历史学家的作用不是通过追溯过去来解释遥远的危机，而实际上是要以此来凸显当前社会的弊病。历史学家必须解决目前的困惑，但也有必要关注一下知识分子

26

---

① 《建筑学的理论与历史》是塔夫里《设计与乌托邦》的"入门前奏"，也是理解塔夫里的起点，它昭示了塔夫里的思维方式与写作态度，同时也体现了他当时的思想矛盾与视角局限。——译者注

② 德国思想家、哲学家和马克思主义文学批评家。——译者注

的失望情绪。在后来回想起 20 世纪 60 年代的时候,塔夫里援引弗朗西斯·培根(Francis Bacon,1561—1626 年)[①]破坏性部分(pars destruens)的范式——归纳过程中的"消极部分",而这一过程试图将人们从错误中解放出来。[20]

塔夫里定居威尼斯后,其政治观点也有所提升。1969 年,他为《反面》撰写了一篇名为《对建筑意识形态的批判》(Toward a Critique of Architectural Ideology)的文章,这是他为该杂志执笔的四篇极重要的论文中的第一篇。在文中,他将建筑的错误观念带到尖锐的政治焦点中,因为——在他对前两个世纪"精神分析学"(psychoanalysis)的研究中——他拒绝相信那些毫无可能的现代主义者的乐观思想或乌托邦的救赎。这一分析以 18 世纪的理论家洛吉耶[②]和乔瓦尼·巴蒂斯塔·皮拉内西(Giovanni Battista Piranesi,1720—1778 年)[③]开始,塔夫里坚持认为他们俩引发了目前的危机:后者以其对"片段"(fragment)的赞美取代了巴洛克的整体连续性。在塔夫里快节奏的大事记年表中,19 世纪的乌托邦工程惨遭失败,因为这个世纪只是"奔放地展示了一种错误的信仰,这种信仰通过炫耀自己的非本真性而为最后的伦理救赎努力奋斗"。[21] 20 世纪的进展也没有好转,在塔夫里看来,20 世纪 20 年代前卫运动的"英勇"抵抗也不值得推崇。因为,无论是风格派(De Stijl)艺术作品的程式化控制,抑或是达达派(Dadaist)"非理性的暴力插入",这些策略的最终成果总是相同的。塔夫里很有先见之明,他强调要改变建筑观念,并认为所有用来抵御资本主义秩序的努力都被侵占或选派到了世俗的资本主义服务中,也就是"大型工业资本"中——这就形成了建筑本身的基本思想。[22]

在 1969 年,这种歪曲对建筑未来发展的预示显然没有好处。如果塔夫里立足于自己的辩证法,不至于反复提到黑格尔(Hegel,1770—1831 年)[④]对建筑终结的强调,然而终结的时代精神仍然困扰着当下,甚至对那些暂时被错觉所鼓舞的政治活动家们来说,他们正在享受一种短暂的"阶级斗争时刻"。库尔特·W·福斯特(Kurt W.Forest)也许最

① 英国文艺复兴时期最重要的散文家、哲学家。他不但在文学、哲学上多有建树,在自然科学领域里,也取得了重大成就。被马克思称为"英国唯物主义和整个现代实验科学的真正始祖"。——译者注

② 这里指马克-安托万·洛吉耶。在现代建筑以前 200 年左右的变革时期中,诸多建筑师、理论家共同组成了向维特鲁威比例关系学普遍可行性进行挑战的一支强大力量,这种挑战也成为弗兰姆普敦对现代建筑史断代的重要依据之一。洛吉耶同样是弗兰姆普敦笔下开始对维特鲁威正统观念进行挑战的重要人物之一,他生活在这个社会变革的时代,因此他既受困于久远的传统,又试图对其变革,他对建筑发展的贡献在于他受到启蒙理性的影响,从原型的角度来回答 18 世纪建筑形式的合理性问题,而这也是 18 世纪中叶新古典主义(或者古典复兴)建筑开始的一个重要标志。来自 http://www.abbs.com.cn/huazhong/read.php?cate=10&recid=28403。——译者注

③ 他是 18 世纪艺术史中一位重要的铜版画家,最广为人知的是他 1200 幅铜版画作品,它们充满理性的思考与狂热的幻想虚构。同时,他也是建筑史上不可或缺的人物,虽然完成的作品很少,却对法国和英国的新古典主义产生了深远的影响。——译者注

④ 德国 19 世纪唯心论哲学的代表人物之一,时代略晚于康德。许多人认为,黑格尔的思想象征着 19 世纪德国唯心主义哲学运动的顶峰,对后世哲学流派,如存在主义和马克思历史唯物主义都产生了深远的影响。——译者注

能概括塔夫里批评的严谨性，因为他指出：在目前的历史局限中，任何有意义的文化行为基本都不可能发生。[23] 塔夫里认为这就是事实，正如文丘里的"多元价值观"和罗西"几何图形的静默"一样。除了不太可能发生的革命，现在建筑学正在丧失它革命的诉求。

1973 年，塔夫里将这篇文章扩展为其著作《设计与乌托邦》（Progetto e utopia），翻译成英文为《建筑与乌托邦》（Architecture and Utopia）。塔夫里现在坚定了对罗夏（Rorschäch）① 分析法、韦伯、本雅明和卡尔·曼海姆（Karl Mannheim，1893—1947 年）社会学理论的信心，除此之外，也坚定了对自己朋友马西莫·卡恰里"消极想法"的信心。在这种全新而沉闷的教化下，达达主义（Dada）② "价值的去神圣化"或者本雅明"光环的中止"不再被视为非理性的过程，因为他们为"各种价值观的破坏提供了一种全新的理性类型，这种类型可以与消极面面对面，以便使消极自身为发展而释放出具有无限潜力的价值观"。[24] 他看到现今所展现出的这两种设计策略——符号学和构图的形式主义——两者都可归于"资本的完全控制"并注定体现出一种革命意识。

如果符号学在象征主义方面的探索只是对建筑已经失去自身意义的认可，那么像"纽约五人"（New York Five）③ 这类建筑师们的形式主义方法同样注定会被市场的商业化力量所消费。建筑师和评论家只能扮演一种角色，这就是"远离无能为力且徒劳无益的神话，这种神话往往带给人一种错觉，它允许落伍的'设计希望'的存在。"[25] 文丘里甚至更为坚决地表明，建筑由此切断了所有改良主义的目标。

米兰三年展

从这种赤裸裸的虚无主义观点来看，除了那种对资本主义力量屈服的观点外，显然文丘里和斯科特·布朗对拉斯韦加斯民粹主义的欣然接受并不能用塔夫里的理论来诠释，但是在接下来的一些年中，塔夫里对罗西的批评将会有所缓和。1969 年，艾莫尼诺邀请罗西设计他的第一个重要建筑格拉拉公寓（Gallaratese）——米兰城外的一座住宅综合体。罗西对此回应以一种"走廊式住宅"的类型，它展示了极端的由棱柱形成的严谨性：两座建筑支撑在沿 182 米长依次排列的许多窄肋（fins）上，它们之间狭窄的间隙刚好与上面的方形窗洞一一对应。然而，塔夫里最初似乎对于罗西的契里科画风（De

28

---

① 这里指赫曼·罗夏克（Hermann Rorschach，1884—1922 年），他是瑞士一名弗洛伊德学派的精神科医师以及精神分析学家，因发展出一套名为"罗夏克墨迹测验"的投射技术而闻名。据说设计这项测验是为了借求对刺激物的投射以反映出人格中的下意识部分。在测验中，受测者会看到 10 个不同的墨迹图案，一次看到一个，并让受测者说出每次所看到的物体或图像为何。——译者注
② 达达主义（Dada 或 Dadaism）兴起于一战时期的苏黎世，是一场涉及视觉艺术、文学（主要是诗歌）、戏剧和美术设计等领域的文艺运动。它是 20 世纪西方文艺发展历程中的一个重要流派，也是第一次世界大战颠覆、摧毁旧有欧洲社会和文化秩序的产物。它作为一场文艺运动持续的时间并不长，波及范围却很广，对 20 世纪所有的现代主义文艺流派都产生了影响。——译者注
③ 包括彼得·埃森曼、理查德·迈耶、迈克尔·格雷夫斯、查尔斯·格瓦思密和约翰·海杜克。——译者注

图 1.2　阿尔多·罗西，格拉拉公寓（Gallaratese），意大利米兰。本图由亚历山德罗·弗里杰里奥（Alessandro Frigerio）提供

Chiricoesque）^① 的灵感来源惊诧万分，认为它是"被时间遗弃的冷漠空间"，可是后来塔夫里甚至称赞"他几何体块神圣的精确性超越了意识形态，超越了乌托邦关于'新的生活方式'的全部提议"。²⁶ 罗西于 1971 年第一次着手设计了位于摩德纳的圣卡塔多公墓（San Cataldo Cemetery）扩建工程，这一建筑超凡脱俗但又令人拍手叫绝的原型当然地超越了他的自我牺牲，甚至自我放弃。在这里，形式上本能的沉默看起来完全适合于那些用拉斐尔·莫内奥（Rafael Moneo，1937 年—）^② 的话来说"不再需要御寒"的人们。²⁷

　　事实上，作为 1973 年第 15 届"米兰三年展"的策展人，罗西能够为这些设计提供一种解释。这次展览是一次使众多年轻设计师赢得声誉的建筑盛会，回想起来，其中最重要的事情就是展览目录册——《理性建筑》（Architettura razionale）本身，即便是现在，这一目录册也可作为一场新运动的宣言。与那些对当时众多复杂问题所做出的模棱两可的回应不同，罗西提倡运用"一种更加具体的工作方法"²⁸——类型学和理性主义，并由此开启了一场辩论。目录册的另一部分以引用一些精英人物的写作内容为特色，他们包括：

---

①　这里指乔治·德·契里科（Giorgio De Chiricoesque，1888—1978 年），意大利画家，他将想象与梦幻的形象和日常生活事物或古典传统融合在一起，作品中充满了以夸张的透视法所表现的刻板建筑物、谜一样的剪影、石膏雕塑及断裂的手足，给人一种恐怖不安的诡异气氛。这种象征性的幻觉艺术，后来被称为"形而上绘画"，并被公认为达达主义及超现实主义等 20 世纪绘画艺术的先驱。——译者注

②　西班牙建筑师，1961 年毕业于马德里大学建筑学院，之后在伍重的事务所工作两年，1965 年获得博士学位并独立开业，1996 年荣获普利茨克奖。——译者注

29

厄内斯托·罗杰斯、J·J·P·奥德（J.J.P. Oud）[①]、阿道夫·路斯（Adolf Loos）、J·A·金茨堡（J.A.Ginzburg）、乔治·格拉西、汉斯·施密特（Hans Schmidt）——他们都对现代类型学的发展起到了缓冲作用，而这种类型学的部分思想也受到 20 世纪 20 年代精神[②]的启发。但是，目录册的核心还是马西莫·什科拉里（Massimo Scolari，1943 年—）的文章《先锋派与新建筑》（Avant-garde and new architecture），这篇文章试图明确新理性主义运动的历史地位，现在它被称为一种"思潮"（the trend）。

什科拉里追溯这种新的"批判态度"的根源，认为它来自 20 世纪 60 年代意大利有关城市的各种讨论，与《美屋》和米兰理工大学（Milan Polytechnic）有密切联系的建筑师圈子，其中包括：罗西、厄内斯托·罗杰斯和维托里奥·格雷戈蒂。如果 1966 年罗西出版的著作成为这一思潮的关键，那么 1968 年的政治事件则使这一议题成为关注的焦点。塔夫里的反乌托邦极力主张建筑自治，人们也因此将他视为这一思潮"最狂热的'规划师'之一"。[29] 同样，罗西类型学的"本质化进程"对关键之处进行了精确的解释，其中既有新先锋派对学科话语的否认，也有"全球的建筑重塑"对建筑"资产阶级"拼凑的胜利。[30] 这是事实，因为罗西"单调而刻板的世界"与塔夫里的史学研究一样，不再允许存在思考先进技术的可能性，而且甚至建筑师现在也必须有选择地转向近期任何的现代主义本源。通过那种意识形态的后门进入表面上看起来令人费解的作品，譬如东德哈雷的"新城"以及东柏林的"卡尔·马克思大道"[③]——规划类型现在允许挪用当代元素，这大概是由于他们政治色彩的单一所造成的。更概括地说，这一思潮与历史类型密切相关（不是特殊的形式），它聚焦于城市、城市形态学、纪念性，且通过这一途径，它确实更尊重原型或柏拉图式的形式。[31]

如果新古典主义建筑师艾蒂安－路易·部雷（Etienne-Louis Boullée）已全心全意地接受那些观点的话，那么到 20 世纪 70 年代早期时，未必所有的批评家都愿意沿着理性主义严苛的道路渐行渐远。历史学家约瑟夫·里克沃特（Joseph Rykwert，1926 年—）长期与意大利建筑圈保持着密切关系，他针对罗西和什科拉里的论点提出了强烈的反驳意见："原来如此，那么只要保持沉默，建筑就可能会一直存在下去。也许沉默又美好，只因为沉默。我们当中那些拒绝这种状态的人将坚决地置之不理。"[32] 这也是当时为数不多的反对意见之一。

---

① 这里指雅各布斯·约翰尼斯·彼得·奥德（Jacobus Johannes Pieter Oud，1890—1963 年），荷兰建筑师，因追随风格派运动而闻名。——译者注

② 这里指 20 世纪 20 年代的意大利理性主义运动。——译者注

③ 卡尔·马克思大道是德国分裂时期东德最著名的一条街道，全长 2.3 公里，建于 1952—1960 年间，大道两旁高大整齐的建筑物带有典型的社会主义风格。当时整条大道被作为东德战后重建的样板工程，由建筑师赫尔曼·亨瑟尔曼（Hermann Henselmann）主持设计。林荫大道后来深受后现代主义者的喜爱，菲利普·约翰逊将其描述为"规模宏大的，真正的城市规划"，而阿尔多·罗西则称它为"欧洲最后的大道"。——译者注

30 建筑与城市研究院（IAUS）和纽约五人组

在这些善辩者活跃的几年期间，经过柯林·罗（Colin Rowe，1920—1999 年）① 和彼得·埃森曼的不懈努力，还表现出了另外一个不安的迹象。罗最初学习建筑，在经历过一次战时灾难后，他于 1946 年进入伦敦的瓦尔堡学院（Warburg Institute），在那里他将关注点转向了历史学习，并受到鲁道夫·威特克沃（Rudolf Wittkower，1901—1971 年）的指导。虽然那时他还是个学生，但却写了一篇具有影响力的文章《理想别墅中的数学》（The Mathematics of the Ideal Villa，1947 年），在这篇文章中，柯林·罗从构图角度比较了帕拉第奥的马尔孔腾塔别墅（Palladio's Villa Malcontenta）与勒·柯布西耶（Le Corbusier，1887—1965 年）位于加歇（Garches）的施泰因别墅（Villa Stein）。³³ 这篇文章使勒·柯布西耶的乡村风格广为流行，而这种风格也令建筑师及其他普通人十分着迷。然而，罗像他的很多同辈一样将目光投向了美国，并于 1952 年前往耶鲁大学师从亨利–罗素·希区柯克（Henry–Russell Hitchcock，1903—1987 年）。随后，他在美国进行了广泛的游历，1953 年的一个偶然机会，他接受了得克萨斯大学（University of Texas）奥斯汀（Austin）分校的教学职位。

当时的时机和工作地点对柯林·罗是有利的。建筑学院的新院长哈韦尔·哈里斯（Harwell Harris）放弃洛杉矶的业务，被调往得克萨斯大学并接受委托开始打造一流的课程。³⁴ 在新老教职员中有：伯纳德·霍伊斯里（Bernard Hoesli）、约翰·海杜克（John Hejduk，1919—2000 年）②、罗伯特·斯拉茨基（Robert Slutzky，1894—1965 年）、李·希尔舍（Lee Hirsche）、约翰·肖（John Shaw）、李·霍奇登（Lee Hodgden）和沃纳·塞利格曼（Werner Seligmann）——由于他们创新的课程以及对视觉与形式复杂性的独特强调，因而成为人们所熟知的"得州游侠"（Texas Rangers）。³⁵ 然而，这些游侠却在 1956 年分道扬镳，此时哈里斯离开得克萨斯前往北卡罗来纳州立大学任职。柯林·罗在 1958—1962 年返回英国剑桥大学成为一名讲师之前曾短暂执教于康奈尔大学，在离开前的最后一年里，他接受了康奈尔大学的教授职位，另外他在这里还创立了一门城市设计课程，且这门课程一直沿用至今。

在剑桥，埃森曼遇到了自己的良师益友柯林·罗。埃森曼是纽瓦克人，20 世纪 50 年代初他就读于康奈尔大学，在一些事务所参与过建筑实践后，他于 1959 年进入哥伦比亚大学继续深造。第二年，他获得了一笔研究基金，从而可以在剑桥大学研究哥特式建筑。在这里，柯林·罗和埃森曼成为好朋友，并且柯林·罗还在 1961 年和 1962 年引导埃森曼完成了欧洲大陆的夏日建筑之旅。在此期间，埃森曼了解了 20 世纪 20 年代晚期

① 世界著名的建筑和城市历史学家、批评家和理论家。1950 年后，柯林·罗陆续发表了一系列精彩的有影响力的理论文章，对现代建筑和城市规划产生了深远的影响。——译者注

② 约翰·海杜克（1929—2000 年）是建筑师、建筑理论家和历史学家，建筑教育家。塔夫里称他为"纽约五人组"中最重要的人物，他也被誉为当代美国建筑的"四教父"之一。——译者注

到 30 年代早期建立的意大利"理性主义者"第一小组，并且还特别研究了朱塞佩·特拉尼（Giuseppe Terragni，1904—1943 年）的设计作品。这随后便成为埃森曼博士论文的一个关注点，其论文《现代建筑的形式基础》（The Formal Basis of Modern Architecture）在 1963 年被三一学院（Trinity College）① 所认可。[36]

尽管这篇博士论文是埃森曼非常早的一个作品，但却为他未来 20 年的各种思考定下 *31* 了基调。埃森曼在克里斯托弗·亚历山大刚刚完成博士论文后就紧接着也完成了自己的论文，他的论文也具有相似的实证主义精神，尽管它来源于柯林·罗的理论。后者的"透明性"（transparency）思想是他早期与罗伯特·斯拉茨基共同创作的，它有效压制了语义学（semantic）的建筑维度，赞成一种更抽象的视觉形式的概念分析。[37] 埃森曼转而着手制定出一种理论，它完全来自形式本身的分析特性。这些特性包括：体积（这里有空间存在）、质量、表面及运动。"句法"（syntax）、"语法"（grammar）这些概念也在他的讨论中扮演了重要角色，这标志着他开始长期反对一切与象征主义有关的事物。在埃森曼的分析中，特拉尼设计的法西奥大楼（Casa del Fascio，图 1.3）具有显著特征，如这个立方体各个面的抽象布置成为他隐形的轴线、凹入的墙面以及矢量（vector）概念化图形的关键。实际上，埃森曼正在探索一种纯理性的形式解读方法。

回美国后，埃森曼执教于普林斯顿大学，并和迈克尔·格雷夫斯（Michael Graves，

图 1.3　朱塞佩·特拉尼，法西奥大楼（Casa del Fascio），科莫，意大利，本图经弗朗西斯·德雷夫尼亚（Frans Drewniak）许可

---

① 剑桥大学中规模最大、财力最雄厚、名声最响亮的学院之一。——译者注

32　1934 年—）在 1964 年成立了"建筑师环境研究会"（Conference of Architects for the Study
of the Environment, CASE），这个组织最初的成员有：亨利·米伦（Henry Millon）、斯
坦福·安德森（Stanford Anderson）和理查德·迈耶（Richard Meier，埃森曼的表弟，
1934 年—）。[38] 后来参与这个研究会的还有：肯尼思·弗兰姆普顿、雅克兰·罗伯逊
（Jacquelin Robertson）、马里奥·冈德索纳斯（Mario Gandelsonas）、汤姆·弗里兰（Tom
Vreeland）、安东尼·维德勒（Anthony Vidler）、约翰·海杜克、查尔斯·格瓦思米（Charles
Gwathmey, 1938—2009 年）[①]。罗伯特·文丘里和文森特·斯库利（Vincent Scully）应邀参
加了 1964 年举办的第一次会议，但终因观点迥异而中途离席。多年以来，CASE 取得了
各种成就，但是其中一项重要的活动则是由埃森曼策划的"五位建筑师"作品展，该展
览于 1969 年 5 月在现代艺术博物馆举办，但是直到几年以后其重要性才广为人知。

　　其实，在这之前埃森曼已对 CASE 失去了兴趣，1966 年时，他与现代艺术博物馆的
建筑总监亚瑟·德雷克斯勒（Arthur Drexler）接洽，提议创立一个新的研究会以探寻城市
问题——此时城市冲突中显而易见的一个危机。德雷克斯勒求助于博物馆董事会，其中
两位董事为这个新组织提供了启动资金。于是，在 1967 年 10 月，建筑与都市研究所（the

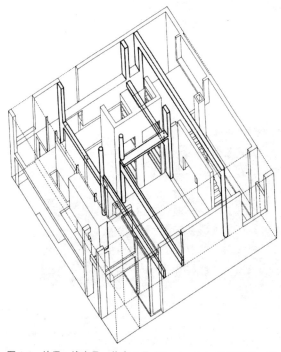

图 1.4　彼得·埃森曼，住宅 1 号（House Ⅰ），普林斯顿，美
国新泽西州（1967 年），本图由埃森曼建筑师事务所提供

---

① 查尔斯·格瓦思米 1962 年从耶鲁大学获得建筑学硕士学位，早期追随由勒·柯布西耶在 20 世纪初提
　倡的"极端现代主义"，此后一直坚守"现代主义"的设计原则。——译者注

Institute of Architecture and Urban Studies，IAUS）正式成立，埃森曼出任研究所所长，而 *33*
德雷克斯勒则出任董事长一职。IAUS 最初是一个包罗万象的机构，一方面（仅仅在最初几年），它是非营利的都市智囊团，它研究城市环境问题的经费主要来自私人和政府机构。IAUS 还以另一种更惯用的方式成为理论研究和城市规划的中心——实际上就是一个研究所，其中的教师来自东北部的各个学校，他们举办访问研讨会或每周授课一天、几天不等。同时，IAUS 还会举办一些座谈会和展览，创办评论性杂志。到 1967 年时，所有的这些都逐渐成形，在这期间，埃森曼还得到了他的第一个委托项目，从此他开始在理论研究和实践探索这两方面的发展上相得益彰。

普林斯顿的巴伦霍尔兹展馆（Barenholtz Pavilion）——即所谓的住宅 1 号（House Ⅰ）开创了这种理论与实践之间的相互依存关系。[39]1969 年，埃森曼起草了一段文字以阐明他的设计意图，其基本主题就是"卡纸板建筑"（cardboard architecture）的萌芽思想，这个词在 1931 年时被弗兰克·劳埃德·赖特不无贬义地用来暗指勒·柯布西耶那种平面的、缺乏细节的建筑。[40]然而，埃森曼却对这个词欣然接受，并指出这样做的目的就是"将注意力从审美和功能主义语境下我们目前的形式概念转变为一种基于记号或记数系统的形式思考。"[41]后来，罗莎琳德·克劳斯（Rosalind Krauss，1941 年—）[①]指出：埃森曼"想要摆脱所有功能（这个圆柱'意味着'支撑）的物质外壳，也想摆脱所有的语义关联（砖'意味着'温暖、稳定等），通过这些她描述了该意图的特征。实际上，除了真实结构的必要性或真实材料的特性外，埃森曼还持有"模型"（model）的观点，并将其视为产生形式、探索理念的一种方式。"[42]

因此，"卡纸板建筑"对埃森曼而言就是指逻辑性，与形式有关的生成操作（generative operation），除了抽象层面，这些操作本身是缺乏意义的。例如在住宅 1 号中，埃森曼用三种策略来强调这些"深层结构"[这里借用了诺姆·乔姆斯基（Noam Chomsky）[②]的一个术语]。[43]第一种策略尝试通过使用白色或中性色彩以及扁平单调的质感，从而与传统意义相区别；第二种策略是以一些非承重的梁和柱来隐藏承重结构。与此同时，这些虚假的结构符号往往通过揭示各种含糊性或缺少某种构件来提醒人们关注设计中深层的概念性结构。因此，如果说勒·柯布西耶在萨伏伊别墅（Villa Savoye）中已使用了某些象征性形式来唤起人们对邮轮细节的回忆，那么埃森曼则找到了一种形式上的句法组织（如果你愿意也可以称其为一种"语法"），在这种形式中，所有的语义指向和象征寓意都被严格地排除在外。

埃森曼在 20 世纪 70 年代早期完成的一些论文中形成了这些深奥的思想。1970 年， *34*

---

① 美国艺术批评家和理论家，哥伦比亚大学的教授。——译者注
② 这里指艾弗拉姆·诺姆·乔姆斯基（Avram Noam Chomsky，1928 年—）博士，他是麻省理工学院语言学的荣誉退休教授。乔姆斯基的生成语法被认为是 20 世纪理论语言学研究上的一项重要贡献。据艺术和人文引文索引说，在 1980—1992 年间，乔姆斯基是被文献引用数最多的健在学者，并是有史以来被引用数排名第八的学者。——译者注

在为杂志《美屋》撰写的一篇文章中，埃森曼以自己的博士论文为依托据理力争，他认为正如勒·柯布西耶（凭借他的现代性隐喻）将他的设计理念从实用性（功能和结构）转向了语义（象征的和符号的）关系，而特拉尼在科莫设计的法西奥大楼则已将建筑带入句法王国，尤其是通过它的立面组织——"如同一系列垂直面以一种界定单一立面的方式来清楚地表达设计思想。空间秩序被视为从这种立面关系中退居其次。"[44] 在埃森曼这一时期的另一篇文章中，他提出了"概念艺术"（conceptual art）的策略并以此特别对文丘里信奉的"波普艺术"作出了概念化的回应。[45] 所有的这些成就主要归功于柯林·罗和斯拉茨基非凡的透明性思想。

埃森曼还是展览目录《建筑师五人：埃森曼、格雷夫斯、格瓦思密、海杜克、迈耶》（Five Architects: Eisenman, Graves, Gwathmey, Hejduk, Meier）背后的主要策划力量，这是 1972 年举办的一场短期展览。[46] 当然，"五位建筑师"作品展已在 1969 年举办过，这一活动的主旨是为建筑师们提供一次展出他们设计作品的机会，而由此却引发了一些来自其他 CASE 成员的批评。他们都是年轻建筑师，从专业上说，尽管理查德·迈耶自 1963 年起就已经开始进行建筑实践了，迈克尔·格雷夫斯和查尔斯·格瓦思密也在 20 世纪 60 年代晚期接到了他们的第一个委托项目，前面提到的"德州游侠"海杜克则凭借自己的设计图参与了住宅 10 号（House 10）、伯恩斯坦住宅（Bernstein House）和半间宅（One-Half House）的设计。这本目录还将一些重要的文章纳入进来，其中就包含有弗兰姆普敦、柯林·罗以及埃森曼写的文章。

弗兰姆普敦的文章《正面对旋转》（Frontality vs. Rotation）奠定了他在美国建筑批评理论领域中的地位。20 世纪 50 年代早期或者说在新粗野主义（New Brutalism）的全盛期，他已在建筑联盟学院接受训练。虽然他也曾经师从彼得·史密森（Peter Smithson），但是他最初的观点更接近于理查德·汉米尔顿、约翰·米勒（John Miller）、艾伦·科洪（Alan Colquhoun, 1921—2012 年）和雷纳·班纳姆。20 世纪 60 年代的前 5 年，他在道格拉斯·斯蒂芬（Douglas Stephen）及其合伙人事务所工作且负责《建筑设计》杂志（Architecture Design）的技术编辑工作。1965 年，在埃森曼的鼓动下，弗兰姆普敦成为了普林斯顿大学的一名教师，在那里他结识了马尔多纳多。后者的政治倾向 [受汉内斯·迈耶（Hannes Meyer, 1889—1954 年）[①] 苏联现实主义的启发] 与 60 年代后期弗兰姆普敦自己的激进主义不谋而合，在这期间，马尔多纳多吸收了阿多诺、马尔库塞、阿伦特的思想。至少从马尔多纳多的理论见解来看，这些作者表示弗兰姆普敦的思想从来都不符合埃森曼的形式主义，尽管埃森曼（在 1965 年或 1966 年的某一时间）曾鼓励弗兰姆普敦成为"这一组织中的西格弗里德·吉迪恩（Sigfried Giedion, 1888—1968 年）"。[47]

弗兰姆普敦为这本目录而写的文章是他早期观点的扩展，通过对主要策略的思考——如强加的网格、入口、正面、斜轴线、当下"削弱的主题"，他承担了这一组织一项非常

---

① 瑞士建筑师，1928—1930 年间，他是德意志帝国德绍时期包豪斯建筑学校的第二任校长。——译者注

传统的设计分析。他看到在海杜克的住宅 10 号中存在着赖特式的创作主题，也看到在埃森曼的住宅 1 号中存在特拉尼的影响，然而他却发现在其他三位建筑师的设计作品中还具有"某种对勒·柯布西耶遵循句法的参考"，当他要对此进行详细阐述时就显得不那么容易了。相反，弗兰姆普敦更喜欢将迈耶的史密斯住宅（Smith House）和格雷夫斯的汉泽尔曼住宅（Hanselmann House）与譬如马歇尔·布劳耶（Marcel Breuer）1938 年设计的格罗皮乌斯住宅（Gropius House）联系在一起，甚至与 19 世纪 80 年代晚期美国斜屋顶风格的住宅（shingle-style house）联系在一起。[48]几乎任何人都能感觉到他在政治上的不安，而这种不安源自他正在见证一场完全成熟的，剥离了任何政治意识形态的"新现代"（neo-modern）的复兴。

　　然而，一直以来游离于埃森曼圈子的柯林·罗切中要害，以尖锐的措辞发表了以下的观点：

　　　　因为我们面临着——根据现代建筑的正统理论——一种异端邪说。我们正面临着不合时宜、怀旧、可能还有轻率。如果现代建筑看上去像 20 世纪 30 年代前后那样的话，那么它就不应该看上去像今天这样；而如果现在真正的政治问题不是规定富有的人享有蛋糕而饥饿的人只能吃面包，那么不仅仅从形式上看，而且从程序上来看，这些建筑都是缺乏时代感的。[49]

柯林·罗斗志昂扬，他继续阐明了 1930 年左右现代理论意识形态的虚饰：它基于"末世论的母体和乌托邦的幻想"之上，其构想是对"可识别且有经验依据的大量事实"的一种客观回应，而最重要的是建筑师作为历史的消极助产士，他们是在"事实的实证主义观念"以及"黑格尔有关命运的见解"影响下进行建筑设计的。柯林·罗还将崇高的现代理论之特性描述为"脱离现实的神话中的星座"，并且承认它主要的"社会主义使命"已经在"多愁善感和福利国家的官僚主义中消磨殆尽"。[50]这种困惑指的是 1972 年早期现代主义的形式再生，柯林·罗将其归结为一种简单的复兴：一种对现代主义英雄时代形式的时尚复制，然而现在它已卸下了对全新的美好世界的任何伪装。

　　坦白讲，这些分析绝对不会妨碍"纽约五人"整体日益渐增的知名度，同样也绝对不会妨碍 IAUS 的发展壮大。1973 年 9 月，IAUS 的杂志《反对派》（Oppositions）初次面世，创办这一杂志的三位编辑——埃森曼、弗兰姆普敦和马里奥·冈德索纳斯——迅速地确立了一种讨论的多样性和高水准。[51]这本杂志在启动时的社论中阐明其目标就是"批评性评价或再评价"，并声称它将面向"建筑理论新模型的发展"。[52]该杂志最早的几期向世人展现了一个联盟的存在，它是伴随罗西和塔夫里而出现的一种批判性的前沿——无疑这其中的部分原因应归结于"纽约五人"参加了 1973 年的米兰展。较早的一期《反对派》向北美读者介绍了罗西的部分设计作品。而塔夫里那篇有影响的文章《卧室里的建筑》（L'Architecture dans le Boudior）也成为他第一篇翻译成英语的文本。[53]在这篇文章

36

中，塔夫里将罗西和埃森曼关于还原的尝试描述为"冷酷的建筑"——这就是说，从真实世界对功能和社会的关注中撤退，这种设计方法可以等同于马奎斯·德·萨德（Marquis de Sade）[①] 放荡的施虐癖。在这些与米兰—威尼斯轴心有关的撰稿人中，还有弗朗西斯科·达尔·科、乔治·丘奇（Giorgio Ciucci）、马西莫·什科拉里以及乔治·泰索特（Gerges Teyssot）。这本杂志发行到 26 期时（到 1984 年为止）已形成了广泛而多样的议题——涵盖了历史、理论和批评方面的内容，其主要贡献在于它是美国历史上第一本以批判为基本内容的杂志。

---

① 法国作家，其著作多描写"性变态"。——译者注

第 2 章　意义的危机

　　如果说文丘里的民粹主义，意大利的理性主义以及建筑与城市研究院（IAUS）的积极行动为后现代主义的思考平台提供了三个支柱的话，那么人们仍需思考的是在接下来的 20 年中用什么作为支撑大多数理论的第四个支柱。人们普遍认为现代主义由于语言有限而失败——这也就是说它无法与人们产生联系与交流。

　　在一些情况下，我们已使用了诸如 "句法的"（syntactic），"语义的"（semantic）这一类术语，这些词在 20 世纪 60 年代后期日渐传播开来。虽然这两个词都与现代语言学中的符号论和符号学 [符号论（semiotics）和符号学（semiology）两者在此可以互换使用）] 有关，但是建筑学对于形式意义的关注一直是个由来已久的问题。比方说，犹太教和基督教的早期文字都详尽描述了应用到如 "耶路撒冷圣殿"（Temple of Jerusalem）[1] 等作品中的象征主义，同时维特鲁威著名的关于三种秩序起源的解释——多立克式的男性，爱奥尼式的女性，科林斯式的女儿——也为深刻理解古典时期形式拟人化的基本原则提供了重要支持。而文艺复兴时期的建筑师显然也想为建筑设计提供一种深层的人文主义者的宇宙论（humanist cosmology）。到了 18 世纪时，由于法国建筑学院（French Architectural Academy）整合了西方理论的原则，形式的含义也成为建筑学的正式讨论中一种意义明确的比喻（trope）。与 20 世纪 70 年代的种种尝试相比，这种区别在于：后者有意要将这种思考引向更为严格的模式。

　　符号学（semiology）和符号论（semiotics）——总体而言，这种对符号的研究——始于两种迥然不同的基础。1916 年，费迪南·德·索绪尔（Ferdinand de Saussure，1857—1913 年）[2] 的《普通语言学教程》（Course of General Linguistics）出版了，在这本作者离世后出版的书中，这位瑞士理论家将一些更稳定的 "语言" [language（langue）] 规则与 "言语" [speech（parole）] 更具个性的一些方面相区别，两者都是通过各种传统符号和含义来发挥作用的。他将这种新科学称之为 "符号学"（semiology）。同样，大约在 19 世纪末 20 世纪初时，美国哲学家查尔斯·桑德斯·皮尔斯（Charles Sanders Pierce）也提出语言的逻辑学研究，他将其称之为 "符号论"（semiotics），在此基础上查尔斯·威

----

① 古代以色列人最高的祭祀场所。历史上的耶路撒冷曾先后出现过两座圣殿，现已被毁。——译者注
② 瑞士语言学家。索绪尔是现代语言学之父，他把语言学塑造成为一门影响巨大的独立学科。他认为语言是基于符号及意义的一门科学——现在一般通称为符号学。——译者注

廉·莫里斯（Charles W. Morris，1834—1896 年）提出了一种观点，并在其著作《符号理论的基础》（Foundations of the Theory of Signs，1938 年）中详细说明了这种更有价值的方式。与索绪尔的二元结构不同，莫里斯在将这一研究领域划分为符号关系学（语法学）（syntactics），语义学（semantics）和语用学（pragmatics）三类后，从而为语言学分析提出了一种三重模型。他将符号关系学（语法学）定义为"符号之间——从符号的关系到对象或到解释者——的抽象关系"——因此，这指的是句法（syntax）规则或者任何符号或语言系统的语法。对比之下，语义学则是"处理符号与符号所指（designata）事物之间的关系，同样也指与它们可能或确实表示的对象间的关系"。因此，语义学处理的是符号与其意义之间的关系，这些意义随后将会成为一个建筑学所关注的重要领域，因为它明确考虑了形式的意义。第三个领域的语用学则考虑了"符号与其解释者之间的关系"。[1]

莫里斯还做了进一步的区分，他将语义符号分为三类：指示（indices）符号、图像（icons）符号和象征（symbols）符号，这在日后的建筑界引起了共鸣。然而，指示符号（indexical signs）表明或暗示着它们的意义（比如单行路的标志），图像符号显示了它们所指内容的特性（小卖部以其所售物品的形态出现）。相比之下，象征符号则是随意的或是文化上已确立的符号，例如在银行中使用多立克柱式可以显示金融机构的力量与安全。

莫里斯的模型之所以在建筑界变得重要起来就在于他与芝加哥"新包豪斯"（New Bauhaus）的往来。这一学派由芝加哥艺术工业协会（Chicago Association of Arts and Industries）创建于 1937 年，刚来美国避难的拉兹洛·诺霍伊 – 纳吉（László Moholy-Nagy）担任第一任理事。虽然该协会一年后从这一冒险事业中退出，诺霍伊 – 纳吉还是对这一学派进行了重组——它最初是一个设计学校，后来成为（现在众所周知的）设计学院。20 世纪 40 年代，诺霍利 – 纳吉及其继承人塞尔日·切尔马耶夫将一群引人注目的教职员工聚在一起，其中包括捷尔吉·凯佩（Gyorgy Kepes）、乔治·佛瑞德·凯克（George Fred Keck）、拉尔夫·拉普森（Ralph Rapson）、巴克敏斯特·富勒、康拉德·瓦克斯曼（Konrad Wachsmann）。作为芝加哥大学的哲学系教授，莫里斯应邀前往设计学院讲授"知识整合"（Intellectual Integration）课程，该课程旨在将莫里斯符号理论下的艺术、科学和技术理论统一起来，以此为前提，所有人类活动都可被解析为"符号结构的一种特定类型"。[2]自 20 世纪 30 年代中期以来，莫里斯就在"统一科学"（Unified Science）运动中表现得很积极，这一运动在奥托·诺伊特拉（Otto Neurath）、尼尔斯·波尔（Niels Bohr）、约翰·杜威（John Dewey）、伯特兰·拉塞尔（Bertrand Russell）、鲁道夫·卡纳普（Rudolf Carnap）的努力下旨在为所有知识寻求一种理论基础。

20 世纪 40 年代早期，莫里斯的课程鲜有人问津，但 10 年后他的努力终于得到了继包豪斯（Bauhaus）之后乌尔姆造型学院（Hochschule für Gestaltung）的认可。[3]1953 年，这个学院创立于德国乌尔姆。几位从前的包豪斯导师与学生受聘于这所新学校，他们是：

约翰·伊顿（Johannes Itten，1888—1967 年）[1]、约瑟夫·阿尔伯斯（Josef Albers，1888—1976 年）[2]、沃尔特·彼得汉斯（Walter Peterhans，1897—1960 年）[3]，这所学校的第一任董事是马克斯·比尔（Max Bill），在考虑于多大程度上新课程应遵循包豪斯最初课程的设置时，他思想充满斗争。1956 年，奥特·艾舍和托马斯·马尔多纳多都对"统一科学"运动表示关注，在他们发起的全体教职员工的抗议中，比尔辞去了董事职位；在接下来的一年中，马尔多纳多主持了一次符号学研讨会，会议中也包含控制论、信息论、系统论和人体工学方面的讨论。马尔多纳多像他之前的霍克海默和阿多诺一样被通信产业和广告商的说服力所吸引，他认为设计中的意义"必须对其最微妙的暗示进行研究"。这一目标转而建议设计者还应该在训练中明白"语言学家、心理学家、社会心理学家和社会学家的工作；这其中当然还包括现代符号学代表们的研究"。[4] 正如我们所看到的那样，马尔多纳多不断前进，于 20 世纪 60 年代进入了普林斯顿大学。

符号学与建筑

1962 年，在伦敦杂志《大写字母》（Uppercase）上，马尔多纳多发表了五篇文章以阐明他的观点。[5] 但是在此之前，两位已在乌尔姆造型学院授课的建筑师——约瑟夫·里克沃特和克里斯蒂安·诺伯格 - 舒尔茨（Christian Norberg-Schulz，1926—2000 年）[4]——正在提升他们自己对于意义的理解。在 1960 年一篇极有吸引力的名为《意义与建筑》（Meaning and Building）的文章中，里克沃特实际上被视为乌尔姆实验的关键性人物。他反对极端现代主义者的理性主义偏爱，特别是"设计师和建筑师对设计理性准则的专注"。相反，他呼吁设计师关注建筑的情感力量——不是随意的，而是通过借鉴社会学家、人类学家、心理学家的研究以及我们诗性智慧的遗产。几年来，这预示了文丘里和斯科特·布朗部分思想的产生，里克沃特敦促建筑师去研究那些诸如美国广告一样的媒体，而且在这样做的同时不要去复制以往的经验，而是要学习别人是如何彰显自己在世界上的独特

40

---

① 伊顿是瑞士表现主义画家、设计师、作家、理论家和教育家。他是包豪斯最重要的教员之一，是现代设计基础课程的创建者。与德裔美籍画家里昂耐尔·费宁格（Lyonel Feininger）和德国雕塑家格哈特·马克斯（Gerhard Marcks）共事于建筑家沃尔特·格罗皮乌斯（Walter Gropius）带领下的魏玛包豪斯学院。——译者注

② 美国画家和教育家，对工业设计产生了极大影响。他的几何抽象画，如他的系列作品《向正方形致敬》，以对色彩和设计的精确控制为特点。阿尔伯斯出生于德国威斯特伐利亚州的波特洛普，他就读于包豪斯，并于 1923—1933 年间在那里任教。1933 年阿尔伯斯移居美国，1939 年成为美国公民。在任教北卡罗来纳州黑山学院（1933—1949 年）与耶鲁大学（1950—1958 年）期间，阿尔伯斯发展了将艺术与工业设计充分融合的包豪斯理念。——译者注

③ 德国摄影家，1929—1933 年间，他是包豪斯摄影课的负责人。1938 年，他移居芝加哥执教于伊利诺伊理工学院建筑系，在密斯指导下教授"视觉训练"课。——译者注

④ 著名的挪威建筑理论家，他在 1979 年提出了"场所精神"的概念。在其著作《场所精神——迈向建筑现象学》中，提出早在罗马时代就有"场所精神"。——译者注

地位的——因为在任何人的住宅上均可找到一些"山墙上的小片雉堞墙或浮雕细工"。他认为，符号学能够提供这样一个框架，但这只是在更广泛的意义上来说："通过环境的语义学研究，我们可以发现在我们的建筑中所存在的论述意义。只有这样，我们才能再次吸引普通人。"[6] 这已成为里克沃特后来——在 1973 年时进行批判的理论基础，而他批判的对象则是类型学的理性主义、罗西设计作品的冷漠以及坦丹萨派（Tendenza）的论战。

虽然几年之内诺伯格 - 舒尔茨的立场将完全转变，但他还是从不同的视角来看待这一问题。从其雄心勃勃的研究《建筑的意向》（Intentions in Architecture，1963 年）中可以看出，这位挪威建筑师在寻求一种全面且"令人满意的建筑理论"时，不只是将莫里斯符号学的三部分和所有"来自心理学、系统论、信息论的相关信息"汇集在一起（在他执教于乌尔姆造型学院时），而且还不遗余力地探索有意义的建筑形式的界限。对诺伯格 - 舒尔茨而言，建筑学是"一种必须使自己适应整个生活形式的综合活动"，然而，他创造出了自己的理论，该理论在很大程度上依赖于实证主义或准科学的基础。[7]

随着乌尔姆造型学院的课程变得广为人知，其实验也在 20 世纪 60 年代的符号学研究中激起了层层涟漪。意大利的理论——尤其是塞尔吉奥·贝蒂尼（Sergio Bettini）、乔瓦尼·克劳斯·科尼格（Giovanni Klaus Koenig）、雷纳托·德·弗斯科（Renato De Fusco）和翁贝托·艾柯（Umberto Eco）的著作——试图寻找一些将符号学应用于建筑理论的途径。[8] 在伦敦，这一计划由两位建筑师在博士项目中实施，他们是加拿大的乔治·贝尔德（George Baird）和美国的查尔斯·詹克斯（Charles Jencks，1939 年—）。1966 年，这两位建筑师用整整一期《竞技场》（Arena）来讨论符号学的问题——三年之后，这些文章将在他们有影响力的著作《建筑中的意义》（Meaning in Architecture）中得以拓展。但是，实质上仍然存在一个问题，即是否应该追随莫里斯的符号学模型或索绪尔的符号学系统。

贝尔德和詹克斯最初采用了后者的二元法，并获得了一些早期的成功。例如，在前者的文章《建筑中"令人喜爱的尺度"》（"La Dimension Amoureuse" in Architecture）中，贝尔德利用索绪尔式的"语言"（langue）（语言，集体的和无意识的）和"言语"（parole）（讲话，个人的，有意识的和表现派的）二元性比较了埃罗·沙里宁和塞德里克·普里斯（Cedric Price，1934—2003 年）最近完成的两个项目。贝尔德的分析细节——虽然沙里宁和普里斯的设计方法彼此相反，但却都非常关注自己以破坏言语（parole）的修辞力量为代价的设计语言（langue）——提供了一种洞察方法，但更重要的是贝尔德已注意到：建筑的意义所分享的不是一种与某一象征符号单向度的一致性（正如传统语言学有时所暗示的那样），而是形成一个极其丰富的意义舞台，它包括隐喻、借喻、含糊以及各种不同程度的修辞上的细微差别。[9] 同样，在始于这一时期的主要论文中，詹克斯强调意义有赖于特定的语境、习俗或简单的事件，而且此外（或者因为这样）即使在适用期内它们也往往不稳定。在一个预示着接下来的 10 年将会出现后结构（poststructural）讨论的观点中，他断定"意义的前沿总是随时处于一种崩溃和矛盾的状态中"[10]。

詹克斯和贝尔德的著作成功地将建筑师的兴趣引向这一领域，3 年后，即 1972 年，一场有关建筑符号学的国际会议在西班牙的卡斯特尔德费尔斯举行。[11] 组织者是杰弗里·布罗德本特（Geoffrey Broadbent）、胡安·巴勃罗·邦塔（Juan Pablo Bonta）和托马斯·略伦斯（Tomás Llorens），彼得·埃森曼也从纽约长途跋涉来参加会议。卡斯特尔德费尔斯会议上的许多论文表明现在对建筑符号学的可能性抱有很高的期望。例如，布罗德本特借鉴了诺姆·乔姆斯基的符号关系学（语法学）研究，但却采用了一种完全不同于埃森曼同时所建议的方式。如果后者遵循了乔姆斯基对符号关系学（语法学）的强调，那么布罗德本特在模仿乔姆斯基方法论的算法过程中则为带有语义学暗示的建筑提供了四个"深层结构"，由此他进一步推断出了四代的规则或方法来进行设计：实用主义的（试错法）[pragmatic（trial-and-error）]，类型学的（类型），类比的（相似）[analogical（analogies）] 和准则学（canonic）或几何设计。接着，他还研究了查尔斯·穆尔（Charles Moore，1925—1993 年）和威廉·特恩布尔（William Turnbull，1935—1997 年）是如何使位于圣塔芭芭拉的教工之家（Faculty Club at Santa Barbara）充满引喻以暗指这一区域的西班牙殖民地特征的，而里卡多·博菲尔（Ricardo Bofill，1939 年—）则在仙那度设计（the design of Xanadu）中运用了地中海当地民间风格的特征——强烈的色彩、简洁的线条以及当地屋顶所用的瓦片。布罗德本特认为，这两种策略为现代建筑注入了一种急需输入的意义，并协助它成为一种文化的象征。[12]

邦塔和詹克斯在卡斯特尔德费尔斯会议的论文具有重要意义。邦塔背离了索绪尔和莫里斯的符号学系统，而赞同埃里克·比森斯（Eric Buyssens）和路易斯·J·普列托（Luis J. Prieto）的符号学系统——即关注的是作为指示物和信号系统的传播。这种模型允许他假设有意而为的指示物（intentional indicators）和伪信号的另外两个类别：前者的指示物由设计师有意制作，但解释者却无法辨认，后者的信号由设计师在无意中完成，但解释者却能够读懂。这一方法的优点就是它强调了建筑意义的普遍性，无论它是有意为之还是无意而为，邦塔后来在其著作《建筑及其解释》（Architecture and Its Interpretation，1979 年）中对此进行了拓展。[13]

詹克斯再次为"修辞学"（rhetoric）而争辩——也就是，与"指示符号"（indexical sign，在他看来现代主义者更青睐于此）和"图像符号"[iconic sign，正如在沙里宁的环球航空公司航空站（TWA terminal）中所发现的一样] 相比，应给予"象征符号"（表现）以优先权。他认为以这种方式，符号学不仅可以成为设计师的一种工具，而且也可以被批评家用来思考现代主义的失败。[14] 同样也出席了会议的艾伦·科洪在这方面走得更远，他坚持认为由于语言和审美在方法论上的不协调，所以符号学仅仅可以用作一种批评工具。[15]

与此同时，符号学的一些其他模型也被提出。1973 年，在弗吉尼亚州举行的一次会议上，加入·埃森曼团队并成为《反对派》三位编辑之一的马里奥·冈德索纳斯对于在建筑设计中应用符号学也同样感到犹豫不决，其中部分原因在于他认为建筑师只掌握了符号学概念的有限知识，而另一部分原因在于在政治上，他们尚未明确思想与理论之间的重要区别。[16] 当然，他用了带有虚假意识的马克思主义思想，从而使思想意识保持现状，

42

包括建筑实践的现状。同年，冈德索纳斯及其妻子黛安娜·阿格雷斯特（Diana Agrest）在他们发表于《反对派》第一期的文章中以一种拓展的方式提出了同样的观点。在文章中，他们认为符号学可以为建筑师提供一些帮助，但前提条件是"在我们反对特定思想，建筑思想的斗争中，它也会使人想起一些理论策略。"[17] 阿格雷斯特和冈德索纳斯非常熟悉最近法国理性主义的批评思想，实际上，他们已经跨越了后结构理论的界限。

同样在 1973 年，翁贝托·艾柯将其著作《缺失的结构》（La struttura assente，1968 年）的建筑章节翻译成英文出版了。他的符号学译本结合了莫里斯和索绪尔的基础，将建筑视为一种形式由外延（功能）和内涵（思想）所组成的传播系统，并试图通过技术、句法和语义代码的镜片来阅读建筑。然而，艾柯同时也对推动符号学进入设计领域很感兴趣。首先，他对建筑学与大众文化的关系很感兴趣，或者说建筑学作为一种以心理说服方式来吸引大众的职业，它必定会带有短暂的时尚奇想。他认为（尽管他并没有对其展开特别阐述）他称之为"先锋派的破坏"对故意违背传统代码负有责任，而其中的建筑师则以阿多诺式的挑战行为实现了这种破坏。他断定这些策略实际上促成了放弃其解决方案中任何一个相当开放的系统，相反他为这些建筑师指出了社会学、人类学和心理学的当代研究。[18]

所有的这些努力标志着 20 世纪 70 年代前半期，建筑师们对符号学的兴趣已达到最高点，但是与此同时，以任何令人信服的方式将其应用于设计细节中还缺乏成功案例，因此这也将符号学排除出方法论的领域，而将它纳入到批评的范畴。最后，从很多方面来说，符号学都是可以用来批评现代主义故意缺乏象征意义的完美工具。在这 10 年中的后半期，它确实成为拒绝现代理论原则的一个重要工具。

五位建筑师的五篇文章

正是在这种背景下，《五位建筑师》（Five Architects）这本书出现在 1972 年 12 月，对出版的首要回应表现为《建筑论坛》（Architecture Forum）杂志上刊登的五篇文章——它们被简单地冠以《五位建筑师的五篇文章》（Five on Five）。这种回应背后的推动力是罗伯特·斯特恩，他曾就读于耶鲁大学并师从罗伯特·文丘里思想的倡导者文森特·斯卡利。1966 年，斯特恩已为纽约建筑联盟（Architecture League of New York）成功举办了一场名为"40 位 40 岁以下的建筑师"的展览，其特色是展出如文丘里这样的年轻建筑师的作品。[19]3 年后，斯特恩创作了他的第一本书《美国建筑的新方向》（New Directions in American Architecture），这本书不仅将文丘里和查尔斯·穆尔的作品推向讨论的前沿，而且引发了来自欧洲评论者的争议，因为在"后记"中，他使自己的努力方向与 20 世纪 60 年代后期社会动荡所表现出的诉求保持一致。[20] 同样在 1969 年，斯特恩与他在耶鲁大学的同学约翰·哈格曼（John Hagmann）建立起了合作关系，同时也开始了他作为设计师的职业生涯，且在次年，他成为哥伦比亚大学的一名教师。

　　《五位建筑师的五篇文章》是对"纽约五人"作品的批判，由五位建筑师完成，他们分别是：斯特恩、穆尔、雅克兰·T·罗伯逊、艾伦·格林伯格（Allan Greenberg，1938 年—）以及罗马尔多·朱尔戈拉（Romaldo Giurgola）。[21] 斯特恩开门见山地指出《五位建筑师》与文丘里和斯科特·布朗的《向拉斯韦加斯学习》几乎同时出现，在他看来这看似的巧合却清楚地说明了明确区分为两个非主流阵营的竞争策略：这五位建筑师以"欧洲人 / 理想主义者"的观点反对文丘里"美国人 / 务实"的观点，在他们各自对现在与过去的同化吸收中表现为"排他"反对"包容"。一个阵营还不错，另一个阵营则没那么突出。如果包容性的《向拉斯韦加斯学习》能将各种各样的影响带入设计中，这"至少对摆脱 20 世纪 20 年代的温室美学是有所帮助的"，而由柯林·罗（"这一社团的智慧大师"）领导的这五位建筑师的"排他"趋势则有效地将建筑师带回到勒·柯布西耶的有限美学（limited aesthetics）和 20 世纪 20 年代，因此这也剥夺了当代建筑师们自己进行革命的机会。斯特恩对埃森曼运用乔姆斯基的理论"将建筑体验从文化中分离出来"的尝试表示"最强烈的"反对。他还对理查德·迈耶在史密斯住宅（Smith House）中的贫乏设计提出了严厉批评，同时也对他在萨兹曼住宅（Saltzman House）中选用的粗劣修饰进行了抨击。他发现迈克尔·格雷夫斯的作品承载了太多"技术"和"夸张"的内容，斯特恩还将这一批评扩展为《五位建筑师》这本书的"漂亮"产物。[22]

　　其他四位建筑师也持类似的批评态度，格林伯格谴责这五位建筑师一直遵守欧洲现代主义的"官方路线"[尼古拉斯·佩夫斯纳、西格弗里德·吉迪恩以及最近的班纳姆对它起到了推动作用]，然而朱尔戈拉反对他们作品中过分的形式主义，他认为这是基于"含糊的辩证法，博学的引用，审美观上的排他主义和基本上中性化的处理。"[23] 穆尔以大量的讽刺来承认喜欢那些"'卡纸板柯布'似的人们"所创作的一些形式，但是却发现他们解释这些形式的各种尝试难以令人信服。[24] 在一篇最长且最有创见的论文中，罗伯逊对这五位建筑师"建筑如绘画"的思想给予了苍白无力的赞美，但是也发现精英人物在垂青于代表高雅艺术的"博物馆世界"时，在语境上却毫无吸引力。总之，新柯布西耶风格（the neo-Corbusian）的复兴"从一开始就不受欢迎，到现在发展的也不健康，通过'艺术世界'捐赠的静脉营养，它仅仅以一个特有的孤立翅膀危险地保持着现状。"[25]

　　《建筑论坛》的编辑们也参与了这个问题的讨论，并指出这五位受访者的批评只不过是"不同哲学阵营之间的对峙"——有些批评似乎在语气上显得多少有些严厉，但实际上它们只是专业上的较量。[26] 这一观点和保罗·戈德伯格（Paul Goldberger，1950—2012 年）在几个月后对这本书与五篇回应论文进行评论时所提出的看法相似。他欣赏这场辩论中"有促进作用"的那些主要原则，尽管他发现这一讨论主要限定在东北部（康奈尔大学和耶鲁大学）两个常春藤联盟圈中，因此显得"多少有点狭隘"。更具远见的是戈德伯格还意识到两大阵营在设计方面的相似性实际上远远超越了他们之间存在的基本区别。他们所具有的一个共同特征就是他们"对巨型建筑、计算机设计以及其他高技派建筑的典范表现出漠不关心的样子"。另一个共同特征是他们的精英主义或者更确切说是他们对历史

45 的欣然接受。在戈德伯格看来，包容的建筑师只是从更广泛的来源中提取出他们的象征符号，然而主要是（当然不完全是）他们假想中的对手限定了他们对勒·柯布西耶形式的复兴。[27]

灰色派和白色派

然而，这次争论所具有的地方特性不会持续太久，因为 1974 年春天在加州大学洛杉矶分校（UCLA）召集了一次会议。人们对这次会议的称呼可谓是五花八门，有"五月里的四天"（Four Days in May），还有"白色和灰色生成银色"（White and Gray Meet Silver）。实际上这是案例研讨会（这个组织由埃森曼和格雷夫斯在 1965 年创立。）的延续。这次会议由以下几位建筑师共同主持，他们分别是：汤姆·弗里兰、西萨·佩里（Cesar Pelli，1926 年—）、安东尼·拉姆斯登（Anthony Lumsden）、克雷格·霍杰茨（Craig Hodgetts）以及尤金·库佩尔（Eugene Kupper）。在这里，标签被贴到对立阵营中，因为"纽约五人"属于"白色"派，而他们的对手则是由文丘里和斯特恩领导的"灰色"派。主办这次会议的建筑师们全都移居到洛杉矶，他们此时一直对宣称自己为"银色"派犹豫不决，但人们都认为这是一件很有趣的事。斯库利成为"灰色"派的辩护人，而柯林·罗则被叫来捍卫"白色"派的荣誉，尽管不乏产生这样一种"感觉，即就像一个马克思主义者面对众多大型独户住宅一样。"[28] 崭露头角的日本杂志《A+U》（Architecture and Urbanism，《建筑与都市》）为这次会议发行了一期特刊——它是这场新运动吸引媒体关注的一个明显信号。[29]

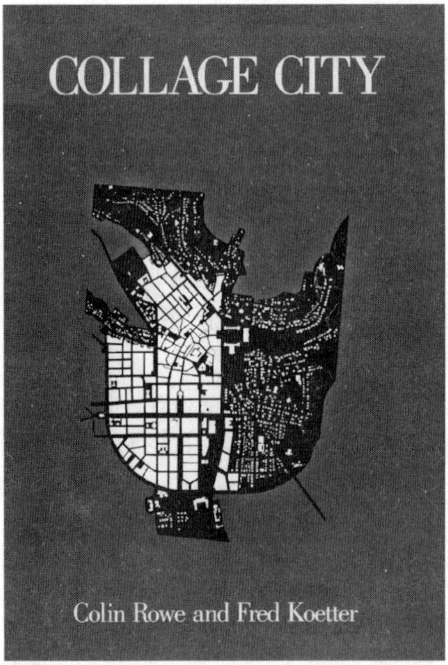

46

图 2.1 《拼贴城市》（Collage City）的封面，作者是柯林·罗和弗瑞德·科特，1979 年由麻省理工学院出版社出版

在接下来的一年——即 1975 年中，有两件事进一步为宣传火上浇油。一件是柯林·罗和弗瑞德·科特（Fred Koetter）后来出版的新书《拼贴城市》（Collage City，图 2.1）的初稿首次出现在《建筑评论》的页面中。另一件是在现代艺术博物馆举办的"巴黎美院建筑"（The Architecture of the Ecole des Beaux-Arts）回顾展。

柯林·罗的论文《拼贴城市》可能是这两件事中影响不太大的那件，然而它仍很重要，因为他实际上从白色阵营中退出，转而进入具有历史倾向的灰色阵营。在一本涉及方方面面的著作中——从托马斯·莫尔（Thomas More）的伦理乌托邦到山崎实（米诺鲁·雅马萨奇）（Minouru Yamasaki，1912—1986 年）的圣路易斯帕鲁伊特·伊戈（Pruit-Igoe）住宅区的炸毁，柯林·罗在对晚期现代主义进行批评的同时提倡运用装饰。他蔑视阿基格拉姆派（Archigram）的科技幻想以及哈洛（Harlow）虚假的怀旧之情。在柯林·罗对以赛亚·伯林（Isaiah Berlin）"刺猬和狐狸之间的区别"的援引中，可以发现他有着波普尔式的（Popperian）忠于传统的理念。前者（刺猬）懂得（设计）一件大事；而后者（狐狸）则知道（设计）许多小事。对于目前这个时代，柯林·罗更喜爱狐狸。因此，由几何学所确定的凡尔赛宫的复杂形式属于刺猬的创作风格，而哈德良（Hadrian）① 位于蒂沃利的别墅因为由一些小型建筑在经过多少有些随机的排列后则带有狐狸的标记。帕拉第奥（Palladio）、密斯、富勒以及弗兰克·劳埃德·赖特都是刺猬式的建筑师，而朱利奥·罗马诺（Giulio Romano）、尼古拉斯·霍克斯莫尔（Nicholas Hawksmoor，1661—1736 年）②、约翰·索恩（John Soane）以及埃德温·勒琴斯（Edwin Lutyens）则都是狐狸式的建筑师。克劳德·莱维 - 斯特劳斯（Claude Levi-Strauss）提出"博艺不精者"（bricoleur）的概念，这是指以温和的方式利用现有要素进行创作的人，由于他的观点受到支持，因此现代主义"整体设计"的早期魅力被抛弃了。事实上，这个比喻限定了柯林·罗整个城市理论的范围，正如他现在所承认的那样"将其想成一个小型聚合体，它甚至包含有各种相互矛盾的部分（几乎就像是不同政权下的产物），这一设想要比对整体以及需要中止政治条件才能达到"完美"的解决方式怀有幻想要好。"30 城市规划师现在应该像有些创作拼贴艺术的人那样处理城市设计，这就是在已存在的环境中插入各种片段并对其重新排列组合，尽管其结果无疑会带有倾斜和讽刺的前卫特征。同样有趣的是许多他喜欢的意象都是罗马和文艺复兴的原型。詹巴蒂斯塔·诺利（Giambattista Nolli）绘制的 18 世纪罗马地图为后现代主义的早期版本提供了一种全新的模式。 *47*

"巴黎美院建筑"回顾展使专业现状遭受了更深的伤害。这次展览由亚瑟·德雷克斯勒策划，共展出了 240 幅图纸并很快就彰显出其自身张扬的个性。18 世纪和 19 世纪的图纸不但本身极富魅力——它或多或少所带有的怀旧情愫甚至能追溯至几近可以忘却的年代，而且在由展览拓展而成的书中，收录了一些由理查德·查菲（Richard Chaffee），尼尔·莱文（Neil Levine），戴维·凡·然坦（David Van Zanten）撰写的文章，从而构成了对 19 世纪法国理论最早进行历史调查的一部分。因此，上述所有的这些装腔作势其实是一次难得的学术展示。

德雷克斯勒自 1951 年以来一直与现代艺术博物馆有交往，在 1954 年接任博物馆建

---

① 哈德良（76—138 年）是罗马帝国五贤帝之一，117—138 年在位。他最为人所知的事迹是兴建了哈德良长城，划定了罗马帝国在不列颠尼亚的北部国境线。他还在罗马城内重建了万神庙，并新建了维纳斯和罗马神庙。作为罗马皇帝，他倡导人文主义，提倡希腊文化。——译者注

② 英国建筑师，他是英国牛津女王学院一座建筑（The High Street Screen）的设计者，该建筑是典型的巴洛克风格。——译者注

筑与设计部主任前，他最初担任菲利普·约翰逊（Philip Johnson，1906—2005 年）的助理。正如我们已经看到的那样，他于 1967 年成为建筑与城市研究院（IAUS）的董事长，并以博物馆的名义为罗伯特·文丘里的《建筑的复杂性与矛盾性》以及目录册《五位建筑师》撰写了简短的序言。他对现代主义的看法一旦和希区柯克以及约翰逊在《国际风格》（International Style）中的观点相一致，同样也会得到发展。在为美院建筑展目录册而写的前言中，他将包豪斯现代主义"救世主般的热情"描述为"当它实际上并不具备破坏性的时候，它是幼稚的"，尽管他也承认目前由"教条的放松"带来的新自由还未找到一个合适的出口或方向。在他看来，对巴黎美院建筑价值的研究，如果仅仅是因为这些完成的图纸则可能会招致"潜藏于我们时代建筑中的一场更严厉的哲学批判。"[31]

在为《巴黎美院建筑》（The Architecture of the Ecole des Beaux-Arts，1977 年）一书而写的一篇冗长的文章中，德雷克斯勒通过采用实体感（大体量的外观）以及对 19 世纪建筑——包括运用装饰在内的各种描述而改变了自己的立场。这不是对现代主义"追求纯粹"和"工程风格"的朴素形式的一种简单抵制，这种"工程风格"支持那种允许"以透视画法来绘制"的建筑，但却更彻底地放弃了富勒式的"以少求多"（ephemeralization）的试金石。在本质上，"后现代对建筑形式的想象具有重要意义，它将体量和重量作为自由精神的象征宣言，这与早期理性主义者基于结构和经济必要性之上的决定论建筑相矛盾。"因此，我们"现在的幻想就是逃避非物质化，这种非物质化并没有与未来世界联系在一起，却与当下迷失方向的技术界联系起来。期望中的新形象是缺乏想象力的。"[32]

48 同样重要的是对这次展览及其出版物的批判性评论。在为英国杂志《建筑设计》写的文章中，罗宾·米德尔顿（Robin Middleton）看上去似乎高兴得忘乎所以，他指出"菲利浦·约翰逊是美国现代运动中的达官贵人，作为他当之无愧的继承者"，德雷克斯勒痴迷于他设计上的和谐。米德尔顿还进一步指出"他现在厌恶那些现代运动影响下的建筑风格，因而打算不再对它抱有幻想。"[33] 为《纽约时报》写评论文章的艾达·路易丝·赫克斯特波尔（Ada Louise Huxtable，1921—2013 年）① 也在这个"反革命"的广阔背景下参观了展览，"吉迪恩和格罗皮乌斯宣扬的关于功能、形式纯净、拒绝历史的原则——越来越多地被讨论和否定。"如果现代艺术博物馆的展览没有产生"预期的轰动"，那只是因为建筑界中新的"少壮派们"（young Turks）事实上已经接受了"历史折中主义"的信条。[34]

主题上的变化

柯林·罗对历史主义的接受和法国美术学院的展览向彼得·埃森曼提出了一个新问题。实际上他们为灰色阵营赢得了胜利，展览甚至在草坪上举行，这时埃森曼一定自视甚高。果然不久之后，他的回答表明了这一点。1976 年 1 月，在 IAUS（建筑与城市研究院）的

---

① 建筑批评家和建筑作家，1970 年她获得普利策评论奖。——译者注

赞助下，他在博物馆组织了一场特殊的"论坛"，以便对这次展览进行讨论，而其中当选的评论员大体上都是消极的。乔治·贝尔德认可了博物馆"刻意制造震惊"的成功，但是与此同时，他担心这次展览最终会导致山崎实和爱德华·杜里尔·斯东（Edward Durell Stone，1902—1978 年）[①] 设计方法影响下的"庸俗历史主义的复兴"。[35] 乌尔里克·弗兰森（Ulrich Franzen）表示这个"突然而神圣的启示"——宣称现代建筑现在已死很有趣，而保罗·鲁道夫则将"极富魅力且最终引起人们怀旧情绪的装饰画"说成是"仅仅适合展示"。[36] 丹尼丝·斯科特·布朗是少数持异议者之一。在以书面形式提交的评论中，为了给展览找到一个正当的主题，而不是那些所有错误的理由——主要是美术学院精英主义的传统，她贬低现代艺术博物馆为"美术学院的新手"。她向这个机构挑战，让它从受人尊敬的位置上走下来处理诸如"社会相关性，多元化美学的接受以及日常环境的理解"的问题。[37]

　　在 1976 年的春天和秋天，冈德索纳斯和埃森曼也参与了《反对派》几篇社论的撰写，他俩都试图以不同的措辞重新梳理近期的发展。在冈德索纳斯"新功能主义"的社论中，他认为自从 20 世纪 60 年代后期以来，建筑界一直存在着两种相对抗的思想：新理性主义和新现实主义。然而，前者的概念由罗西、埃森曼和海杜克的思想所界定，其观点是为建筑寻求一种自主语言，使其能够"阐述自己"并因此而超越历史与文化的范畴。新现实主义则始于文丘里的思想，同时它也包含了许多历史和文化上的力量。但是，冈德索纳斯持异议的这两种思想却统一在它们"摩尼教（Manichean）[②] 那种消极和回归思想的功能主义观点"下，从这个意义来看，这两种思想都只是功能主义的延续或"发展片段"。在拒绝早期功能主义（在这里形式简单地象征着功能）对象征性的限制时，冈德索纳斯提出了另一种"新功能主义"，它在本质上是一种新的综合，整合了新现实主义和新理性主义围绕"意义"问题而展开的评论。事实上，新功能主义的思想将寻求"以一种系统而有意识的方式，在设计过程中引入意义的问题，"这大概也属于符号学理论的框架内。[38]

　　在随后发行的杂志中，埃森曼则凭借社论《后功能主义》（Post-Functionalism）以一种全新而与众不同的策略开辟了一片新天地。出于对最近气氛变化的高度敏感，他开始注意到"评论界"已昭告世人：我们已经进入了一个全新的"后现代主义"时期，因此他备感放松，"与此相似，伴随这一忠告的已不再是一个少年"。这一新时期的两个极端已经被 1973 年的米兰展和以前法国美术学院的建筑展所界定。如果前者寻求的是使建筑回归到一种自主学科的话，那么后者则凭借对历史的包容，探索如何为过去建筑制定未

───────────

① 美国建筑师，现代建筑中典雅主义的代表人物之一。1920—1923 年，他在阿肯色大学学习艺术，后在哈佛大学和麻省理工学院攻读建筑。——译者注

② 又称作牟尼教、明教，是一个源自古代波斯宗教——祆教的宗教，于公元 3 世纪中叶由波斯人摩尼所创立。这是一种将基督教与伊朗阿胡拉·马自达教义混合而成的哲学体系。其教义认为，在世界本源时，存在着两种互相对立的世界，即光明与黑暗，即初际，光明与黑暗对峙，互不侵犯。中际时，黑暗侵入光明，二者发生大战，世界因此破灭。后际时，恢复到初际，但黑暗已被永远囚禁。摩尼教认为，物质世界出现前，黑暗物质与光明精神互斗，出现后，则是黑暗入侵光明，所以摩尼教反对物质，认为它是黑暗。——译者注

来的发展计划。然而，这两种倾向都是错误的衡量标准（metrics），因为两者在形式（或类型）与功能（或程序）的明确关系上始终合乎逻辑地发挥着作用。因此，两者仍处于文艺复兴的人文主义认识论范畴中。不但 20 世纪 20 年代的功能主义者将形式 – 功能的关系处理得过于简单，而且最近英国修正主义的功能主义者——如雷纳·班纳姆和塞德里克·普赖斯凭借他们生机勃勃的技术理想甚至提出了一种"新功能主义"。对埃森曼而言，任何形式的功能主义都应被视为是"一种实证主义"。[39]

埃森曼用推测对此做出了回应，他认为 19 世纪某个时期，在西方思想上的确发生了一次重要的从人文主义到现代主义的转变——尽管建筑并没有卷入到这种转变可能引发的后果中。如果说其他艺术如音乐和文学玩弄的是抽象、无调性、非时间性的后人文主义（post–humanist）概念，而建筑则仍保持着它固有的形式 / 功能二元性，其前提为人是形式创造的"原动力"。埃森曼将这种新"知识"（epistème）[对米歇尔·福柯（Michel Foucault）的引用] 与"后功能主义"紧密联系起来，作为一种"现代主义的辩证法"，"后功能主义"利用这种倾向把形式视为先于几何学而存在的，或者相反，把形式理解为"一系列的片段——没有意义，也没有参照的一些符号，只具有一些基本的条件。"因此"后功能主义"这个词认可这种"缺席"——作为这个世界中心代理的人类的缺席。在建筑上，这就是降落在我们身上的"新意识"。[40]

埃森曼的文章很重要，原因有二:首先，这标志着他与意大利理性主义及"纽约五人"的决裂。其次，这也显示出他在欧洲后结构理论身上发现的新魅力，而这一理论在当时（至少在美国）鲜有支持者。然而，事情的发展如此迅速以至于掩盖了埃森曼主张的重要性。1976 年 4 月，一群来自西海岸的建筑师——包括托马斯·弗里兰（Thomas Vreeland）、安东尼·拉姆斯登、弗兰克·蒂姆斯特（Frank Dimster）、保罗·肯农（Paul Kennon）[①]、尤金·库佩尔和西萨·佩里，他们一起以"银色"派的名义在加州大学洛杉矶分校（UCLA）举办了一个展览。约翰·海杜克、詹姆斯·斯特林（James Stirling，1926—1992 年）、查尔斯·穆尔和查尔斯·詹克斯也来到展览现场。一个月后，在佩里新完成的"太平洋设计中心"(Pacific Design Center）举办了另一场展览，展出了"洛杉矶十二人"的作品。除了可能对玻璃的偏爱外，展出者的作品很少一起展出，他们通过画详图的方式将竖框或表面扰动降低到最小。然而，查尔斯·詹克斯尤其喜爱佩里的"蓝鲸"（Blue Whale），他将"银色"派的作品概括为"准确无误地延续了努特拉（Neutra）、埃姆斯（Eames）、索里亚诺（Soriano）、埃尔伍德（Ellwood）和科尼格坚持技术创新的传统"，班纳姆曾在他的书《洛杉矶：建筑学的四种生态》(Los Angeles: The Architecture of Four Ecologies）中提到这些建筑师，并将这些建筑视为"几乎不可能实现的风格"。[41]

---

① 美国建筑师学会会员（AIA），CRS 建筑设计事务所总裁和首席执行官，美国莱斯大学建筑学院副院长，美国各地多所大学客座教授。曾在埃罗·沙里宁建筑事务所担任资深建筑设计师 7 年。1964—1966 年，肯农曾赴智利首都圣地亚哥出任福特基金会、莱斯大学、哈佛大学和 CRS 赞助的智利地方和社区设施规划项目顾问。——译者注

中西部地区也不想被孤立起来，于是很快就出现了以"芝加哥七人"著称的后现代团队。[42] 其推动力是在密歇根湖畔举办的一次名为"芝加哥百年建筑"的德语展览。这次展览是为了纪念 19 世纪末 20 世纪初最早的芝加哥学派以及 1938 年后的密斯式传统。[43] 斯图尔特·E·科恩（Stuart E. Cohen）和斯坦利·泰格曼（Stanley Tigerman，1930 年—）声明反对这一历史选择的狭隘（由此忽略了这几年中许多的芝加哥现代主义者），他们筹备了一场与前者相反的名为"芝加哥建筑师"的展览，在与芝加哥的德语展同时展出之前，它于 1976 年在库珀学院（Cooper Union）① 首次公开展出。[44] 泰格曼毕业于耶鲁大学，是埃森曼和海杜克的朋友，他一心想开辟另一片新的讨论阵地。紧随这次非主流展览而来的是另外两个展览——"七位芝加哥建筑师"和"精致的尸体"（Exquisite Corpse）——以及 1977 年 10 月在格雷厄姆基金会（Graham Foundation）举行的一场生机勃勃的学术研讨会。[45] 这个讨论组包括：白色派、灰色派、银色派的代表和詹克斯、詹姆斯·斯特林以及中村敏夫（Toshio Nakamura）。除了其他显著的与举办活动相关的作品外，就是泰格曼对下沉的密斯克朗楼（Miesian Crown Hall）——"泰坦尼克"（The Titanic，1978 年）的著名赞歌，此外，还有 20 世纪 70 年代很多建筑师提交的 1922 年"芝加哥论坛赛"的一系列"迟到的参赛作品"，这些作品形成了戏谑的两册作品集。[46]

图 2.2　斯坦利·泰格曼（Stanley Tigerman），"泰坦尼克"，本图由泰格曼和麦柯里建筑师事务所提供，1979 年

① 全称为库珀高等科学艺术联合学院（The Cooper Union for the Advancement of Science and Art），简称库珀学院（The Cooper Union），这是一所私立大学，位于纽约市下城。它是美国最小的大学之一，全校只有 900 多名学生；同时也是仅有的几所为所有录取的学生提供全额奖学金的大学之一。学校下设工程学院（Albert Nerken School of Engineering），建筑学院（IrwinS. Chanin School of Architecture）和艺术学院（School of Art）。——译者注

最后，在 1976 年的夏天，罗伯特·斯特恩以发表于法国杂志《今日建筑》（L'architecture d'aujourd'hui）上的一篇文章再次承担起调整混乱秩序的任务——这篇文章在很大程度上是重复他早些时候的声明。现在，他将"后现代"建筑的新现象（承认"接近"现代建筑）基本上完全视为是白色阵营与灰色阵营之间的友好竞争。埃森曼关于"后功能主义"的忧郁见解与斯特恩自己的"后现代主义"蓝图并列在一起，后者被他视为是"一种哲学上的实用主义或基于'正统现代主义'之上的以及源自其他历史思潮的多元论"。对斯特恩而言，现代主义（Modernism）始于 18 世纪中叶，所谓的现代派运动（Modern Movement）只不过是这一风格"极端严谨的阶段"。斯特恩"后现代主义"蓝图的核心就是他认为公众从来没有接受这个极端严谨阶段的抽象语言，因此现在是对"巴黎美院建筑展"上复苏的"设计之诗意传统"的欣然接受。[47]

从这一点来看，斯特恩阐明了后现代主义的主要策略，其中装饰的使用和明确的历史参考、折中主义、不彻底或妥协的几何图形、故意的扭曲变形以及允许建筑随时间的推移而改变。总之，灰色派的建筑"立面在讲述各种故事"，对于这种叙事性的观点，他追溯了文森特·斯卡利的文化和景观理论，追溯了尼尔·莱文对巴黎美院建筑形式的符号学解读，也追溯了乔治·赫西（George Hersey）的"19 世纪中叶英国建筑的联想主义研究"。当然，所有的这一切与将自己局限于 20 世纪 20 年代现代主义形式的"白色派"建筑师的观点截然不同。[48]

两年后，斯特恩再一次称赞"灰色派"是"最早的一代后现代建筑师"，他们继承了现代主义前三个阶段的思想。第一代现代主义者们在 20 世纪 20 年代得到蓬勃发展；第二代活跃于 20 世纪 50 年代和 60 年代；而第三代则由"白色派"所代表，现在则减少为理查德·迈耶、查尔斯·格瓦思米和彼得·埃森曼这几位建筑师。斯特恩被罗马尔多·朱尔戈拉和迈克尔·格雷夫斯最近投奔"灰色派"这一事实所鼓舞。他简洁地概括了"灰色派"运用文脉主义、隐喻主义和装饰主义的设计策略。早在近十年前，斯特恩就将后现代主义的诞生与肯尼迪时代的自由主义、约翰逊任期时的焦虑、越南战争和尼克松时代"几近悲剧的层面"联系在一起。[49]这种相当肤浅的理论上的政治合理化是相关的，这仅仅是因为斯特恩非常清楚地意识到他是另一条战线上的生力军。对许多欧洲的马克思主义者而言，随着一切变得日渐清晰，美国的后现代主义完全就是政治上屈服的表现——一种对资本主义力量和商业剥削的屈服。

第3章 早期后现代主义

现在还不清楚究竟何时第一次真正使用"后现代主义"一词来定义这一时期的风格。1945年，约瑟夫·赫德纳特（Joseph Hudnut，1886—1968年）[①]在一篇捍卫人文设计价值，批判沃尔特·格罗皮乌斯工业住宅的文章中曾使用过该术语。[1]1966年，历史学家尼古拉斯·佩夫斯纳也采用过这一术语，但因这种风格是反现代主义的而带有轻蔑情绪。[2]据查尔斯·詹克斯所说，这个词在1974年也曾被罗伯特·斯特恩、保罗·戈德伯格、亚瑟·德雷克斯勒以及其他纽约人广为应用，但却似乎没有留下任何书面记录。[3]1975年，约瑟夫·里克沃特曾提到"保罗·鲁道夫的后现代运动风格。"[4]然而，转折点似乎出现在查尔斯·詹克斯于1975年秋天发表的文章——《后现代建筑的兴起》（The Rise of Post Modern Architecture）中。[5]从这一刻起，这个词就相当迅速地融入建筑的通用语汇中了。

作为一个土生土长的巴尔的摩人，詹克斯从1970年完成他在伦敦大学的博士研究工作后，仍眷恋于他的伦敦圈子。1971—1974年，他出版的著作就不少于四本，这些书中最重要的也许是他的《现代建筑运动》（Modern Movements in Architecture，1973年）。[6]不过，该书的出版时机有点过早，因为在它出版后的一两年，这些影响建筑变化的关键特征才开始变得显而易见。在1972年詹克斯与内森·希尔弗（Nathan Silver）合著的另一本书中，他提倡设计时要运用局部独立主义[②]，与柯林·罗相类似，他将这种设计方法视为中央政府权力机构控制下的推土机以及规划政策的合理选择。[7]在1973年他为《建筑设计》所撰写的另一篇文章中，詹克斯称赞了"洛杉矶的仿造物"（Ersatz in LA），此外他还颇具讽刺性地赞扬了好莱坞"格劳曼中国戏院"（Grauman's Chinese Theater）的语义嬉

---

① 美国建筑师，学者，教育家。1926年任哥伦比亚大学建筑学专业教授，1933年任系主任一职。1936年，赫德纳特成为当时新成立的哈佛大学设计研究院的系主任，直至1953年他退休。他将包豪斯现代主义者格罗皮乌斯和马塞尔·布劳耶的设计观引入哈佛，同时著有几本建筑和艺术方面的著作《建筑和人类精神》、《现代建筑的三盏灯》、《现代雕塑》以及大量论文。退休后，他还不断举办建筑演讲，1950—1953年间任职于美国艺术委员会。——译者注

② 指一种设计方法，特别与后现代主义有关。1968年，詹克斯在《建筑评论》上创先使用了这个词，它用来描述一种"将局部单独抽离出来设计，待其完成后再与设计物其他部分结合"的设计过程或方法，所以这一局部不必创造"新形"，而可以从既有的式样中窃取局部，然后再组合成新的形体。这表示对"（既有）物体"可以另有新用或另有新意，同时强调设计过程是一种"选择"更胜于是一种元素的组成。——译者注

54 　闹，赞扬了 "大甜甜圈驶入"（Big Donut Drive In），也赞扬了 "8 号房间"（Room 8）——
一个为猫准备宠物公墓的故事情节。[8] 他此时还在洛杉矶组建了一个家庭。

　　在詹克斯的文章《后现代建筑的兴起》中，所有这些主题交织在一起，他略带迟疑
地为这种风格选择了一个名字，以下是他为这种选择所做的解释：

> 　　消灭怪物的唯一方法就是找另一只野兽来代替它，显然 "后现代" 无法担
> 当此任。我们需要一种新的思考方式，一种基于宽广理论之上的新的范式，它
> 们均具有共同的价值观。此时，还不存在这样的理论或共识，而它的形成理所
> 当然需要花费很长时间，也许又是一个 20 年。[9]

　　詹克斯开始思考史密森夫妇（the Smithsons）、阿尔多·凡·艾克以及 "十次小组"
其他成员所提出的早期现代主义的批评理论。但他也坚持认为他们选择的建筑语言仍然
很抽象，并且绝大部分在表达上是客观的。在这种情况下，面对改革中的失败尝试，詹
克斯赞成将以下内容作为最有前景的长期策略，它们包括：社会现实主义（简·雅各布
斯的社会学）、倡导性规划（advocacy planning）、修复和保护、局部独立主义（adhocism）、
仿造物的设计（Ersatz design）、激进的传统主义以及政治重组。他还用文字方式回忆了
19 世纪建筑师托马斯·L·唐纳森（Thomas L.Donaldson）的观点，并决定以符号学和激
进的折中主义为特定工具来实现这一卑劣的行为（dirty deed）：

> 　　现在的设计师还不精通各种代码。其结果是，建筑师依然未尽其才，同时
> 多元化的城市遭到扼杀。如果以四种或五种不同的风格来训练建筑师，那么他
> 就能以更好的效果控制建筑形式的表达。一种激进的折中主义将会诞生，它将
> 反映城市真实的多元化及其亚文化群。[10]

后现代主义的语言

　　詹克斯曾预言有必要创造一种新风格的未来 20 年将相当戏剧性地很快与现在融
合在一起。1977 年，他出版了《后现代建筑的语言》（The Language of Post-Modern
Architecture），这本几乎历时两年才完成的书成为他最畅销的著作。现在正利用詹克斯的
符号学开展研究的设计师和评论家已不再有任何怀疑，因为现代主义的死亡确实发生了。
55 　事实上，詹克斯几乎精确地给出了现代主义死亡的时间："1972 年 7 月 15 日下午 3 点 32
分左右，此时声名狼藉的帕鲁伊特·伊戈方案或者说它的一些板式公寓被炸药炸毁了。" [11]
当然，詹克斯这里是指山崎实在圣路易斯城拆毁历史建筑，恣意破坏城市更新方案的活动，
20 世纪 50 年代和 60 年代，当帕鲁伊特·伊戈住宅区已成为城市更新策略失败的象征后，
政府的住宅管理当局仁慈地将其炸毁了。

　　詹克斯的书在很多层面上都是成功的，其大量再版便是明证。它的最初形式是一个光洁而时髦的视觉产品，书中使用了大量的彩色插图，这种奢侈的制作在当时相对罕见。书中讨论了历史和当代建筑以及建筑与流行文化的典故——从约翰·纳什（John Nash，1752—1835 年）的布莱顿英皇阁（Royal Pavilion）①到詹姆斯·邦德（James Bond）的电影《金刚钻》（Diamonds Are Forever）中的水床场景。文本平行布置，并且在标题下单独配有少量插图以方便"快速阅读者"，正如西格弗里德·吉迪恩提到的那样，他自己就曾略过主要文本的大部分内容，通过阅读插图和标题说明看完了这本书。¹²对詹克斯而言，如果密斯·凡·德·罗此时已成为贬值的、被蔑视的现代主义"单一建筑风格"（基于一种或极少含义的建筑符号）的典型代表，那么德国建筑师并没有因他沉默寡言的不光彩而势单力薄。弗兰克·劳埃德·赖特、戈登·邦夏（Gordon Bunshaft，1909—1990 年）、贝聿铭（I.M.Pei，1917 年—）、阿尔多·罗西、赫曼·赫茨伯格（Herman Hertzberger，1932 年—）等也为他们符号学的沉默展开论证。然而，埃罗·沙里宁、约恩·伍重（Jφrn Utzon，1918—2008 年）、勒·柯布西耶却逃避了警告单，这只是因为他们的设计唤起了人们对"丰富的隐喻性的反应"，这些作品包括：环球航空公司候机楼（TWA Terminal）、悉尼歌剧院（Sydney Opera）、朗香教堂（the chapel at Ronchamp）。¹³少数建筑师则因他们早期后现代主义的作品而受到称赞，其作品包括：里卡多·博菲尔的瓦尔登第七（Walden Seven）②，理查德·罗杰斯（Richard Rogers，1933 年—）③和伦佐·皮亚诺（Renzo Piano，1937 年—）的蓬皮杜艺术中心，迈克尔·格雷夫斯的早期住宅，西萨·佩里的"蓝鲸"（the Blue Whale）。对詹克斯而言，比弗利山庄（Beverly Hills）的媚俗和银幕的诱惑具有独特的魅力。例如令人产生迷幻之感的符号学家会告诉读者一些实情：简·方达（Jane Fonda，1937 年—）在电影《芭芭丽娜》（Barbarella）中"总是身着具有黏性且闪闪发亮的塑料和柔软的、毛茸茸的毛皮。"¹⁴建筑理论从来没有尝试从触觉角度来使建筑呈现新的面貌。

　　只有当阅读速度快的读者看到最后一章的时候，他才会通过多元价值观的（或"激进的精神分裂症患者的"）建筑风格明白作者的真正含义。这就是历史折中主义，一些

①　位于英国海滨旅游胜地布莱顿的豪华宫殿。19 世纪时它是摄政王、后来的英国国王乔治四世的海边隐居地。1783 年，摄政王首次访问布赖顿，用海水治疗痛风。1786 年他租下一间农舍。1815—1822 年，建筑师约翰·纳什重新设计宫殿，今天看见的就是他的作品。宫殿在布赖顿的中心，外观受到印度伊斯兰建筑风格（莫卧儿王朝）的强烈影响，有点类似泰姬陵。它富于幻想的内部设计，内部装饰和摆设则充满中国情调。这是个完美异国情调的例证，也是对摄政风格更加古典的主流口味的一种变通办法。——译者注

②　1975 年由里卡多·博菲尔团队设计，位于西班牙巴塞罗那西部的小镇（Sant Just Desvern），这个项目的名称受到 B·F·斯金纳描写乌托邦社会的科幻小说《瓦尔登第二》（Walden Two）的启发。它是由若干个 14 层公寓组成的建筑群，这些公寓围绕几个庭院设置，建筑顶部有两个游泳池，仿佛是一个垂直的迷宫，没有重复，也毫不单调。除了少数几间公寓外，每间公寓都能看到外部和一个内庭院。有几个楼层还有复杂的连接桥系统和入口阳台，创造了多种多样的景观和围合结构。——译者注

③　英国建筑师，代表作有著名的伦敦"千年穹顶"，与福斯特合作设计的香港汇丰银行等。——译者注

建筑师在这方面进行了探索，他们是罗伯特·斯特恩、罗伯特·文丘里、查尔斯·穆尔、威廉·特恩布尔、竹山实（Minoru Takeyama，1934 年—），拉尔夫·厄斯金（Ralph Erskine，1914—2005 年）等。詹克斯最终站在了格雷士（Grays）的一边，因为其符号语言表现出了对多重译码的兴趣，即"向传统的缓慢变化的译码和邻居特殊文化群体的意义发展，向建筑时尚和专业化的快速变化译码发展。"[15]詹克斯一般倾向于后者，在他看来，后现代主义通常会向一种更轻松的节奏发展。

贯穿这本书始终的主题就是关于隐喻的问题。例如早期现代主义的局限性是：它采用了充分体现工业冷酷性的"工厂隐喻"或"机器隐喻"，这是一种相似的暗示。环球航空公司候机楼和悉尼歌剧院因为鸟、帆和海龟的明显暗示而受到人们的青睐，但同时这种对其隐喻的解释也将建筑等同于物品，因而将对建筑的理解局限到有点肤浅的水平——符号学努力使建筑的体验概念化，这被视为是一种更宽广的制约，是符号学所固有的。在这本书的最后几页中，詹克斯自己似乎通过一个有趣的寓言认可了这种制约。若再列举一个多元价值取向的案例的话，没有比安东尼奥·高迪（Antonio Gaudi，1852—1926 年）在巴塞罗那设计的巴特罗公寓（Casa Battló，1904—1906 年，图 3.1）更能说明问题了，由于那变化丰富的像龙一样的屋顶形式，人们有时也称它为"骷髅之屋"。詹克斯承认他曾纠结于这一设计的意义，直到建筑师戴维·麦凯（David Mackay，1933 年—）帮助他破译了其中无政府主义的暗示。譬如在该建筑中，巴塞罗那守护神乔治（St George）的立体穿越暗示着在战争中象征西班牙政体的龙正被降服，下面的骨骼和头骨象征着在加泰罗尼亚分裂斗争中死去的烈士。因此，在詹克斯的思想中，革命理念显然仍旧是突出的，但他还是措辞温和地吸引读者回到主题上来：

图 3.1 安东尼奥·高迪，巴特罗公寓，巴塞罗那（1904—1906 年）。本图经罗米纳·坎纳（Romina Canna）许可

对一个建筑师而言，其主要和最终的角色是表达一种文化发现的意义，阐明某些先前没有表达过的想法和感受。太频繁且又占据精力的工作最好由工程师或社会学家来承担，但没有其他职业是专门负责阐明意义，同时还能理解环境是有感觉的、幽默的和不同寻常的，并且可被转译为可读文本的。这是建筑师的工作和快乐，不，让我们期待这永远都是他的"课题"。[16]

在威尼斯达到登峰造极

在这个更具有战略性的设计运动中，詹克斯的书只是第一个推动力。这本书在 1977 年几乎和詹克斯主编的《建筑设计》特刊同时出现。在这一期特刊中，查尔斯·穆尔、保罗·戈德伯格、杰弗里·布罗德本特等都针对詹克斯的书和后现代主义的新现象进行了讨论。穆尔称赞了詹克斯对现代主义的分析，但发现他在书中关于"激进的折中主义"的研究对策还不够完善，因为它专注于强调沟通，反而忽视了建筑体验的感官维度，"我们感受不同建筑的方式——光线是如何使它们变得有生气，微风是如何流动着穿过它们，它们又如何吸引我们的身体并给我们一种身临其境的感觉，从而使我们的精神愉悦飞扬，而其实这些感觉也许只是因为建筑空间自身的高阔而已。"[17] 戈德伯格认同后现代主义对"放纵的复杂性"的渴望，但同时他也对"图像的优势以及现在这种由图像决定形式而非反之亦然的趋势"犹豫不决。[18] 在经过冗长的分析之后，布罗德本特不仅为这本书提供了摘要，还指出了它不严密的措辞以及将建筑浅薄化的缺点，若依据这些来评判建筑，人们便会"认为它（建筑）只是作为一种视觉物质存在而已。"[19]

1977 年底，詹克斯接着完成了该书最后一章的修订草案，并发表于《国内建筑师》（Inland Architect）上。其标题为《后现代建筑的"传统"》（The "Tradition" of Post-Modern Architecture），作者现在发现后现代体验的根源来自形式的丰富多彩，这一点已在以下的一些建筑设计中有所体现：BBPR 设计的维拉斯加塔楼，保罗·波托盖希（Paolo Portoghesi，1931 年—）① 设计的巴尔第住宅（Casa Baldi House），埃罗·沙里宁在耶鲁大学受到哥特式建筑启发后设计的宿舍楼，即使是在设计中体现了"半历史主义"（semi-historicism）的菲利普·约翰逊、山崎实、爱德华·杜里尔·斯东和华莱士·哈里森（Wallace Harrison，1895—1981 年），也在建筑设计中表现出了这种丰富性。[20] 后现代主义对历史记忆的储存同样也扩展到其他的许多案例中，譬如马利布的约翰·保罗·盖蒂博物馆（John Paul Getty Museum），柯林·罗与克特尔在著作《拼贴城市》中展现的图像，詹姆斯·斯特林，"所谓的斯大林主义者"（soi-disant Stalinist）莫里斯·库洛特（Maurice Culot，1939 年—）②，建筑伸缩派（Archizoom）③ 和建筑文本派（Architext）④ 的虚无主义以及海杜克和泰格曼诗意的超现实主义。

58

---

① 意大利建筑师、理论家、历史学家、罗马西班牙学院的建筑学教授。——译者注
② 比利时建筑师和建筑理论家，反对欧洲城市大规模的再开发，赞成对传统城市结构的保护。——译者注
③ 1966 年成立的意大利建筑设计团体，主要活动集中于佛罗伦萨，最初受到英国前卫建筑组织阿基格拉姆（Archigram）派乌托邦幻想的影响。1966 年和 1967 年，他们通过参加名为"超级建筑"的激进建筑展而获得国际声誉。他们的设计表现出了高度的流动性和技术性。——译者注
④ 非正式的日本建筑设计团体，成立于 1971 年，其成员均出生于 20 世纪 30 年代，成长于二战及战后重建时期。该组织强调设计的高度个性化、实验性和非传统性，支持多元化和激进主义，关注环境和传统的独特关系，创办有杂志《建筑文本》，而这个名字本身就是对建筑教条和理论的嘲讽。——译者注

　　这是一个迅速扩张的谱系，以至于詹克斯面临的其中一个比较有趣的问题便是"直接复兴者的例子"——这就是像雷蒙德·艾利斯（Raymond Erith，1904—1973 年）和昆兰·特里（Quinlan Terry，1937 年—）[①] 这样的建筑师通过对前现代原型保持历史忠诚的方式有效地全然否认了现代主义。[21] 在这一点上，詹克斯转向康拉德·詹姆逊（Conrad Jameson）的社会学来寻求解决之道。作为"社会手工艺"（为公共领域而建的市民建筑，它剔除了精英霸权的专业味道）的城市建筑选择了后者的诉求，詹克斯使当时新乡土派（neo-vernacular）的发展变得相当顺利，这一点也体现在本土建筑师约瑟夫·艾斯瑞克（Joseph Esherick，1914—1998 年）的旧金山罐头厂（Cannery）[②] 改造设计中。只有阿尔多·罗西刻板的形而上学研究向詹克斯提出了一个难以解决的分类问题，罗西表示自己"不能理解象征主义是如何发挥作用的"，但是这个问题反映的症结也正是前面讨论过的欧洲与英美之间的分歧所在。[22]

　　然而，在所有这些极为重要的锐意进取中，取得登峰造极成就的无疑是 1980 年由保罗·波托盖希策划的威尼斯双年展。这次展出是一次著名的国际事件，其主题为"过去的呈现"，它因阿尔多·罗西的"水上剧场"（Teatro del Mondo）而备受关注，并通过多种途径巩固了 20 世纪 70 年代晚期近乎谵妄的状态。波托盖希自告奋勇地担当起激发其英美同事热情的重任，他宣称"'一个后现代环境'的存在，它的出现源于人类文明结构的快速改变"，"在一种新的传统形式的语境中，建筑应回归历史的源头并反复利用传统形式。"这是波托盖希试图超越的一种微妙路线，因为他对于后现代主义构成因素的自由选择必然会冒犯许多欧洲人。个人参与者，甚至是"后现代"术语的使用都使弗兰姆普敦非常气愤，他言辞尖刻地取消了对活动的参与："我认为这次双年展是多元论者和后现代主义者设计观念累加的表现，我不能确信我赞同这个观点，我想我将不得不和它保持距离。"[23]

　　显然，争论的焦点是设置在兵工厂的新街展览，这次展出召集了 20 位国际建筑师来设计连续的立面，显示出回归城市主题的新风格。以下这些建筑师由于在形式设计上富于变化而受到邀请，他们是：弗兰克·O·盖里（Frank O. Gehry，1991—1995 年），艾伦·格林伯格，汉斯·霍莱因（Hans Hollein，1934 年—）[③]，矶崎新（Arata Isozaki，1931 年—），马西莫·什科拉里，迈克尔·格雷夫斯，斯坦利·泰格曼，本次展览也使他们的设计天赋得以整合。在主要的展览中，不止 76 位建筑师的作品再一次得以展示，整个展览是对

59

---

① 英国建筑师，以古典主义风格而著称。——译者注

② 始建于 1907 年，1937 年濒临倒闭，闲置近 30 后，1967 年由建筑师艾斯瑞克负责改造为艺术购物商店。此外，这里还包括餐厅、酒吧、超市等，旧金山历史博物馆也坐落于此，改造后外貌如昔，只是在原有罐头工厂的四面红砖墙间设计了一座现代的混凝土建筑。——译者注

③ 1934 年出生于奥地利维也纳，曾就读于维也纳艺术学院、芝加哥伊利诺伊理工学院、加利福尼亚大学伯克利分校。从早期求学期间，他就表现出了绘画天分，但他最终选择了建筑设计作为自己的职业，而他的艺术作品也遍布世界各地的许多公共场合，其中相当一部分被私人收藏。除了建筑师外，他还曾被称为艺术家、老师、作家以及家具与银器设计师。1985 年，他荣获普利茨克建筑奖。——译者注

这一新趋势的慷慨演绎。波托盖希通过汇集两个流派——罗西学派与詹克斯倡导的"激进的折中学派"的作品，在罗西 1973 年展览的基础上进一步拓展了威尼斯双年展，他承认这个决定是一个合理的争论点，但是他也以不应该因为理论上的差异而造成遗漏的理由捍卫了它。

文森特·斯库利和查尔斯·詹克斯等合作撰写的文章完成了目录。斯库利关于美国后现代主义谱系学的研究始于路易斯·康和文丘里，尽管后来在寻求克里尔兄弟[①]、莫里斯·库洛特、雷姆·库哈斯（Rem Koolhaas，1944 年—）作品中的和谐之音时，他更支持波托盖希。[24]詹克斯同样坚持当前运动的广泛性，事实上，它的两个主要观念就是丰富性和多元化。[25]

如果希望在美国大众媒介中找到对"后现代主义"这个词最后的强调的话，那就是汤姆·沃尔夫（Tom Wolfe，1931 年—）1981 年出版的畅销书《从包豪斯到我们的房子》（From Bauhaus to Our House），书中多处以敏锐的洞察力宣布了新风格的胜利，与文丘里和詹克斯的观点相呼应。[26]这本书的成功也证明截至 20 世纪 70 年代末，后现代主义已经远远超越了艺术理论领域，并且暗示了自己具有更强大的学术文化。

欧洲的相应情况

不足为奇，在威尼斯双年展中，曼弗雷多·塔夫里是对波托盖希多样化的作品提出严厉批评的人之一。自 1973 年的米兰三年展以来，这位马克思主义历史学家已经和理性主义运动言归于好，就像他已经失去了对"纽约五人"美学关注的耐心一样。1980 年，他更加坚决地反对将罗西的作品与查尔斯·詹克斯及罗伯特·斯特恩后现代夸张的作品相提并论，后来他宁愿将后两位建筑师轻蔑地划归为不道德的"舆论制造者"之列。[27]塔夫里也意识到地域的敏感性和波托盖希早期的"新巴洛克尝试"（他也写了巴洛克时期的主要历史）导致他们在理论根源上与许多美国人无拘无束的折中主义实践大相径庭。因此，在后来对波托盖希双年展的记录中，塔夫里使用了一些独特的措辞，如"一种享乐主义的欲望和引用的偏好"，"各种风格的集成之作"，"粗劣作品"，"肤浅的影响"。塔夫里同样不满于"后现代"这个新称谓。在谈到弗里德里希·尼采（Friedrich Nietzsche）的一本书时，他强有力地提出了这样的观点：

> 目前还不清楚这是否意味着一个真正的转折点。相反，"现代"最肤浅的特征已经走向了极端。我们没有留下"快乐的科学"（gay science），但留下了"快乐的错误"（gay errancy），它被形式与意义的完美均衡所控制，也被在将其降至视觉入侵范畴时出现的历史消失所控制，甚至也被电视中播放的超克（choc）

60

---

① 分别为莱昂·克里尔（Léon Krier，1946 年—）和罗布·克里尔（Rob Krier，1938 年—）。——译者注

技术所控制：最后，一种虚构的建筑随心所欲地屹立于计算机时代。这里有充分的理由将这些要素的混合称作为超现代。[28]

塔夫里确实至少在一方面是正确的。自 1973 年的米兰三年展以来，理性主义者们除了以各自的方式关注着历史外，已经在追求一条与他们的美国同事思想迥异的道路了。罗西仍然处于这支队伍的最前列，20 世纪 70 年代，随着摩德纳公墓（1973—1980 年）、法尼亚诺奥洛纳小学（1974—1977 年）和象征威尼斯双年展的"水上剧场"的完成，他的作品集得以充实。

但到 1980 年时，真正的变化是理性主义运动的中心向北转移到奥地利、比利时、德国和英国的城市中心。在这方面，一路领先的是卢森堡当地人——罗布·克里尔和莱昂·克里尔兄弟。罗布曾在慕尼黑科技大学接受教育，并且在德国 O·M·翁格尔斯（O. M .Ungers，1926—2007 年）事务所和弗雷·奥托事务所工作过。1970 年，在维也纳接受教职之前，他已开始着手创造一种城市类型学，并以德语出版了著作《城市空间的理论与实践》（Stadtraum in Theorie und Praxis，1975 年），该书的英文版名为《城市空间》（Urban Space，1979 年）。[29] 这本书以温和辩论的方式写作，致力于 19 世纪城市理论家卡米洛·西特（Camillo Sitte，1843—1903 年）[①] 的研究，但是却坚定而有效地控诉了欧洲在过去两个世纪的规划政策，尤其是第二次世界大战后重建区域对城市历史空间的侵蚀。克里尔用一页又一页的历史上各类型的街道与广场规划进行反击，同时这些规划也都用来支持他的观点，如建筑立面应面向人行道以及规划者应强调城市空间形态的明确。人行道和车行道也应严格区分，但他阐述的关键是各种不同空间构思的特征，其中包括中世纪的、巴洛克的、新古典主义的空间，接着他还列举了一些优先选用的城市模型：如锡耶纳、南锡、巴斯和马德里。

弟弟莱昂比他小 8 岁，其作品和写作同样表现出了对城市的热情，而且更为激进，同时还运用了类似于拉斯金（quasi-Ruskinian）的语气。莱昂曾在斯图加特大学短暂学习，之后迁居伦敦，20 世纪 60 年代，他在那里进入詹姆斯·斯特林的事务所工作，而后又进入建筑联盟学院（the faculty at Architectural Association）。他与斯特林和约瑟夫·保罗·克莱修斯（Josef Paul Kleihues，1933—2004 年）（莱昂也在他柏林的事务所工作过）一起参加过一些竞赛，但对他早期职业生涯起了关键作用的还是他参与了 1973 年的米兰三年展，这使得他的思想与理性主义运动趋于一致。其后，他在 1975 年为伦敦艺术网画廊（London's Art Net Gallery）组织了"理性建筑"（Rational Architecture）的展览，他把这些学说介绍给了英国观众——在他们亲身经历了战后重建的诸多错误之后——这些学说将变得非常易于接受。克里尔也是三年后出版的《理性建筑》这本书的策划者。

从其插图来看，这本书与引发争论的杰作已相差无几。它的版式设计形式易于处理，

---

① 奥地利建筑师、画家、城市规划理论家，其思想对欧洲的城市规划和管理有重要的影响。——译者注

基于对街道、广场、街区、历史遗迹、高速公路及花园这些城市主题的思考，这本书按照类型来安排各章节的写作结构。页面上的图片通常小而密集地组合在一起，但在必要时，它们也会得到有力的强调。例如，一张绘有孤立于自然景致中的柯布西耶式的建筑草图被两道粗红线删掉，这幅图之上是一个德·基里科画风（De Chiricoesque）的设计方案（图3.2），内容是基耶蒂的学生公寓，由乔治·格拉西、A·莫尼斯特罗里（A.Monestiroli）和拉斐尔·孔蒂（Raffaele Conti）设计，这一方案被作者视为城市建筑的最佳选择。在这本书的引言中，罗伯特·L·德勒瓦（Robert L.Delevoy）断言，这项研究的目的就是提出"一种理论，因为人们已经强烈地感受到自 1930—1940 年这十年以来在理论方面的匮乏。"[30]

　　毫不夸张地讲，这本书的确针对当代规划问题和理性主义的界定提出了明确的批评。安东尼·维德勒承担了后者的研究任务，并发表了文章《第三类型学》（The Third Typology），关于这项研究的分析刊登在杂志《反对派》上，且成为他为该杂志撰写的一篇创刊社论。他的论点是：20 世纪 60 年代以前，在建筑史中已经出现了两种类型学——一种是还原类型学，由马克－安托万·洛吉耶和让·尼古拉斯·路易斯·迪朗（J.-N.-L.

G. GRASSI, A. MONESTIROLI, R. RAFFAELE CONTI　　Maison d'étudiants à Chieti　　Students house in Chieti　　1976

Les bâtiments ne forment pas un espace descriptible. L'espace public est accidentel.

The buildings do not form a describable space, the public space is accidental.

59

图 3.2　《理性建筑》中的页面。本图经莱昂·克里尔许可

Durand，1760—1834 年）在新古典理性主义和自然模型的基础上建立的。另一种是伴随工业革命而出现的机器类型学，并且在勒·柯布西耶和沃勒特·格罗皮乌斯的泰勒主义观点中达到了综合。他接着争辩道，从罗西和莱昂·克里尔开始，已经出现了一种新理性主义的类型学。它建立在 18 世纪城市景观的基础上，尽管现在抹去了任何的实证主义末世论："这种关于城市的概念——即作为新类型学的场所的城市，显然渴望强调形式和历史连续性，反对不久前由基本的、制度化的及机械的类型学所引起的分裂。"这些类型来自过去历经考验的城市元素，但它们并没有完全清除早期的语义残留。相反，古老的含义融入并丰富了新的意义：一个不言而喻的辩证转化过程。此外，这种新类型学既不是怀旧的，也不是折中的；它通过一个批判的现代主义镜头过滤了对历史的"引用"（quotations）。由此便产生了维德勒理性主义，它超越了当时包括柯林·罗的"拼贴城市"策略在内的"后现代主义"。情况也从危急转为一种不屑一顾——"否则公共建筑就会被生产消费显而易见的无休止循环所破坏。"[31]

63 克里尔随后又发表了一篇斗志昂扬的文章《城市的重建》（The Reconstruction of the City），他将这篇文章称作为新运动准备的"工作文档"。伦敦展览会现在已将"纽约五人"和文丘里学派在米兰三年展中展出的建筑排除在外，克里尔指出这样做的目的是为了避免削弱类型学和形态学的主题。这次展会同样也排除了对符号学的任何引用，也就是说排除了那种"没有非常明确的政治意图而创造出建筑意义的所有华而不实的尝试。"此外，政界不仅谴责了 19 世纪的折中主义，也勉强地谴责了"盎格鲁－撒克逊国家大量的郊区居民点"，而这些对克里尔来说已经取代了阶级斗争，并表现了他们政治体系中固有的保守性。[32] 在这些地方中，克里尔有些难以置信地列举了维也纳卡尔·马克思大院① 和莫斯科居民大楼区的设计，并将它们视为新城市的"突出成就"。然而，在欧洲城市真正改革的道路上，最大的障碍还是工业化本身，其（基于利润的）工艺和建造技术所达到的效果远不如它所摧毁的建筑手工艺文化。因此，克里尔的城市重建就有赖于对无产阶级价值观和（前工业化的）手工劳动技术的回归。

《理性建筑》只是克里尔精心策划的一场更大的运动中的一部分。与这本书一起出现的是同样致力于该主题的《建筑设计》特刊，建筑师利用这个机会在特刊中对各方面都进行了批评，其中包括：英国皇家建筑师学会（RIBA）、尼古拉斯·佩夫斯纳、粗劣的作品、罗伯特·文丘里以及建筑教育，同时这也意味着为洛吉耶、威廉·莫里斯、雷蒙德·艾利斯、卡尔·马克思的思想奏响了赞歌。[33] 与此同时，这一年还举办了一个社会主义规划

---

① 维也纳市政府积极为市民创造福利，努力缩小贫富差距，将维也纳建成一个社会福利化的都市，这在全欧洲是有口皆碑的。维也纳市的这种努力从第一次世界大战后就体现出来了。1919—1934 年，社会民主党执政期间，为了改善维也纳中下阶层人民的居住条件，在维也纳市建造了 6 万套住房。其中最为典型的就是卡尔·马克思大院。这座大院长达 1 公里，共有 1400 套住房。这座红黄相间的建筑物是维也纳人向贫困挑战的宣言。1934 年，这里成了红色工人团体反抗日益猖獗的奥地利法西斯分子的阵营。如今，市政府对这座建筑进行了彻底的改造，使这里的居住条件得到了进一步改善。——译者注

者的国际研讨会,《布鲁塞尔宣言》(Brussels Declaration)也随之诞生。[34] 它谴责了欧洲经济共同体(EEC)的规划政策,特别是那些针对布鲁塞尔的规划政策,并且要求掠过教育的、技术的、政治的和历史性的改革,目标直指城市"修复"。签名者包括:莱昂·克里尔、皮耶路易吉·尼科林(Pierluigi Nicolin)、伯纳德·许特(Bernard Huet)以及莫里斯·柯洛。该宣言由布鲁塞尔现代建筑档案馆(Archivesd' Architecture Moderne)出版,现在这一合法实体将开始通过它的出版物着手实现其政治目标。

实际上,克里尔和柯洛已经结成了一个联盟。柯洛是坎布雷国立高等学院(Ecole Nationale Supérieure de La Cambre)的教授,多年来他一直在布鲁塞尔的"城市活动研究工作室"[ARAU(Atelier de Recherche et d'Action Ubaine)]表现得很活跃。这是一个政治和规划方面的专门组织,它通过举办社区研讨会和组织当地反对势力为反对布鲁塞尔的大规模改造提供影响较小的替代方案。1978 年,克里尔和柯洛共同合作作为杂志《反对派》撰写了一个声明,并且最后决定用"建筑的唯一道路"(The Only Path for Architecture)为其标题。在这种情况下,反现代的"阶级斗争框架下的城市斗争"就呈现出一种硫黄之火般复兴的无可置疑的道德说教。最后,只有当马克思主义的"重建手工工艺"将莫名其妙地形成了一种"热烈的社会生活"时,建筑的救赎才得以实现。[35] 当柯洛拒绝使用大窗户、大跨度、核能源(尤其是用于混凝土和铝的生产),甚至拒绝使用除石头、木材和砖以外的任何材料时,他打算在几年后发表的一篇文章中解释实现这一目标的特殊建筑方法。[36] 撇开引起争论的矛盾点,这些发起人将重点放在城市规模和社区上,并提出了 20 世纪 70 年代急需讨论的一系列问题,克里尔以一种着实令人惊讶的方式特别详细地阐述了未来几年的类似主题。

当时,在 O·M·翁格尔斯的推动下,理性主义建筑的另一种视角正逐渐展现于世人面前。翁格尔斯比罗西年长 5 岁,20 世纪 40 年代后期,他曾在卡尔斯鲁厄科技大学学习,50 年代他在科隆进行实践,同时还研究了英国粗野主义运动以及"十次小组"的批判观点。1963 年前后,他在柏林科技大学获得了一个职位之后退出了日常实践,这些研究倾向也随之退避三舍。在这一年的两个竞赛项目——柏林的格林楚格南区再开发和恩斯赫德学生公寓设计中,翁格尔斯首次提出通过设计一系列的铰接形式以完成形态转换的想法:第一个方案是线性的,在街道特征上有所不同;第二个方案是一些直线形建筑的集合体,它们(在一个锐角的支点处)转换为一系列的曲线形式。在 1965 年的梵蒂冈德国大使馆(German Embassy to the Vatican)竞赛方案中,他围绕庭院周边设计了一种同样很紧凑的自治形式,这很重要,因为从那一年起,他开始与康奈尔大学合作,后来他从 1969 年到 1975 年一直担任该大学建筑系的系主任。

1974 年,翁格尔斯在法兰克福成立了事务所,继而忙碌地穿梭于欧洲和美国的业务。他还在纸上通过组合策略——即组装对立物的片段、冲突、偶然性以及地方精神(genius loci)的历史适应性,从而推进他水晶般的形态的发展。随着他接受位于法兰克福的德国建筑博物馆(1979—1984 年)的委托,翁格尔斯也以清晰而引人入胜的语言,成熟且有

64

才干的形象突然出现在国际舞台上。虽然他与罗西的作品有些微妙的不同之处，但他们创作方式上的相似点有时是惊人的。如果说罗西在整体性思考上通常倾向于运用纯粹的几何图形的话，那么翁格尔斯的新古典主义在其逻辑上则更接近于卡尔·弗里德里希·申克尔（Karl Friedrich Schinkel，1781—1841 年）对现实主义的模糊解释。不管怎样，到 20 世纪 70 年代末时，这种非常独特的理性主义风格是显而易见的，在接下来的十年中它还会得到进一步的发展。

第 4 章　现代主义的持续

20 世纪 70 年代晚期，尽管人们对伴随后现代主义现象而出现的大众出版物表现出类似青春期时的迷恋，但是正统现代主义的形式语言并没有在实践中受到削弱。随着技术的进步，已被广泛接受的建筑模式继续加快步伐，对大多数地方而言，这 10 年中建造的多数建筑物外观并没有什么变化。许多现代主义者的抱负与追求持续受到压抑，甚至他们的许多基本设计原则也受到质疑与批评。20 世纪 70 年代出现的那些事物在当时并不是一种易于辨认的反叛，而是表现为众多设计方法的竞争。在很多方面，它是分裂的理论沿着几个不同方向而开辟的新道路——主题的、材料的、代际的、民族的，其中之一还重温了一个多世纪前的风格之争。1973 年的石油禁运以及由此引发的 70 年代后半期的经济衰退和高通货膨胀也俨然成为重大的事件。相当多的建筑师失业或无法从学校过渡到实践中，这些事实无疑使争论依旧尖锐和激烈。在这 10 年的初期，青年人的愤怒并没有减少，但是与此同时，限制现代主义发展的重大事件继续不断发生。

芝加哥的高层建筑

通过思考 SOM（Skidmore，Owens & Merrill）建筑设计事务所的作品可以发现他们对技术和进步怀有持续的信心。SOM 大概是世界上最大的专业公司，它在纽约、芝加哥和旧金山都有业务。该公司成立于 1937 年，20 世纪 50 年代其设计成为建筑界关注的最前沿，戈登·邦夏设计的利华大厦（Lever House，1951—1952 年）和布鲁斯·格雷厄姆（Bruce Graham，1925—2010 年）设计的内陆钢铁公司大厦（Inland Steel Building，1956—1957 年）都集中体现了现代高层建筑的时尚风格。例如，19 层的内陆钢铁公司大厦由不锈钢和绿色玻璃幕墙所覆盖，这个薄薄的板式办公楼轻松地附着在一个高 25 层的核心筒上，其框架由净跨度为 90 英尺的大梁组成，建筑由拉出体外的柱子所支撑，因而突出了金属饰面的光泽。

这座建筑还具有另外一个特点，即它开启了法茨拉·卡恩（Fazlur Khan，1929—1982 年）的职业生涯。卡恩是一名来自东巴基斯坦（现孟加拉国）的工程师，1956 年他完成了自己的博士研究。[1] 在完成了内陆钢铁公司大厦结构体系的设计之后，他曾在东巴基斯坦短暂工作，但是后来还是在 1960 年返回芝加哥，进入 SOM 工作。在这里，他不但重新加入了格雷厄姆的团队，而且还遇到了刚刚从旧金山分公司调来的迈伦·戈德史密斯（Myron Goldsmith，1918—1996 年）。戈德史密斯也是一位资深的职业建筑师和工程师，1938 年当密斯·凡·德·罗来到阿默科技学院（即现在的伊利诺伊理工大学）作领导的时候，他已在这个学校学习。毕业后，他在密斯的事务所工作了 7 年，然后前往意大利寻求发展，并在皮埃尔·路易吉·奈尔维（Pier Luigi Nervi，1891—1979 年）的指导下工作。[2]

20 世纪 60 年代早期，芝加哥大概正在经历一场建筑热潮。在建筑圈内，正在进行着的两个主要项目是：C·F·墨菲建筑事务所（C. F.Murphy）设计的 31 层的市政中心（Civic Center），密斯设计的联邦中心综合体（Federal Center）。此时，沿着河流向北的几个大厦也正在建设中，如贝特朗·戈德堡（Bertrand Goldberg，1913—1997 年）设计的高 70 层，平面为圆形的玛丽娜城双塔（circular towers of Marina City），它们是未来美国现代主义的另一个标志。1961 年，布鲁斯·格雷厄姆手中有两个高层建筑的委托项目：一个是靠近北边的切斯纳特 – 德威特公寓，另一个是市中心的布伦斯威克大厦（Brunswick Building，1961—1965 年）。这两座建筑都成为探索"筒体"结构概念的尝试，这一概念在结构思想中并非全新，但同时它也从未被充分利用过。

传统的框架结构、矩形幕墙建筑在结构和经济上都有所局限，一般的高度为30层左右。这一限制的存在是因为影响高层建筑设计的决定性因素通常是侧向的风力。对传统框架结构的高层建筑而言，其摆动或摇晃的趋势在本质上只能通过将外墙绑定到支撑核（结构竖井等）或室内剪力墙上才能得到缓解。筒体结构采取了不同的方式。[3] 在这里，主要的柱子沿着周边紧密排列，并且被用来充当外表面的连续膜状物，近似于一个鸟笼。事实上，密斯在设计湖滨公寓（The Lake Shore apartments）时，就曾建议使用这种方法，因为外部的工字梁（通常称之为视觉装饰）实际上加强了幕状膜（curtain membrane）。这种筒体结构以其大大提高的惯性矩、建筑宽度和深度来加强其整体性以抵消侧向力，同时任何一个建筑内部的柱子都只承受重力荷载。一切都取决于外部框架的刚度。

切斯纳特 – 德威特公寓（1961—1964 年）紧邻密斯原来设计的湖滨公寓的西部，SOM 决定以这座 43 层高的混凝土建筑将向它们的高度发起挑战。戈德史密斯和卡恩沿着周边每隔 5.5 英尺设置柱子（底部柱距为 11 英尺），并且将它们与厚厚的混凝土外墙托梁连接在一起。这种想法在某种程度上应归功于卡恩，但同时也有戈德史密斯的贡献，戈德史密斯在 1953 年的硕士论文中总结了达希·汤姆森（D'Arcy Thompson，1860—1948 年）[①] 的经验，讨论了每种结构系统的局限性以及如何跳过建筑规模寻求新的结构解决方案。论文中，他既提出了一个 80 层混凝土塔楼的方案，还针对 60 层带有斜撑的钢结构建筑提出了的几种变化形式（图 4.1）。[4] 还应注意的是，此时这类建筑也正处于设计之中，山崎实正在为纽约世界贸易中心的双子塔楼设计钢框架筒体结构。

---

① 苏格兰生物学家、数学家、博学家，开拓了数学生物学。他的代表作《生成和形态》出版于 1917 年，该书从数学和物理学层面探讨了生命的进程，因其富有诗意的描述而著称。——译者注

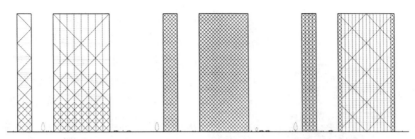

图 4.1　本图来自迈伦·戈德史密斯，"高层建筑：尺度缩放的不同效果，"毕业设计，伊利诺理工学院，指导教授路德维希·密斯·凡·德·罗和路德维希·希尔伯赛默。本图经爱德华·文德霍斯特（Edward Windhorst）许可

　　35 层的布伦斯威克大厦坐落在芝加哥闹市区市政中心的街对面，戈德史密斯和卡恩为它设计了一个外柱相距略微超过 9 英尺的混凝土外筒，将其用坚硬的托梁和井式楼板体系连接到抵抗剪力的核心筒内筒上。

　　在这些年中，还有一个有趣却被忽视的尝试，这就是乔治·斯基波瑞特（George Schipporeit）和约翰·海因里希（John Heinrich，1936 年—）设计的 70 层的湖心塔楼（Lake Point Tower，1964—1967 年，图 4.2），它采用了自加强的三翼形或三叶草形平面，建筑本身依附在强大的三角形核心筒（基础部分混凝土壁厚达 30 英寸，高度达 59 层）上。三角形核心筒的三个角在每个走廊出入口处被切掉，但是三面剪力墙被横梁紧紧拉结住。然而，这个核心筒与混凝土楼板、柱子以及平面的整体布局作为一个整体共同承受荷载。[5]

图 4.2　乔治·斯基波瑞特和约翰·海因里希，湖心塔楼，芝加哥（1964—1967 年）。本图经爱德华·文德霍斯特许可

　　1964 年，当切斯纳特–德威特公寓还在建造之时，SOM 接受了一个将带来特殊挑战的委托。开发商杰里·沃尔曼（Jerry Wolman）在靠近密歇根大道的地方买了一块地，距离切斯纳特–德威特公寓西边两个街区远。最初，从经济方面考虑，带有广场的双塔方案得到认可，但随着空间再一次受到限制，业主决定将所有活动都纳入到一栋面积超过 200 万平方英尺的高楼中。由于戈德史密斯并没有参与这个设计，因此为一座 100 层高的塔楼设计一种结构体系的任务便主要落在了卡恩身上。卡恩在总结戈德史密斯论文提案的同时也受到近期一位学生——佐佐木干夫（Mikio Sasaki，1937 年—）方案的启发，他通过一种对角斜撑的筒体结构，最终完成了现在的约翰·汉考克大厦（John Hancock

图 4.3 SOM，约翰·汉考克大厦，芝加哥（1964—1969 年）。本图由作者拍摄

Building，图 4.3）的设计。[6]

设计中还遇到了许多障碍，最突出的问题就是芝加哥的黏性土，在这种情况下，这座高楼的基础要求布置不少于 239 个沉井。还有一个问题是，当时没有办法准确预测摇摆的范围以及使用者的生理反应。因此，除了建立一些假设的数学模型之外，法茨拉·卡恩还凭借着经验进行了一系列的实验室测试。[7]住宅与办公的混合也是一个问题，因为就功能而言，前者与办公单元相比最好是使用开间更窄些的平面布局。针对这一情况，解决方案是将公寓放置在上面，将塔楼的整体形式变薄，这使整个建筑看上去有一种自然的优雅，同时也创造了一种更稳定的形式。在一个垂直走向的 100 层建筑中，商业区、停车场、办公室及住宅被分层设置在上延 1127 英尺的塔楼中。只是中间一些垂直柱子的表达削弱了设计的逻辑性。

汉考克中心于 1969 年向公众开放，同年，西尔斯和罗巴克公司（Sears，Roebuck & Company）委托 SOM 在芝加哥市中心设计一座 60 层高的建筑。西尔斯的设想是建造一座占地面积非常大的建筑，但格雷厄姆却说服这位客户建造一座窄而高的建筑——事实上这将是世界上当时最高的建筑。当西尔斯那边的人拒绝采纳（用格雷厄姆的话来说）"那些该死的对角线似的东西"的时候，这一问题也因另一种结构创新的出现迎刃而解。

卡恩以同样的方式给予回应，但是戈德史密斯和伊利诺伊理工大学（IIT）再一次不谋而合。1966 年，另一个学生——A·G·克里希纳·梅农（A.G.Krishna Menon）已经完成了一篇关于设计一座 90 层公寓楼的论文，卡恩和戈德史密斯两人都担任他的指导老师。在立面图中，其筒体设计与切斯纳特-德威特公寓相类似，但是梅农通过设置两面剪力墙将矩形轮廓的平面分为三部分。[8]他所探究的一个想法就是束筒结构(cluster tube)或"捆筒"（bundled tube）结构——即各个筒体或结构构件相互支撑以实现更强大的整体效果。最初，卡恩计划在西尔斯大厦（Sears Tower）的设计中使用多达 15 个这样的筒体，每一个都能停止在任何高度，但在最终的设计中，采用了 9 个断面为 75 英尺 × 75 英尺的结构方筒（每个筒体周边是间距为 15 英尺的柱子），从而提供了 440 万平方英尺的使用空间。两个筒体停在第 50 层，还有两个停在第 66 层，两个停在第 90 层，而 1974 年向公众开放的两个方形塔楼则一直上升到 110 层或 1450 英尺的高度。此外，这座建筑的结构含钢量也值得注意，在总建筑面积中，每平方英尺使用了 33 磅钢材，而在帝国大厦中，每平方英尺使用了超过 50 磅的钢材。[9]

回顾这几年在芝加哥所进行的这些非凡的试验，几乎所有的概念性的思考和结构计算都不得不借助于计算机来完成，计算机第一次在建筑事务所中显示出它的存在便始于西尔斯大厦的建造。在决定使用某种新技术时，比如是否在构造节点处安装黏弹性衬垫来抵抗风力（没有安装它们），不得不完全通过风模型测试以及大量的结构直觉来完成。[10] 还有一点很有趣的地方是这些建筑出现的背景。当西尔斯大厦（现在的威利斯大厦）在 1974 年开放时，正处于石油禁运期间，而且此时也是建筑上发生大转变——转向后现代主义的时候。因此，其惊人的技术创新是以相对少的关注，低调地进入人们视野的。

德国工程

德国的建筑刚刚从第二次世界大战的废墟中慢慢恢复。战前，大多数著名的现代建筑师中的骨干人物已逃离家园，而且国家的经济、工业、教育基础设施已经受到动摇。1946—1947 年的严冬给欧洲的许多地方带来了大规模的饥荒，德国为走出困境已竭尽全力，即使在"马歇尔计划"的援助下，由于实体损害的程度严重，德国还是落后于其他国家。当然这其中也有政治因素。1949 年 5 月，被英国、法国和美国占领的德国地区成立了新的联邦德国共和国，5 个月之后，在约瑟夫·斯大林的倡导下，德国东半部成立了德意志民主共和国。随着柏林成为令人不寒而栗的冷战策略的主要舞台，"铁幕"将会在未来 40 年中将这个国家一分为二。

因此，作为战后德国的一位主要的建筑师，弗雷·奥托早年都在默默无闻地工作，这并不引以为奇。[11] 他出生于 1925 年，曾在战争期间担任某空军中队的飞行员，较晚才在柏林科技大学接受了建筑学的专业训练，后于 1952 年获得学位。他在美国度过了 1950—1951 学年，在那里他遇到了埃罗·沙里宁，并在其指导下前往弗雷德·塞韦鲁（Fred Severud，1899—1990 年）事务所工作。当时才华横溢的结构工程师，波兰移民马修·诺维茨基（Matthew Norwicki，1910—1950 年）正在设计罗利新体育馆的悬浮屋顶结构。罗利体育馆的计算模型由此成为奥托 1953 年完成的博士论文及其第一本书的主题。[12] 这本书揭示了奥托后来的兴趣所在。在对悬浮屋顶体系进行了相对广泛的历史探究后，奥托继续讨论了薄膜、帐篷、五金器具、连接件、锚固等方面的内容，甚至他还为此提供了一些自己设计的草图。这些草图为东非的一个教会学校和南极洲一个城市的一系列网状屋顶提出了建议。

1954 年，奥托与"帐篷制造者"彼得·施特罗迈尔（Peter Stromeyer）通力合作，从这次联合开始，他们为公共活动设计了一系列开放式的结构：四点帐篷、蝴蝶帐篷（卡塞尔，1955 年）、拱支帐篷、驼峰帐篷、尖顶帐篷（全部于 1957 年在科隆建成）。1958 年，奥托在柏林—策伦多夫创办了轻型结构发展研究所（the Development of Lightweight

71

53

Construction）。1964 年，这种兴趣最终为他赢得了刚刚在斯图加特成立的轻型结构研究所（Institute for Lightweight Structures，IL）的院长职务。这个研究院不仅为奥托提供了创新研究的预算，也为他汇集了一些同事以协助他完成复杂问题的研究。这一任命也是对奥托在过去 6 年中默默付出且成绩显著的认可。1958 年时，他已与巴克敏斯特·富勒和尤纳·弗里德曼有所接触，并与他们建立起朋友关系，后者当时正在领导巴黎"活动建筑研究小组"（the Groupe d'Etuded'Architecture Mobile）的工作。总之，这三位建筑师当时都在探索适应性强的建筑以及使用薄膜覆盖大城市景观的问题。1961 年，奥托也已开始了与著名生物学家约翰·格哈德·黑尔姆克（Johann-Gerhard Helmcke）的合作，这无疑也提高了奥托对生物学原理和生物系统的兴趣。这些后来的生物学调查，其目的不是要创造生物形态的造型，而是——追随达西·汤姆森（D'Arcy Thomson，1860—1948 年）[①]的谱系——了解自然结构的规律及其在设计中应用的可能（仿生学）。此外，奥托还在路德维希·特罗斯特尔（Ludwig Trostel）的协助下于 1962 年出版了第一卷关于张力系统的书。[13]

奥托给轻型结构研究所（IL Institute）带来了利益，正是在这种背景下，当奥托与建筑师罗尔夫·古特布罗德（Rolf Gutbrod）合作共同赢得了 1967 年蒙特利尔世博会德国馆的全国竞赛时，该中心的研究进入了高速发展。奥托设计的德国馆覆盖面积达 10000 平方米，它采用了索网结构（even-net cable structure），并以一系列不同高度的桅杆撑起，从而成为当时世界上这类结构中规模最大的一个，同时作为博览会的工程奇迹之一，它可与富勒的穹顶（Geodesic Dome）相媲美。扭曲的钢索网下面悬挂着半透明的聚酯织物，不仅为建筑增添了明亮，也加强了通风，带来了广阔的建筑体验。正如迪特马尔·M·施泰纳（Dietmar M. Steiner）指出的那样：在德国的战后建筑中，它可能被视为德国第一个具有国际意义的作品。[14]

1972 年的奥运会又一次为这种结构试验带来了契机。1967 年春天，冈纳·贝尼施及其合伙人在该项目的建筑设计竞赛中胜出。然而，他们为体育场、运动区、游泳池设计的一个连续屋顶结构被奥运评委会否决了，同时还针对"这样的膜如何建造，且如何经济地建造"而展开了一次漫长的辩论。1968 年 1 月，贝尼施邀请奥托担任该设计的首席顾问，正是他在这一项目中设计了悬挂在一系列桅杆与塔架上的预应力索网。[15]这种结构系统的薄膜是用沿边缘以氯丁橡胶密封的丙烯酸面板制成的——这一决议真正得以批准主要在于它的透明性以及它可以为彩色电视的新技术消除运动场上的阴影。

与此同时，奥托也拓展了自己在其他方面的兴趣。20 世纪 60 年代后期，他与伦敦奥韦·阿鲁普工程顾问公司（Ove Arup & Partners）的工程师特德·哈波尔德（Ted Happold，1930—1996 年）及彼得·赖斯（Peter Rice，1935—1992 年）结成联盟，共同致力于专门刊登奥托作品的专刊《建筑设计》，同时还在伦敦创建了一个轻型结构实验室[16]。

---

① 苏格兰生物学家、数学家、古典文化研究学者，数学生物学研究的先驱。——译者注

其目标是利用计算机分析的各种新的可能性促进钢索、膜和充气结构的研究。奥托在这一时期的其他尝试还包括他创办了杂志《轻型结构》(IL)以记录自己在斯图加特的研究进展。在 1969—1995 年间的 41 期杂志中，每一期都集中探讨一个不同的结构主题。在第 1 期中（1969 年 6 月），奥托讲述了自己在设计小规格索网时利用肥皂膜来进行探索的工作方法。第 2 期（1971 年 4 月）则重点介绍了"北极的城市"(City in the Arctic)，这是由奥托、奥韦·阿鲁普工程顾问公司以及日本的丹下健三（Kenzo Tange，1913—2005年）共同合作的一个项目。当时，奥托和他的同事们正在探索一种典型的温控城市——由 45000 个直径为 2 千米，高度为 240 米的充气浅圆顶组成。一个小型的核电厂为可持续发展的生态系统提供能源，且这一生态系统的特点是具有一些活动式的人行道、一片湖水、一个植物园以及各种鸟类和动物。

随着第 3 期（1971 年 10 月）的发行，奥托开始利用研究所的学术研讨会来扩大投稿者的数量。这一期以"生物学和建筑"为主题，揭示了奥托渴望与生物学家团队合作的强烈愿望以及奥托自己作为一个理论家的成长历程。"生物学和建筑之间的关系"，他开门见山地指出，"由于现实环境和实际情况的迫切需要，有必要对其作清晰的阐述。环境问题以前从未曾对生存构成过威胁。事实上，它是一个生物学问题。"[17] 在继富勒及其他人的努力之后，奥托有时因为这些与生态学有关的事甚至得到了"反建筑师"(anti-architect) 的绰号，而这也并非没有道理。到现在为止，他对轻型结构的兴趣已演变为一种信仰——他后来曾明确地表示——"我们建造了太多的建筑。我们浪费了空间、土地、质量和能量。我们破坏了自然环境和文化。"[18] 奥托通过最先将城市称为一个"生态系统"，将质量最小的建筑称为一种"生物型"建筑，将能源消耗最少的建筑称为"与自然景观的和谐相处"，从而表达了他对当时历史主义的强烈反对。[19]

后来的几期只是进一步详细阐述了这项研究。还有几期是以 1973 年在《轻型结构》杂志社举办的主题为"气动"(Pneus)的学术研讨会为基础的，奥托及其团队将它定义为"只在张力包裹的媒介表面存在的一层压力系统。"[20] 奥托最初因为这个概念涉及气动或充气结构而对它产生了兴趣，但是，正如他现在所意识到的那样，这种应用于任何介质（气体，液体，甚至引力）的想法，其意义更为深远："我们不是在讨论生物结构的有限面积，而是在讨论我们手上的东西是理解生物界所有形式和结构的关键。"[21]

《轻型结构》杂志的内容如此丰富，以至于我们无法在这里对它进行充分的思考，陆陆续续刊载的很多期的内容完全可以达到现在研究的最前沿水平——从能源生产到风力涡轮机、太阳能技术、地热运输和存储以及轻型的适应性结构。然而，依然不变的是奥托对"碉堡式的混凝土建筑时期"和"神经质般地眷恋着过去光荣的十年"继续持有反对意见，因为他发现这些是 20 世纪 70 年代的建筑中非常肤浅的表现。[22] 该杂志的发行一直持续到 20 世纪 90 年代中期，从这个意义上说，奥托长期的生态改革运动在许多方面弥合了这两个时期在理论上的分歧。仅就这一方面而言，他的工作就具有重大的历史意义。

英国的文艺复兴

弗雷·奥托为战后德国的理论复兴所做的一切正是奥韦·阿鲁普（Ove Arup，1895—1988 年）想方设法欲在英国的工程和建筑思想领域中所实现的。阿鲁普出生于英国，父母是斯堪的纳维亚人，他在丹麦和德国接受的教育，后于 1923 年返回英国创办了自己的第一个工程事务所。20 世纪 30 年代初期，他向一个现代主义者的圈子靠拢，这里包括有：贝特霍尔德·莱伯金（Berthold Lubetkin，1901—1990 年）、马克斯威尔·弗里（Maxwell Fry，1899—1987 年）和沃尔特·格罗皮乌斯，阿鲁普为他们在伦敦动物园企鹅泳池的坡道（1933—1934 年）以及海波因特 I 号和 II 号（Highpoint I and II）混凝土公寓（1933—1934 年）提供了结构设计。战后，奥韦在 1949 年对阿鲁普工程顾问公司① 进行了改革，但为他赢得国际声望的还是后来他参与设计的悉尼歌剧院。这次建筑竞赛是约恩·伍重在 1957 年以一种戏剧性的方式赢得的，但其设计在实施时却暴露出了缺陷。设计延期和成本超支几乎毁了这个项目，直到 1961 年阿鲁普以同一半径重新设定了薄壳屋顶。虽然阿鲁普这个理念的归属仍然颇有争议，但是在 1966 年伍重退出该项目后，没有人再质疑阿鲁普在圆满地完成这项错综复杂的工作时所起到的作用。当歌剧院在 1973 年落成时，阿鲁普的公司也扩大了建筑分部，从而在员工和影响力这两个方面对 SOM 构成竞争。[23]

阿鲁普在世界上所取得的成就也使理查德·罗杰斯和诺曼·福斯特（Norman Foster，1935 年—）的作品尽人皆知。罗杰斯比福斯特年长 2 岁，1933 年他出生于佛罗伦萨，父亲是英国人，母亲是意大利人，在逐渐蔓延的战争压力下，一家人后来移民到了英国。[24]在其表兄厄内斯托·罗杰斯的鼓励下，理查德在 20 世纪 50 年代中期就读于建筑联盟学院（AA），1961 年，他获得了前往耶鲁的旅行奖学金。在那里，他遇到了刚刚在曼彻斯特大学完成了建筑学研究的福斯特。[25]这两位学生在保罗·鲁道夫（福斯特曾为他短暂工作过）、塞尔日·切尔马耶夫、文森特·斯库利和来访评论家詹姆斯·斯特林的引导下学习。在美国，巴克敏斯特·富勒的观点以及路易斯·康、埃罗·沙里宁及弗兰克·劳埃德·赖特的作品和那些对建筑师案例的研究吸引了福斯特和罗杰斯。

再回到 1963 年的伦敦，罗杰斯和福斯特协同温迪（Wendy）与乔治娅·奇斯曼（Georgia Cheesman）一起组成了一个众所周知的合作团队——"四人小组"（Team 4）。他们的职业生涯因两个早期的委托项目而开始发生转变，这就是康沃尔的格雷克·维恩住宅（Creek Vean House，1964—1966 年）设计以及赫特福德郡的斯凯布雷克住宅（Skybreak House，1965—1966 年）设计。人们往往认为前者的阶梯形式和混凝土砌块涂饰受到赖特和"五人工作室"（Atelier 5）的影响，而后者电影场景般的开敞式平面布局和高度现代的室内设计则促使斯坦利·库布里克（Stanley Kubrick，1928—1999 年）用它来拍摄电影《发条橙》

---

① 网络上命名为"奥雅纳"，但已约定俗成，应译为"阿鲁普"。

（A Clockwork Orange）[①] 的一个强奸场景。然而对他们而言，明确的委托是斯温顿（Swindon）的信实控制（Reliance Controls，1965—1966 年）项目，这是一个电子产品厂的设计项目，在这里他们开始掌握工业上用的细部设计的细微差别——这一点和加利福尼亚案例研究建筑师的做法一样。由于预算非常有限，于是轻质的波浪状钢棚在细部处理上采用了极简主义风格。他们俩由此开始信奉赤裸裸的工业技术和冷酷高效的工程风格，但是在这个项目完成之后，这些合作者们却就此分道扬镳了。

　　回顾过去，这次解散是值得庆幸的，因为罗杰斯在 1971 年与意大利建筑师伦佐·皮亚诺合作之后变得赫赫有名——他赢得了巴黎乔治·蓬皮杜文化中心（图 4.4）的竞赛。实际上，皮亚诺和罗杰斯参加这次竞赛的动力来自阿鲁普工程顾问公司的特德·哈波尔德，在完成悉尼歌剧院之后，特德正在为自己的结构设计团队寻找重要的委托项目。与此同时，在与 20 世纪 70 年代中期的后现代主义风格相左的背景下，1977 年蓬皮杜文化

图 4.4　皮亚诺和罗杰斯，乔治·蓬皮杜文化中心，巴黎（1971—1977 年），本图经理查德·O·巴里（Richard O.Barry）许可

[①]　电影名，根据英国作家安东尼·伯吉斯的同名小说改编，导演斯坦利·库布里克。《发条橙》1971 年摄制完成，由于其中有大量的暴力和性的内容而被美国电影审查委员会评定为 X 级的电影，它也因此成为继《午夜牛郎》后的第二部得到奥斯卡提名的 X 级电影。影片获 1971 年纽约影评人协会最佳影片、最佳导演奖，1972 年美国影艺学院最佳电影、最佳导演、最佳编剧、最佳剪辑提名，好莱坞外国记者协会最佳电影、最佳男演员、最佳导演金球奖提名，1973 年英国学院奖最佳电影、最佳编剧、最佳摄影、最佳音响、最佳剪辑、最佳艺术指导、最佳导演提名。——译者注

中心（Beaubourg）综合设施的开放拨动了几乎所有超现实主义者的心弦。这座建筑在歌颂机器的同时也鲜明地反对历史主义，六个展厅组成的玻璃和塑料外壳由从托架 [盖贝尔（gerberettes）①] 上悬挂下来的双层钢框架支撑，它不仅藐视同时期所有对"价值"的诉求，而且以其（最初提议的）可移动的地板和外部显示屏既与20世纪20年代构成主义者的幻想存在一定的相似性，也与近期塞德里克·普里斯和阿基格拉姆（Archigram，一个设计团队）的未来主义思想存在一定的相似性。雷纳·班纳姆很快便感受到了这种联系，因此在1976年，他用设计图和模型来结束自己的那本关于巨型建筑的书，同时还指出"明亮的色彩，可爱的形状，可充气的物品，夹上去的小配件，巨大的投影屏幕以及所有其他有趣而灵活的、美好而古老的意象"主要是由"阿基格拉姆影响下的'克瑞斯爱丽斯'（Crysalis）团队 [艾伦·斯坦顿（Alan Stanton），迈克尔·戴维斯（Michael Davies，1924—2005年），克里斯·道森（Chris Dawson）] 专程从洛杉矶来到巴黎的事务所参与创作的"。[26] 并不是所有的批评都会给人留下深刻印象。艾伦·科洪为这种现实感到痛惜，他指出这种"文化超市除了完善自己的技术外没有更进一步的任务。"[27]

然而，与皮亚诺相似，在罗杰斯的发展中，蓬皮杜文化中心仍然是其设计风格开始发生转变的作品。这两个合作伙伴随后也立即解散了，罗杰斯很快得到了伦敦劳埃德银行（Lloyd's Bank，1978—1986年）的项目委托。这个设计在当时又是一个不按常规进行设计的作品，且赖斯又一次在其中发挥了作用。由于巴黎已经使用过注满水的不锈钢柱子，因此消防局拒绝了他使用这种设备的要求，于是赖斯便转而使用细长的混凝土柱，并且将盖贝尔（gerberettes）变成预制的柱托，在其上安装混凝土井字梁（concrete grids）以支撑楼板。由于移走了所有的楼梯、电梯以及一连串的六个卫星塔楼中的卫生间，室内变得更加开敞，外部组合也变得更加复杂了。事实上，不锈钢以及卫生间和楼梯间一节一节的吊舱为复杂的建筑整体增添了独特的光彩。此外，建筑理念的核心是能源效率。外立面半透明玻璃上的三层外膜不仅减少了太阳照射，而且从办公室循环出来的热空气被送至地下室存储罐中以便再利用。中庭既是建筑的主要排气井，也是室内玻璃表皮上可开启的窗扇，中庭的这种功能能够让使用者更好地控制通风。因此，从能源效率的角度看，它是这个时期第一个经过如此严谨设计的大型建筑之一。[28] 就这一点而言，它将在几年内与香港汇丰银行大厦（1979—1986年，图4.5）相媲美，而后者正是他的前合作伙伴诺曼·福斯特设计的。

实际上，使用先进的技术有助于能源和结构效率的提高，一段时间以来，这已经成为福斯特思考的核心。在1969年的一篇文章中，他已经提到新的工程技术能够很快地被建筑师所利用以及建筑师与其他领域专家合作的可能性。如果这些技术体现在"轻型空间框架结构或充气塑料薄膜"等建筑现象中的话，那么"合作——具有多种技能的组合

①　一种近似铰接的插接方式，形成向内侧悬挑1.6m、向外侧悬挑7m的悬挑系统。资料来源：李婷婷．梦想照进现实：蓬皮杜艺术中心设计背后的文化和社会理想．建筑创作．2012（2）——译者注

团队"——将会创造出"复杂的组件和成套的部件"（kits-of-parts），这将从根本上改变创作的信条。[29] 这个理论的一项早期试验就是位于伊普斯威奇的威利斯·费勃和杜马斯保险公司总部（Willis Faber & Dumas Insurance Headquarters）（1971—1975 年），这座建筑因其从屋顶上悬挂下来的曲线形镜面玻璃而与众不同——此外，其独特之处还包括开放的平面布局，集成照明和机械系统以及一个类似于典型的英国公园的屋顶草坪。这个设计是福斯特在与巴克敏斯特·富勒讨论牛津大学圣彼得学院地下剧院的设计时想到的。在这些讨论中，富勒提出了"气候办公室"（Climatroffice）的想法：在一个巨大的轻型穹顶下设置一个开放的"生机勃勃的办公室"。[30] 福斯特对于将这一解决方案引入伊普斯维奇抱有很高的期望，但是他处理适度的效果却也预示了他以后的作品。

在个人发展中，他再次迈出了重要的一步——这就是设计诺威奇的塞恩斯伯里视觉艺术中心（Sainsbury Centre for Visual Arts，1974—1978 年）。现在，请认真对待富勒经常提出的那个问题——"建筑有多重？"为了设计出一座技术精度达到最高标准的博物馆，福斯特提出了一种激进的观点。他在邻近东安格利亚大学（the University of East Anglia）的荒野设置了每榀截面为三角形的屋面桁架（prismatic-truss hanger，跨度为 30 米 × 130 米），同时这里也是欣赏绿地和湖泊的最佳场所。主要的墙体和屋面板由铝及巧妙地插入氯丁橡胶网状物中的泡沫材料复合制成，而这种氯丁橡胶网状物还可充当雨水管来排除雨水。由于保温隔热值（insulation-values）较高，这座建筑无须机械通风，大量的自然光通过墙壁和装有百叶窗的天窗射入。在这个开放的空间中，"气候办公室"容纳了展览区的活动以及餐厅、厨房、咖啡区域、一定数量的植物和一所美术学校。这座建筑再一次表现出了与这 10 年以来后现代主义所讨论内容的格格不入。

因此，当福斯特在 1979 年设计香港的汇丰银行大楼时，他"少费多用"（more with less）的理论纲领已经在很大程度上得到了完善。这一项目的关键之处在于阿鲁普工程顾问公司设计的桥状结构系统，其成果也成为这个世纪尤为引人注目的技术成就之一。实际上，这座建筑由三个不同高度的大楼组成，它们分别由 8 组钢制组合柱（每组有 4 根钢柱）支撑，每组钢制组合柱形成了开放的空腹桁架。两层高的铰接的悬吊式桁架通过"桥"将这些组合柱有规律地连接起来，中间楼层悬挂在横向桁架上。这些钢制构件的外面覆有铝板，表面薄薄的一层防锈蚀的水泥基涂层有效地起到了防火和防止海洋空气侵蚀的作用。

图 4.5 诺曼·福斯特和罗杰斯，香港汇丰银行大厦，香港（1979—1986 年）。本图经拉塞尔·爱德华兹（Russell Edwards）许可

78

预制的插入式的小空间（capsules，总共 139 个）容纳了电力管线、空调设备和卫生间。外部的百叶窗保护着建筑的南面墙体，同时，一个计算机程序控制的太阳路径追踪器可以将阳光反射到建筑内部的一组镜面上，进而将自然光向下发送 12 层到地面的开放广场上。

79
　　福斯特是他那一代人道德观念的典范，他们是在沙里宁和路易斯·康战后风格的熏陶下成长起来的一代。从这个角度来看，建筑师义不容辞的责任就是重新探讨每个问题，并以自己的聪明才智和创新精神取得从技术、美学以及建筑实用性的角度来衡量都堪称卓越的成果。在这方面，与他本质上是一个工匠的简单事实相比，福斯特实际上更少被界定为对新技术的接受或跨学科的顾问团。

日本的后新陈代谢派

　　与德国一样，日本是一个从战争中缓慢恢复的国家。日本建筑复兴的一个早期征兆就是 1960 年在东京主办的"世界设计大会"，一群年轻的日本建筑师抓住这个机会发布了一份简短的宣言——《新陈代谢：新城市主义的提案》（Metabolism：The Proposals for New Urbanism）。这次运动的发起者是：菊竹清训（Kiyonori Kikutake，1928—2011 年）、川添登（Noboru Kawazoe，1926 年— ）、大高正人（Masato Otaka，1923 年— ）、槙文彦（Fumihiko Maki，1928 年— ）和黑川纪章（Kisho Kurokawa，1934—2007 年），他们是黑川纪章曾提到的与西方文化相互影响的日本"第四代"建筑师的所有成员。[31] 这一宣言的标题被简明地定义为以下内容：

> "新陈代谢"是一个团体的名称，其中的每个成员通过他具体的设计和图示为我们未来的世界提出设计。我们将人类社会视为一个极其重要的过程——一个从原子到星云的持续发展过程。我们之所以用"新陈代谢"这样的生物学词语，就在于我们相信设计和技术应该是人类生命力的体现。[32]

　　新陈代谢派在 20 世纪 60 年代得到了蓬勃发展——与西方的情况类似，它根植于同样的技术热情。20 世纪 50 年代，丹下健三活跃于国际现代建筑协会（CIAM），同时他也是新陈代谢派公认的导师。1959 年，他已经是麻省理工学院（MIT）的客座设计评委，在那里，他和他的学生为波士顿港设计了由两条曲线组成的 A 字形构架的巨型结构。第二年，他回到日本后便开始着手设计从东京城区到海湾绵延 18 公里的扩建方案。与传统城市的径向扩张不同，他提出了一种线性结构或者说是一种可有三个层面供运行的交通体系，穿行于其中的汽车和单轨铁路将无障碍运转。沿着中央的脊状隆起布置着由几座写字楼组成的"城市核心"，这些写字楼在垂直向的服务核处被纵横交错的水平向联系连接在一起。垂直穿过脊状隆起的是一系列肋拱，它们支撑起具有日本传统屋顶特色的房屋。

80
　　新陈代谢派雄心勃勃。菊竹清训为 1960 年宣言的发布提出了他的"海洋城市"（Ocean

City）设想，它由 1250 个连接到一个混凝土芯板上的钢质插入式单元（生命周期为 50 年）组成。黑川纪章提出了三维的"螺旋城市"（Helix City，图 4.6）设想，其灵感来自当时 DNA 染色体结构的新发现。槇文彦和大高正人反对以上的这些思想，他们认为以"集合形态"（Group Form）的概念设计单体建筑注定要失败，在东京新宿（Shinjuku）区的一个重建方案中，其购物中心、办公和娱乐功能根据它们自身的形式和逻辑而设置。例如，他们将娱乐中心设想为一个花样形状的系统，其中，由剧院、音乐厅和歌剧院组成的辐射状的花瓣围绕着广场这一核心空间。

通过以上建筑师的创新及其在积累之上的继续开拓，这些对未来建筑的想象显然有别于同时期许多其他巨型建筑体的设计。例

图 4.6 黑川纪章，螺旋城市（Helix City，1960 年）。本图经黑川纪章建筑事务所许可。富夫大桥（Tomio Ohashi）摄影

如，黑川纪章在 1962 年发表了他的论文《预制公寓》（Prefabricated Apartment House），在书中，他将预制板结构和用作厨房、浴室及育儿单元的"效用舱体"（Utility capsules）的理念结合起来——在他看来，这是路易斯·康关于"主人和仆人空间"概念的逐步完善。[33] 在同年的另一篇文章中，他将自己的"元建筑"（Meta-Architecture）与美国国家航空航天局（NASA）的航天业相比较，航天业的建筑形式"必须像太空火箭那样精确设计，同时必须有自由的形式"[34]。在 1965 年关于"变形"的提案中，黑川纪章推行一种线性城市的理念，并试图使之既能促进社会交流又能防止城市陷入孤寂与冷漠。这一想法成为他菱野新城（Hishino New Town，1967 年）设计方案的基础，他认为城市并不是一个自给自足的中心，就菱野新城而言，它是东京—大崎走廊（Tokyo–Osaki corridor）上的一个"交通网"（network）：即以高速铁路和类似的社会生活与其他城市中心相联系的一个高密度的环节。[35] 以此为模型，他引用了戈特曼（Jean Gottmann，1915—1994 年）"大都市带"（Megalopolis）的观点，也引用了康斯坦丁诺斯·道萨迪亚斯"世界都市"（Ecumenopolis）的概念，或许也可将其视为世界主要城市的一种文化和信息联系。

黑川纪章这一时期的思考在 1969 年的《舱体宣言》（Capsule Declaration）中达到了高潮，在书中他向"受控建筑"（cyborg architecture）、电子技术的新时代、人类的流动性表示了敬意。舱体生活（他将其比作美国的移动房屋）不需要拥有土地，它允许多元化城市的存在，这种城市与个人生活方式（而不是家庭的）相协调，也与大都市、"电子

81

技术支配的"社会、预制及自由相协调。³⁶1970 年前后，黑川纪章在概念上实现了自己一些更新颖的建筑创作，这包括：1970 年大阪世博会主题馆中的"居住舱体"、实验性住宅（the Takara Beautillion）以及 1972 年完成的中银舱体大楼（the Nakagin Capsule Tower）。最后一个项目由 144 个六面体的单间公寓舱体组成，它们都是与混凝土服务中核相连的预制舱体，且该项目在一个月内就圆满地完成了各个单元的穿插组合。

然而，1973 年的石油危机也使日本经济遭受了类似于西方的重创，但是两者之间还是存在一个重要的区别。虽然新陈代谢派的建筑师被迫放弃了早期所关注的巨型尺度的方案，但他们从未失去对技术的兴趣，事实上，这些还激发了日本建筑师对工艺和细节设计的极大敏感性。20 世纪 70 年代的后半期，黑川纪章开始了他所谓的"跨文化"对话，在此期间，他将自己的设计和"封闭空间"（En-space）① 以及"共生"的日本传统主题相整合。³⁷ 在对埼玉县博物馆（the Saitama Museum，1978—1982 年）网格状庭院的描述中，他谈到了该建筑的"缘侧"（engawa，封闭式走廊）②，"轩下"（nokishita，半室外通道）③，"犄角"（rogi，狭窄的小路）。东京华歌尔麹町大楼（Wacoal Kojimachi Building，1982—1984 年，图 4.7）是他备受赞扬的一个作品，在这个设计中，他将从日本佛教中获得的感悟 [特别是龙树（Nagarjuna）④ 的"唯识"（Consciousness Only）这派] 与法国后结构主义理论中创造"快乐机器"（pleasure machine）的思想相结合——即"一个充满活力的，讨人喜欢的机器总是处于千变万化的变动中。它不断地分裂，并且可能形成各种新的关系。"³⁸ 然而，建筑外观中铝和人造大理石的细部设计（这可以被解释为雷纳·班纳姆"第一机器时代"典型的象征。）胜过了这样的类比。内部精致的装饰在整体效果上更显高科技风格，黑川纪章理所当然地将顶层的接待

图 4.7 黑川纪章，东京华歌尔麹町大楼（1982—1984 年）。本图经黑川纪章建筑事务所许可。富夫大桥摄影。

① 作者马尔格雷夫教授指出"En-space"这个词是黑川纪章先生自己创造的词，可能是封闭空间的简称，因此作者在本书中直接引用了这个词。——译者注
② 在日本传统的房屋内，通常直接设置于窗户和防雨百叶窗前的木质带状地板。现在也用来指房屋外的走廊（veranda）。——译者注
③ 指屋檐下。——译者注
④ 印度的佛教哲学家。——译者注

室描述为"具有日本装饰风格的航天飞机。"[39]

从槙文彦和矶崎新两位建筑师的作品中同样可以看到技术表现主义的存在，20 世纪 70 年代末，他们已被推选为著名的"新浪潮运动"（New Wave，由日本建筑师发起）的领导者。[40] 60 年代早期，矶崎新在丹下健三的事务所工作，但是在诸如大分图书馆（1962—1966 年）这样的早期设计中，他却遭受了失败的打击。但是，到 70 年代早期，矶崎新显然已经开拓了一条新的、在材料和技术运用方面更有特色的道路。例如，在福冈的索加银行总部（1968—1971 年）设计中，他在窄而长的 11 层塔楼建筑的外立面上主要使用了印度红砂岩，同时也辅以少量的花岗岩与钢。矶崎新设计的位于高崎市的群马县立美术馆（1971—1974 年）是他备受赞美的作品之一，这座建筑物的表面覆盖有闪闪发光的铝板，偶尔留出不加修饰的地方，并暴露出下面的原生混凝土结构。波同德·伯格纳（Botond Bognar）将博物馆闪亮外表的整体效果描述为"高科技装饰下的错觉与虚幻"。[41] 查尔斯·詹克斯从与后现代相反的角度出发对此进行评论，他将该建筑的语义性质描述为"过于冷漠，缺乏感情而且非常机械。"[42] *83*

然而，矶崎新却非常了解这个时代对符号学的迷恋，因为此时正值 20 世纪 70 年代中期，他开始用文艺复兴时期的"手法主义"（maniera）来描述他那充满寓意的用心。他将其视为设计回归历史主题与地域敏感性的一种途径，也将其视为用来与他指出的现代主义未能保持"技术的绝对性"相抗衡的一种途径。[43] 最后这句话对理解他的作品至关重要，因为即使矶崎新将"手法主义"设想成一系列的（7 种）形式操作，他也从不否认技术本身的相关性。[44] 正相反，他坚持认为"非常矛盾的是技术乃当今建筑师唯一可以使用的东西。"因此，他更喜欢以"机器般的"（machinelike）来隐喻"手法主义"：诚然，这是一种混合的、分层的、折中的隐喻，但尽管如此，建筑也由此成为一台制造意义的机器。这真是对后现代趋势的独特阐释，其中的一种认为技术（与现代主义一样）不再控制表达，但是恰恰相反——就奥托·瓦格纳（Otto Wagner，1841—1918 年）的现代主义而言——"技术本身就可以成为一种表达。"[45]

槙文彦对"高度技术"的不同理解仅仅表现在他从未真正背离现代主义的根源。他早期对组群形式的强调仍然是贯穿于 20 世纪 60 年代和 70 年代的主题，而事实上，由于他不断融入其他的模式，因此其设计具有一种更为成熟的特性。1966 年，槙文彦在哈佛撰写了一篇文章——《城市中的运动系统》（Movement Systems in the City），在这篇文章中，他认为城市应该为自发性的社会事件营造充满灵感的舞台，从这个意义上来说，他强调建筑师有必要创造一种清晰而富有诗意的迷人的城市空间。[46] 在 1973 年的另一篇文章——《建筑学的环境方法》（An Environmental Approach to Architecture）中，槙文彦不仅强调了建筑与环境的关系，也强调了它的规模、周围环境及象征手法的适当性。[47]

接下来的几年中，他的观点得以持续发展。在 1975 年一篇具有启发性的文章中，槙文彦预测了 20 世纪最后 25 年的建筑面貌，并指出：日本建筑已在 1970 年至 1975 年间经历了一次重大的转变。新陈代谢派的"舱体"建筑以及盛行巨型建筑试验的时代已一

84 去不复返。取而代之的是一种更加内省的官能主义（sensualism）设计，这种倾向的出现也结合了人们对有节制的城市环境的渴望。然而，槙文彦却认为这些趋势将导致非特定功能空间的具体化和外部表达与内部功能的分离，伴随这些动荡时期而来的不确定性也需要回归实用主义和工艺以增强逐渐削弱的自信。[48] 工艺的概念成为这里的关键词，在 1978 年初的"新年致辞"中，他也曾提到这一点，同时他还指出"当前的焦虑似乎引发了一场对传统复兴的兴趣——更关注细节、材料、光、色彩以及各种组合元素的美。"[49]

表面上看，槙文彦思想的转变可能会被解读（像过去那样）为路易斯·康的美学影响与斯卡帕（Scarpa，1906—1978 年）的构造细节的共同作用，但是在进一步解读其建筑作品时，实际上它们表达了一种对竞争观念更夸张的调节。日本筑波大学中心大厦（1972—1980 年）整体呈阶梯式的锥形，它不仅强调了细节设计，而且还强调了全新的"高技"思想与技术。建筑的钢结构支撑着穿孔钢板的各层楼面，内墙是安装在轻钢龙骨上的铸铝面板，外墙由一块块玻璃板置入热压钢架后形成，正如他指出的那样：这是一种有助于"幕墙设计新语汇发展"的方法。[50] 此外，他还提到皮埃尔·夏隆（Pierre Chareau，1883—1950 年）在巴黎设计的"玻璃屋"（Maison de Verre）及其对"机器美学的浪漫情调"的运用，或者说，他这样解释中庭里暴露的钢材："在中庭，建筑内部通过一块正方形玻璃和金属天井而敞向天空，其中还包括一个受构成主义（Constructivism）启发而设计的阶梯。所以机械师最富有活力的想象就体现在这个高耸的金属框架结构中。"[51]

20 世纪 80 年代早期，槙文彦将其对技术的诗意阐释描述为"工业术语"。例如，藤泽体育馆（Fujisawa Gymnasium，1980—1984 年）两个屋顶的"飘浮"外壳是由 0.4 毫米或 1/64 英寸厚的不锈钢制成的，因此这种足够薄的厚度完全可以使屋顶形成褶皱效果。他解释说，随之而来的装饰效果不仅能弥补建筑在失去装饰后产生的"无法忍受的空虚"，而且同时也会"为开阔的屋面带来韵律感和尺度感"。槙文彦进一步指出："当从下面仰视这个大型比赛场的屋顶边缘时，它看上去是透明的，像一只蜻蜓的翅膀"，而同时其屋顶的形状也会使人联想到"中世纪骑士的头盔和宇宙飞船"。[52] 同样的"飘浮"效果也出现在槙文彦设计的华歌尔媒体中心（1982—1985 年，图 4.8）螺

85

图 4.8　槙文彦，华歌尔媒体中心，东京（1982—1985 年）。本图经路易斯·德尔·坎普（Luis Villa del Campo）许可

旋形的铝材立面中，它也因此成为这 10 年中最引人注目的建筑设计之一。这里的铝制面板及其他金属装饰将各种迥然不同的透明与半透明的玻璃板紧密连接在一起，形成了一种颇具层次感的视觉交响乐。这种"细节设计所显示出的高水平"——曾启发了柯林·罗和罗伯特·斯拉茨基关于"透明性"的概念，而"今天，只有当工业技术与对传统工艺的热爱联系在一起时才能达到高水准的细节设计"，对槙文彦来说，这种"透明的浪漫主义"构成了日本对后现代主义的抗拒。[53]

亚历山大的特例

克里斯托弗·亚历山大并不属于这一章的技术范畴之列，但是其作品确实代表了现代主义者对"丧失踪迹"的人类学的思考，而这种思考在 20 世纪 60 年代时上升到如此辉煌的顶点。在这个时代，几乎只有亚历山大不注重创作形式或建筑的象征意义，而是更关注于使用者对建筑的体验。在这种意义上，他于 20 世纪 70 年代后半期出版的著作三部曲不仅质疑了技术作为发展工具的价值，而且也质疑了后现代主义高度概念化的前提。[54]

这三部曲的基础篇是《建筑的永恒之道》(The Timeless way of Building，1979 年)，这本书具有禅意般的文学特征，并对那种"无名的特质"——如活力、完整、美好进行了含糊的描述。在当时，作为一种深奥的体验论的运用，它确实给许多人留下了深刻的印象。在阅读中，读者会发现"永恒"这种特性很少出现在当代建筑的创作中，然而它却更多地体现在历史悠久的建筑和城镇中，对一些人来说，这无疑看上去古色古香或只是怀旧。但这本书具有重要的实证分析及特征，事实上，亚历山大毕生致力于研究成功建筑环境中的"各种居住模式"，如果不那么深奥的话，他的确对此有很多思想丰富的深刻见解。由于采取了表面上的直接观察，现代建筑师的技术和审美直觉已经掩盖了设计中一个至关重要的方面：

> 在有些社会中，人们能营造出生机勃勃的环境，而在另一些社会中，置身其中会感到城镇和建筑的死气沉沉。实际上，这两者之间存在着一个根本区别。[55]

这本书虽然语言质朴，但书中的各种观点对建筑和规划产生了很多影响。在设计建筑或城市时，如何使其生机勃勃而非死气沉沉？建筑或规划如何增强或约束居民的幸福感？相对于大多数建筑师来说，亚历山大在对待那些诸如"美好"的古老观点时，其研究方式显得更为独特，当然这些都可以通过训练获得，但他也强调，正如自然界有其潜在的形态或与生俱来的起到支撑作用的几何结构，因此建筑也应该如此。此时，亚历山大与其他大多数人在理论上的不同之处表现为：他相信这种"生机勃勃"的特性并不存在于形式主义或抽象的理论中，而是存在于人类有机体的基因组中。在当时，其核心是一种设计上的生物学理论，该理论可回溯至 20 世纪 60 年代的认知研究，直到他后来更富有智慧和抱负的著作——《生命现象：秩序的本性》（The Phenomenon of life :Nature of Order，共四册，2001—2004 年）的完成，这一事实才变得不言而喻。

他早期研究的极盛期出现在《建筑模式语言》（A Pattern Language，1977 年）一书中，该书是他与萨拉·石川佳纯及莫里·西尔弗斯坦（Murray Silverstein，1943 年—）通过密切合作而完成的。书中介绍了 253 种模式，可以看出亚历山大所追求的目标并不亚于一本有关设计的综合手册——从城市布局的概述到生活空间的每一个角落。它确实是一项艰巨的任务，再次（尽管在当时存在着伯克利的反文化影响）从散漫的时代进程中脱颖而出。人们可以在一些层面上（其中之一就是作为本土主义者，他对超过四层的建筑所表现出的憎恶情绪）找出这些模式的缺点，但是作者对住宅布局、房间特征、自然光、景观、入口、庭院、花园、社区以及城镇的空间和人类学复杂性的许多观察确实给人以永恒的印象。

在当时社会学的荒野中，一位与亚历山大相隔甚远的同行——建筑师赫曼·赫茨伯格在其本国同胞阿尔多·凡·艾克早期努力的基础上，于 1973 年为荷兰杂志《论坛》（Forum）发行了一期特刊——名为《为更宜人的形式所做的必要准备工作》（Homework for More Hospital Form）。[56] 针对现代城市的失败和已经导致普遍不适的冷漠而僵硬的建筑形式，赫茨伯格均给予了相当广泛的批判。他通过提建议的方式对其进行了反击，除此之外，他认为应该更加尊重现有的城市结构，应该为确定更真实的"建筑形式"（arch-forms）付出真诚的努力，应将较大的建筑形式拆分成几种小的形式，也应提倡一种开放式的空间设计，居住者可以随时间的推移对其进行改变或调整。

随后，同样在 1973 年，哈桑·法赛（Hassan Fathy，1900—1989 年）[①] 出版了《穷人的建筑》（Architecture for the Poor）第二版。[57] 这位埃及建筑师最初在西方的实践中接受过训练，但 20 世纪 30 年代末期，他已在埃及看到了现代主义的失败——这表现在它不仅使传统形式受到严重破坏，而且还缺乏随气候变化进行相应调控的策略以及对生活空间的文化等级漠不关心。战争年代，法赛开始致力于新左尔纳的努比亚村（the Nubian village of the New Gourna）的建筑设计工作，在那里，他完全拒绝使用现代主义的设计语汇，转而运用泥砖结构，当地的拱顶建造技术，传统的遮阳和通风手段以及历史上的传统庭院。他认为，这样做的结果不仅使正渴望挽救濒临灭绝的传统遗迹的人们感到快乐，而且也形成了局部以更人性化的、更舒适的"现代"住宅方案为原则而设计的建筑。尽管在若干年内人们并不会意识到其全部的影响，但是法赛采取本土技术设计建筑的案例还是引人注目的，这表明了他公然反现代的立场。

---

① 埃及建筑师，由于他的人文主义思想和对穷人住宅问题的贡献，1983 年他被国际建筑师协会（U.I.A）授予金质奖章。法赛使用古老的设计方法和传统材料将自己对埃及乡村经济状况的了解融入到建筑设计中，他训练当地居民如何制造材料，建造建筑，努力以最低的耗费创造最生态的环境，以此促进乡村的经济发展和居民的生活水平。——译者注

第二部分　20 世纪 80 年代

第 5 章　后现代主义和批判的地域主义

进一步明确后现代主义

　　尽管最初存在着阻力，但是到 20 世纪 80 年代，尤其是这 10 年中的前 5 年，后现代主义中的历史学派仍旧赢得了人们的好感。随着这一运动的不断发展，它其中的各种不同组合也拓展开来。在美洲大陆，罗伯特·文丘里、查尔斯·穆尔和罗伯特·斯特恩充分运用历史和嘲讽的民粹主义观念，形成了一支成长中的建筑师骨干队伍，而到目前为止，前面提及的这几位"白人"已经明确了他们各自的发展道路。迈克·格雷夫斯从波特兰大厦和圣胡安 – 卡皮斯特拉诺的公共图书馆（这两座建筑均始建于 1980 年）开始就创造出了一种具有高度象征性的折中主义的设计语言，且这种设计几乎是如画般地出现在其历史作用下的调色板上。理查德·迈耶在设计法兰克福装饰艺术博物馆（1979—1985 年）时，可能坚持了他的白色语言，但在设计布里奇波特中心（1984—1989 年）时，他在建筑塔楼的外立面上全部覆以灰色陶瓷面板和红色花岗石，从而超越了他运用色彩的极限。在芝加哥，斯坦利·泰格曼、托马斯·彼比（Thomas Beeby，1941 年—）和赫尔穆特·扬（Helmut Jahn，1946 年—）经常使用一种具有高度戏谑（ironic）意味的历史片段。同时，在洛杉矶还出现了一个新的、颇具才华的建筑学派，这一学派由艾瑞克·欧文·莫斯（Eric Owen Moss，1943 年—）、汤姆·梅恩（Thom Mayne，1944 年—）、迈克尔·罗汤第（Michael Rotondi）以及后来的富兰克林·以斯列（Franklin Israel）所领导，其设计作品充满趣味，设计手法随意而毫无顾忌，材料运用基于雕塑风格，与弗兰克·盖里当时正在演变中的设计作品互为补充。

　　在许多欧洲圈子中，阿尔多·罗西和 O · M · 翁格尔斯的理性原则依旧具有强大的影响力，但这一运动还是被马里奥·博塔（Mario Botta）的准地域主义（quasi-regionalism），或者说被布鲁诺·雷克林（Bruno Reichlin）和法比欧·莱因哈特（Fabio Reinhart）彻底的古典主义进一步削弱。克里斯蒂安·德·鲍赞巴克（Christian de Portzamparc，1944 年—）和里卡多·博菲尔在 20 世纪 80 年代的作品中也呈现出了一种夸张的古典主义，然而他们仅仅获得了几次可数的成功。同时，在维也纳，汉斯·霍莱因通过自己的奇思妙想创造出了一种极具个性的风格，而在英国，詹姆斯·斯特林也从自己的积累出发从事着同样的创作。在意大利，保罗·波托盖希则利用他在巴洛克建筑方面的渊博知识进行创作，这种时尚的巴洛克建筑更加精致，给人以视觉上更丰富的空间体验，有时抽象，有时在它们的历史序曲中又富于暗示性。欧洲历史遗产的紧迫性确实引起了许多建筑师的强烈共鸣，这一点我们可以从埃米利奥·安巴兹（Emilio Ambasz，1943 年—）和弗里奥·依瑞斯（Fulvio Irace）在 1982 年举办的纽约展览会略知一二，这两位建筑师从那些看似久远的来源中找到了后现代主义运用圆柱、山墙和球体的先例——如 20 世纪 20 年代和 30 年代，米兰受巴洛克艺术启发而建造的一些公寓式住宅。[1]

在其基础理论的影响下，后现代主义于 20 世纪 80 年代得以发展。在这 10 年的初期，学生编辑们以简明扼要的社论《超越现代运动》（Beyond the Modern Movement）推出了《哈佛建筑评论》（Harvard Architectural Review）的创刊号。从一个较为狭隘的角度来看，他们通过以下五种特征——运用历史、文化隐喻主义、反乌托邦主义、城市设计、文脉主义以及对形式的关注而为后现代主义现象下了定义。每一种特征都得以详细阐述。例如，他们将文化隐喻主义定义为"引入现存的符号和表达方式，让更广泛的人类群体所理解和接受，从而使其进入建筑领域"。[2]通过对形式的关注，他们决定削弱对方案的强调，回归对称，更偏爱封闭和静态的空间而非开放空间，接受装饰，着手探索绘画的具象价值。

在同一期《哈佛建筑评论》上，斯特恩发表了《后现代的双重性》（The Doubles of Post-Modern），在文章中，他认为像现代主义这样的新运动目前分为两大阵营：一种是"图解的"（schematic），他们坚持认为"已与西方人文主义彻底脱离"；另一种是"传统的"，他们认可"西方人文主义的持续发展"。这两种观点主要分别通过彼得·埃森曼和迈克尔·格雷夫斯的作品现出来。他还根据他们对现代主义的态度，进一步将每一组分为两类。与埃森曼反人文主义、反历史的态度有所不同，斯特恩为"传统的后现代主义"而辩护——也就是说，持这一观点的人想要彻底从现代主义中分离出来，但是同时又将现代主义视为西方人文主义的有效来源。后现代主义的这种形式也以新文化的觉悟纠正了现代主义在社会和技术方面的失误；与此同时，由于它具有多元化的大众支持，因此并没有表现出现代主义"虚假而庞大的"立面。[3]

1982 年，格雷夫斯发表了他作品中第一篇重要的专题论文——《具象建筑的实例》（The Case for Figurative Architure），从中可以看到他界定后现代主义的另一次尝试。在这里，他以标准语言和诗意语言的文学类比来揭示现代主义和后现代主义建筑的区别。如果就具有机械隐喻的现代建筑而言，它受到广泛关注的是技术性的和计划性（programmatic）的表达，同时它还拒绝文化表征的任何形式，提倡运用抽象的几何语言，而具象建筑则是一种尝试重新探索——相比之下——基于自然和拟人化的象征主义之上的一种诗意形式。这是对建筑元素（墙和窗户）及空间的忠实表达——正如站在帕拉第奥的圆厅别墅（Villa Rotunda）的中央大厅与站在密斯·凡·德·罗的巴塞罗那世博会德国馆那些随处可见的抽象的散布空间中感受并不相同，通过比较这两种迥然不同的体验，可以感受到这种忠实性的存在。因此对于格雷夫斯来说，后现代主义无异于是对现代建筑缺乏人性内容的一次必要修正，在这里"我们重建由自身文化创造出来的各种主题间的关联，以便使建筑文化可以完全反映社会对神话与仪式的渴望"。[4]

与这种定义不同，我们也许还可以考虑查尔斯·詹克斯在其后续研究《什么是后现代主义？》（What is Post-Modernism?）中提出的观点。詹克斯仍然为后现代主义划时代的重要性而大力鼓吹，并重申他在1984年提出的早期理念——"双重译码：将现代技术和其余的一些东西（通常是传统建筑）结合起来，使建筑艺术既能与大众沟通，也可以与少数建筑师对话。"[5]通过对比，他将现代主义定义为"一种普遍的国际风格，它源于新的建造方法，适合于新的工业社会，并以社会改革为目标，而这既体现在作品的格调上，也体现在社会组成上。"[6]

当时，詹克斯对这个运动的评价多少是有进步性的。首先，他分离出了后现代主义的两条主线，它们分别由詹姆斯·斯特林和莱昂·克里尔的作品所代表——尽管他承认后者实际上仅仅是"接近"后现代主义。[7]然而，在这些线索之后还存在着构成后现代主义大调色板的六个主要传统：历史主义（Historicism）、直接复古主义（Straight Revivalism）、新乡土派（Neo-Vernacular）、特定的都市主义（Adhoc Urbanism）、隐喻与形而上学（Metaphor and Metaphysics）以及后现代空间（Postmodern Space）。这些多重背景促使詹克斯将一大批建筑师归入后现代主义者之列：彼得·埃森曼、弗兰克·盖里、雷姆·库哈斯、季米特里·波尔菲里奥斯（Dimitri Porphyrios，1949年—）[①]、阿尔多·凡·艾克、约瑟夫·克莱修斯及伊东丰雄（Toyo Ito）。詹克斯喜欢将那些作品代表着"晚期现代主义"（Late-Modernism）的建筑师群体排除到这一类别之外，也就是说，这种建筑"在社会意识形态上奉行实用主义和技术专家治国论，大约从1960年开始，它将现代主义的许多风格理念和价值推向极端以复兴一种无趣（或刻板）的语言"。[8]这一群体的成员包括：诺曼·福斯特、皮亚诺和罗杰斯、伯纳德·屈米（Bernard Tschumi）以及当时还未被命名的"美国解构主义者"。

几年后，詹克斯在1989年将一个新的章节添加到了书中，通过对后现代主义的讨论，他几乎以经典的黑格尔语言对其进行了总结，并认为出于更为根本的社会和生态关系考虑，某种东西必须辩证地发展。他用照片来说明那些还未实现工业化的国家必须首先通过现代主义阶段以达到更高级的后现代主义的稳定水平，詹克斯强调由于生态圈的退化以及现代化进程中局限的全球意识所造成的后果，这种"范式的转变"可能将在千禧年末如期而至。[9]对于詹克斯而言，这种后现代主义的影响仍然意义深远。

德国批评家亨里希·克洛茨（Henrich Klotz）认为后现代主义的前景并不乐观，1987年，他为早在3年前就出版的《现代和后现代》（Moderne und Postmoderne）[被翻译为《后现代建筑的历史》（The History of Postmodern Architecture）]的美国版本增加了附言。那个年代，在看待后现代主义的未来这一问题上，克洛茨的确表现出犹豫不决。一方面，他对

94

---

① 希腊建筑师兼作家。他在伦敦开展建筑设计业务，并且还是波尔菲里奥斯合伙公司的首席建筑师。——译者注

许多设计中"装饰点缀"和"包装美学"的"确实肤浅"提出了批评；另一方面，他也为许多公共项目的成功而兴奋，比如斯特林的斯图加特新画廊（new gallery in Stuttgart）、拉斐尔·莫内奥在西班牙梅里达的罗马艺术博物馆以及矶崎新的日本群马美术馆。[10] 当他认识到历历在目的就是后现代主义"历史辩证法"的衰退趋势时，他同时也被当下的趋势（例如雷姆·库哈斯对现代主义过激的嘲讽态度）所困扰。如果并不矛盾的话，那么他的结论是相当谨慎的："如此大胆冒险的结果——试着与历史风格取得一致并仍然活在当下——势必导致向世人宣称'后现代主义终结'。最后一步似乎已经达到了，然而还有很多要做"。[11]

后现代主义的对立面

随着这 10 年的不断发展，反对后现代的趋势也日甚一日。阿尔多·凡·艾克是更为固执的早期批评家之一，20 世纪 50 年代后期，他强烈反对极端现代主义的唯理论。1981 年，英国皇家建筑师学会（RIBA）举办了一场主题演讲，凡·艾克在发表讲话时认为协会杂志有些不切实际的说法，譬如它"咄咄逼人地攻击后现代主义和那些正企图取代功能主义的所有建筑风格。"[12] 造成他此番评论的诱因据称是莱昂·克里尔关于这一"畸形时代"之悲剧的言论——这里暗指勒·柯布西耶、雷纳·班纳姆、西格弗里德·吉迪恩、史密森和凡·艾克的现代主义时期。[13] 凡·艾克以最尖锐的字眼为他基于人文主义之上的现代主义传统解读而辩护，但这也消耗了他自己很多的精力。他用首字母缩写"RPP"来表示后现代主义——这是"老鼠，海报和害虫"（Rats，Posts and Pests）的缩写——他以犀利的言辞作为回应：

> 我认为 RPP 大多数夸张的怪念头和色情文学一样陈腐，并且毫无创新力。此外，更糟糕的是：反常规——愈发地反常规——在他们手中表现得令人反感。但真正让我感到愤怒的不只是他们带着荒谬、讽刺、陈词滥调、无条理以及矛盾的那些小小挑逗，而是在于这种丑陋的东西是一些故意令人不安的、夸大其词的、纠缠不清的基本要素的随意组合。谁还会想到有一天建筑不是通过缓解内在压力而促进人们的归属感，而是反抗任何可能的逻辑，并故意破坏这种归属感。[14]

在紧随这一期之后的下一期杂志中，杰弗里·布罗德本特用一篇文章《回击害虫》（The Pests Strike Back!）来回应凡·艾克，在文章中，他为后现代主义建筑师辩护，称他们创造了一种"舒适的、人性化的、经济的并且真正具有功能性的建筑，"而那些"机械美学"是永远无法达到的。"后一类建筑师以斗争和讨伐来对抗不情愿的公众"，他继续说道："但最重要的是'老鼠，海报和害虫'都想得到别人的喜欢。它们想做些一般人都会喜欢的事，因此我们需要比像凡·艾克这样的建筑师所阐述的理由还要好得多的理由，凡·艾克是那种为了拒绝后现代而支持 20 世纪 20 年代建筑的建筑师，而这种所谓的'功能主义'实际上功能非常差劲。"[15]

　　20 世纪 80 年代，另一位突出的对后现代主义运动一般持批评态度的著名建筑师是《美屋》的编辑维托里奥·格雷戈蒂。虽然他也一直冷眼静看 20 世纪 60 年代教条的现代主义，但是后来格雷戈蒂既反对罗西学派的理性主义，也反对以社会关注为代价的他称之为"痴迷历史"的后现代主义。"建筑不能只靠反映自己的问题，利用自己的传统而存在，"他写道："即使一些专业手段要求作为一门学科的建筑只能存在于那种传统中。"[16]

　　而另一个关于后现代的争论焦点则集中在约瑟夫·克莱修斯的作品——即柏林 IBA 或称之为国际建筑展（图 5.1）。① 这次大规模的住宅和修复计划源于柏林政府在 1977 年的提议——即计划投资一个较大的住宅展，这在某种程度上也是庆祝 1927 年魏森霍夫展举办 50 周年。克莱修斯及其他人领导的反对派介入这一项目，他们在拒绝单一住宅区开发理念的同时主张针对那些分散在城市中，经历战争后仍旧伤痕累累的一些区域——尤其是位于柏林墙附近的区域启动一系列的重建项目。此时，克莱修斯负责管理一个为建设新项目而设立的由许多建筑师和规划师组成的理事会，并通过竞赛、展览及研讨会的

96

图 5.1　罗布·克里尔，国际建筑展（IBA Housing）入口，南蒂尔加滕（South Tiergarten），柏林（1980—1985 年）。本图来自作者

---

①　国际建筑展（IBA），德文全称叫 "Internationale Bauausstellung"，是由德国北莱茵 - 威斯特法伦州政府策划并制定的一个持续 10 年的计划（1989—1999 年），目的是重建位于重工业区中心 20 英里 ×50 英里范围的工业衰败地带，并使 5000 多英亩的棕地（棕地是指被遗弃，闲置或不再使用的前工业和商业用地及设施）得到再生。——译者注

方式为建设项目提供多层面的策略。在他的努力下，南蒂尔加滕①、南腓特烈施塔特、布拉格广场以及特格尔的边远郊区建造了几百个住宅单元。大量的国际建筑师参与了其中许多项目的设计，他们是：查尔斯·穆尔、罗布·克里尔、汉斯·霍莱因、O·M·翁格尔斯、詹姆斯·斯特林、维托里奥·格雷戈蒂、阿尔多·罗西、赫曼·赫茨伯格、约翰·海杜克以及库哈斯。

克莱修斯为这些项目所奠定的理论基础使建筑师们兴趣盎然地为之付出努力。当这些建筑师得以在一定程度上自由地尝试不同的解决方案时，作为一个认同理性主义运动的建筑师，克莱修斯强烈主张"批判性的重建"——也就是说，其设计既具有创新性，又体现了对柏林地方"记忆"的尊重，与此同时，还明确表达了"一种可以被广泛理解的语言"。[17]这种方法拒绝采用德国战后数年中流行的"塔楼"方案，也拒绝采用德国一些住宅房地产中像兵营一样的公寓大楼；它更倾向于重构战前的街道体系，混合分区制，绿色庭院，并且重新关注了 19 世纪早期的邻里规模。在这种意义上，IBA 的指导方针既可视为对后现代主义的接受，也可视为对它的否定，或者还可将其视为是后现代主义和当时正在发展中的另一种地域主义前沿之间的交叉点。

批判的地域主义和现象学

地域性现代主义的思想和现代主义本身的存在时间一样长。在 19 世纪 90 年代后期，德国理论家理查德·施特赖特尔（Richard Streiter）就倡导那种能够考虑当地环境和建筑传统的现代主义。[18]大约与此同时，弗兰克·劳埃德·赖特也正在探索他"草原风格"的设计原则，这被视为基于特定地理环境条件之上的一种风格。20 世纪早期，另一种地域性的现代主义在加利福尼亚州一些建筑师的作品中生根，他们是：伯纳德·梅贝克（Bernard Meybeck, 1862—1957 年）、格林兄弟（Greene & Greene）、威利斯·波尔克（Willis Polk）、迈伦·亨特（Myron Hunt）以及欧文·吉尔（Irving Gill）。在 20 世纪 20 年代，地域性思想也受到刘易斯·芒福德、本顿·麦凯（Benton MacKaye）、查尔斯·惠特克（Charles Whitaker）以及其他一些与美国区域规划协会（RPAA）有关联的人的支持。通过对比可以看出，1925 年后欧洲和美国的现代主义——紧接着是 1927 年的魏森霍夫展，其次是 1932 年在现代艺术博物馆举办的"现代建筑：国际展览"——在很大程度上成为甄别合乎条件的建筑形式的范围的一个过程，或者成为确定哪种形式能够被视为普遍的国际化风格的一个过程。在第二次世界大战前的欧洲国家中，意大利绞尽脑汁试图解决自身的历史传统与阳光充足的问题，成为极少的例外之一。

---

① 蒂尔加滕（德语：Tiergarten）是德国首都柏林米特区下辖的一个分区。2001 年柏林行政区划改革之前的蒂尔加滕区，包括了蒂尔加滕以及汉萨区和莫阿比特区。如今，"蒂尔加滕"这个名称，在不同语境中可以代指行政区划改革之前的蒂尔加滕区，也可代指改革之后的蒂尔加滕区，同时也是区内大蒂尔加滕公园的名称。大蒂尔加滕公园以南的一片地区，旧时也被称为"南蒂尔加滕"（Tiergarten-Süd）。——译者注

　　然而，美国地域性现代主义的思想从未受到过削弱。在美国现代主义的最早记录中，《美国现代住宅》(The Modern House in America，1940 年) 可谓是其中之一，詹姆斯和凯瑟琳·莫罗·福特 (Katherine Morrow Ford) 认为美国的现代主义是以其地域现象为特点的，而这一特点也是由这个国家地理和气候的多样性形成的。[19] 一年之后，凯瑟琳·福特明确提出了七种美国现代主义的地域风格，它们分别是：新英格兰、宾夕法尼亚、佛罗里达、北美五大湖、亚利桑那、西北地区和加利福尼亚。[20] 其中，加利福尼亚风格无疑是最显著的，这也应归功于以下的第一代和第二代现代主义者们的作品，他们分别是：鲁道夫·申德勒 (Rudolf Schindler)、理查德·诺伊特拉 (Richard Neutra)、威廉·沃斯特 (William Wurster)、格雷戈里·艾恩 (Gregory Ain)、拉斐尔·索里亚诺 (Raphael Soriano)、哈韦尔·汉密尔顿·哈里斯 (Harwell Hamilton Harris) 和约瑟夫·艾斯瑞克。

98

　　地域主义思想仅在 20 世纪 40 年代末和 50 年代初得到了加强，即使纽约现代艺术博物馆继续为维护欧洲现代主义的利益而游说——第一次是 1938 年关于沃尔特·格罗皮乌斯和包豪斯的展览，第二次是 1947 年关于密斯·凡·德·罗的展览。最后一次也发生在同一年，刘易斯·芒福德在《纽约客》(New Yorker)① 上发表的一篇文章——《海湾地域风格》(Bay Region Style)，触动了这种现代主义建筑风格的痛处。正如我们之前看到的那样，这个博物馆用一场名为 "现代主义建筑正在经历着什么变化？" 的研讨会来回应此事。[21] 20 世纪 50 年代初期，这件事不时地会引发美国一些建筑杂志的激烈争论，伊丽莎白·戈登 (Elizabeth Gordon) 和约瑟夫·巴里 (Joseph Barry) 及其他一些人赞同以美国地域主义为未来设计发展的目标，以明确区别北美与欧洲在文化上的差异。[22] 这场争论只在 50 年代中期平息过一段时间，此时由于哈韦尔·哈里斯与这两个阵营中的人都保持着较亲密的关系，所以他试图用积极的 "自由的地域主义" 来反对不够成熟的 "有限的地域主义"，从而调节争端。[23] 后者以带有地方性的态度压抑着创作的冲动，而自由的地域主义则以现代主义的全球性视野调节或补充着地域主义的未来。

　　同样在这些年中，欧洲也经历了一场类似的讨论，尽管对立双方的矛盾并不是很尖锐。1947 年，英国批评家 J·M·理查兹在报道斯堪的纳维亚地区近期的建筑趋势时，指出了建筑师们愈发不正规的创作手法，如他们对自然材料的运用以及住宅与自然环境的融合。所有的一切对当时提倡使用混凝土和其他工业材料的理查兹来说都很奇怪，他称这种现象为 "新经验主义"。[24] 1949 年，在贝加莫② 的国际现代建筑协会上，布鲁诺·赛维 (Bruno Zevi，1918—2000 年)③ 不仅赞同新经验主义的地域性变化，也赞同弗兰克·劳埃德·赖

---

① 也译作《纽约人》，是一份美国知识、文艺类的综合杂志，内容覆盖新闻报道、文艺评论、散文、漫画、诗歌、小说以及纽约文化生活动向等。它不是完全的新闻杂志，然而对美国和国际政治、社会重大事件的深度报道是其特色之一。——译者注
② 意大利北部的一个城市。——译者注
③ 意大利建筑师、历史学家、教授、策展人、作家和编辑。他曾直言不讳地对当时奉为经典的现代建筑以及后现代主义提出批评。——译者注

特的创作，此外他还谴责国际现代建筑协会长期被勒·柯布西耶、沃尔特·格罗皮乌斯以及西格弗里德·吉迪恩这些理性主义者的现代主义设想所主导。[25]吉迪恩或许多少是为了回应这些攻击，几年后，他也开始提出自己关于地域性现代主义的构想。[26]但是这一让步，并没有阻止在荷兰奥特洛举办的第 59 次国际现代建筑协会会议上一场争辩的爆发，当时厄内斯托·罗杰斯为了维护自己的观点而被迫与地域主义的指责相对抗。

因此，我们不应对 1981 年那两篇文章中再次出现的地域性现代主义之争感到十分惊奇。在第一篇文章《地域主义的问题》[Der Frage des Regionalismus（The question of regionalism）]中，亚历山大·佐尼斯（Alexander Tzonis）、利亚纳·勒费夫尔（Liane Lefaivre）、安东尼·阿方辛（Anthony Alfonsin）讲述了围绕芒福德 1947 年的文章而展开的早期辩论，同时还提出以地域性建筑来批判后现代主义的思想，因为这在他们看来只是一种对历史主题的肤浅关注。[27]第二篇文章是为希腊杂志《希腊建筑》（Architecture in Greece）而写的，佐尼斯和勒费夫尔吸收了哈里斯的"自由"（liberation）主题，通过三个世纪的进程分析出希腊地域主义的三种类型。第一个阶段与 18 世纪的民族主义情绪相联系；第二个阶段是继 1821 年希腊独立战争之后，源于德国新古典主义的地域主义；第三个阶段的地域主义——他们称之为"批判的地域主义"——源于很多希腊建筑师对从 20 世纪 50 年代教条的现代主义中解放出来的渴望。其中的一个诠释者就是季米特里斯·匹基奥尼丝（Dimitris Pikionis），他通过在人文主义方面的努力突破了现代主义"抽象而普遍的形式"以及"技术展示和创作构想"，难怪佐尼斯和勒费夫尔将他的建筑与凡·艾克和"十次小组"（Team X）的建筑相提并论。[28]季米特里斯和苏珊娜·安托亚科斯（Susana Antonakakis）的作品——尤其是他们对小路和阶地的运用（基于对希腊本国案例的研究）不仅重申了"建筑是社会环境下的文化客体"，而且也为 20 世纪 70 年代后期理性主义者的类型学提供了一种选择。[29]因此，批判的地域主义在鼓励人文主义的同时也反对即将得到认可的历史主义的形式。

佐尼斯、勒费夫尔以及阿方辛的辩论在 20 世纪 80 年代早期的社会环境中颇具影响力，他们的逻辑并不亚于肯尼思·弗兰姆普敦。正如我们所看到的那样，后者已经追溯到"纽约五人"和"城市与建筑研究院"（IAUS），并且还一直是文丘里与斯科特·布朗设计作品的批评者。然而，在其思想中，关键的一点是在他的推动下，1974 年 10 月发行了他主编的杂志《反对派》的第一期，并赋之以"读海德格尔"（On Reading Heidegger）的标题。[30]

弗兰姆普敦大受吸引，尤其是被马丁·海德格尔（Martin Heidegger）写于 1951 年的文章《建筑，居住，思考》（Building Dwelling Thinking）所深深打动。[31]海德格尔是一位德国哲学家，他是埃德蒙德·胡塞尔（Edmund Husserl，1859—1938 年）的门徒。胡塞尔创立了现象学的哲学学派，他在最初试图通过严格的描述"事物本身"——即我们在每天生活的世界中感到的各种体验，从而打破了 19 世纪唯心主义哲学的抽象。现象学并没有将这种感受视为一种抽象的概念，但总是将其看作是对某种事物的"意识"（consciousness of），因此这种事物渗透着使我们的感知行为得以恢复的情绪、感情和意义的语境层面。在他后来的文章《建筑,居住,思考》中,海德格尔还思考了德语词"bauen"
[建造(to build)],古代德语"buan"[居住(to dwell)]与"ich bin"[我是(I am)]的
词源学联系,由此他得出结论:建造是居住的本质形式。在本质上,建造和居住是一个"地
方"或为人类记忆营造的场所的明朗化,它像桥一样将曲折溪流附近的土地和风景聚集
起来。海德格尔曾强烈反对技术的影响,为"无根的西方思想"深感忧伤,这种思想始
于看上去幼稚,然而却抽象的希腊词语的拉丁语翻译,通过这种翻译,语言本身丧失了
它的许多具体性。[32] 例如,英语单词"空间"(space)源于拉丁语"spatium",它作为概
念已经远离了感性的体验。通过对比,德语词中的"空间"是"raum",它与英语中的"空
间"(room)一词相关联,是"场所"(place)一词的物质性表述。

　　与"space"相比,弗兰姆普敦也更喜欢用"place",并以此作为对抗符号学混乱概
念的一种途径。他还关注一些更具有描写性的建筑领域使用的德语词——从字面上看,
"baukunst"一词是"建筑的艺术"——因为它暗示以一种更具体的方式来思考建筑。在
他看来,如果"建筑"(architecture)一词的抽象概念会导致"精英主义的卡律布迪斯①"(以
形式主义的方法剥夺了对生态、社会或地志学②的思考),则"空间"(space)一词的抽象
概念会造成"平民主义的锡拉巨岩"(Scylla of populism)[梅尔文·韦伯、文丘里以及商
业街的"非场所"(non-place)][33]。相反地,重新回归建筑中的"场所"主题,不仅要真
诚地关注建筑构造的艺术,还要确认建筑师在设计中最终提供了那个"公共领域"。因此,
在这篇文章中,弗兰姆普敦首次假设了他的"场所,生成和自然"(place, production,
and nature)的准则,并以此作为设计中一个更生动的"自我平衡的稳定状态"。[34]

　　当然,弗兰姆普敦对"场所"的关注,在那个年代也不是一种全新的思想。像阿尔
多·凡·艾克、路易斯·康、肯特·布卢默(Kent C. Bloomer)和查尔斯·穆尔这样的建
筑师也很早就重视"场所"这个词,但当时并没有现象学的理论支持。在最后一点上,
克里斯蒂安·诺伯格－舒尔茨也领先弗兰姆普敦很多年。20 世纪 60 年代,在涉足符号学
的研究圈后,这位挪威建筑师在这个年代接近尾声时,开始拒绝使用符号学,转而支持
一种更合理的现象学方法。在他献给朋友波托盖希的著作《存在,空间与建筑》(Existence,
Space and Architecture,1971 年)中,他把自己的"新方法"明确地说成是和现象学一样,
并区别于同期亚历山大、文丘里及其他人的成就。[35] 然后,他还继续区分了至少六种空
间:实际的、知觉的、认知的、抽象的、存在的和建筑的。最后两种形式是诺伯格－舒
尔茨的主要兴趣所在,因为他主要的观点阐述的是建筑空间使存在空间"具体化"——
也就是说,这是一种形成那些空间特征——场所/节点,小路/轴线,领域/区域的象

101

---

① 卡律布迪斯(Charybdis)是希腊神话中海王波塞冬与大地女神该亚的女儿,她是女妖锡拉对面的大漩
　涡怪,会吞噬所有经过的东西,包括船只。——译者注
② 按地理要素描述区域特征的地理学分支。古希腊时代称为描述地理学,欧美地理学家在 17—19 世纪
　时曾用这一名词作为记载和描述一个地区地理状况的科学,一般可看作是早期区域地理学的别称。——
　译者注

征形式，它们体现在景观、小镇以及独立住宅的多种存在尺度中。[36] 他的结论是：我们从建筑空间中得到的应该是"可以为认同提供丰富可能性的意象结构"。[37] 诺伯格－舒尔茨后来在他的两本书中拓展了他的论点，这两本书是《西方建筑的意义》（Meaning in Western Architecture，1975 年）和《场所精神——迈向建筑现象学》（Genius Loci: Towards a Phenomenology of Architecture）。[38]

基于此，弗兰姆普敦在 1983 年的文章《走向批判的地域主义：抵抗建筑学的六要点》（Towards a Critical Regionalism: Six Point for an Architecture of Resistance）中提出了他批判的地域主义思想。这篇文章的副标题突显了阿多诺和汉娜·阿伦特在他思想中的持续影响，但弗兰姆普敦现在为这种讨论注入了新鲜的血液。他开门见山地先区分了文明（由起推动作用的理由所支配的概念）与文化（一种文明的创造性表达）的异同，文章中他以轻蔑的口吻首先对后现代主义者们的前卫主张展开攻击，而这些后现代主义者们既代表了"自由的现代方案的彻底失败"，也代表了"关键的对手的文化衰退"。[39] 为了反对现在的新先锋主义，他还提议将批判的地域主义作为后卫部队（arrière-garde）或者置于后卫的位置，它能够"解构"文化的表面世界，这种文化除了继承之外，还使得普世文明中积极的或技术的力量得以缓和。

在他看来，批判的地域主义有选择地通过场所形式、地貌、环境、气候、光线、触感和构造形式实现了这些目标。如果场所形式能回溯到他早期对海德格尔的兴趣，通过一定的保守和阻挠策略来抑制变化无常的历史主义，那么对地貌、环境、气候和光线（弗兰姆普敦发现在约恩·伍重和阿尔瓦·阿尔多的建筑中，这些表现得十分明显）的考虑则呼吁人们共同关注十多年来大家一直渴望的生态情感。然而，这些提议中最重要的还是弗兰姆普敦对触感和构造的特别强调。如果前者注意到这样的事实：建筑远非简单的视觉或符号艺术，构造关注的是形式或建造细节，因此它既可以是"游弋于材料，工艺和重力之间的一种潜在方法"，也可以用来"表现结构的诗意，而不是表面的再现"。[40] 通过这种途径，触感和构造既与作为后现代历史主义的布景本质相对抗，也与新兴的解构学派相对抗。[41]

不久，芬兰建筑师尤哈尼·帕拉斯玛（Juhani Pallasmaa，1936 年—）便在这方面追随于弗兰姆普敦。从 20 世纪 60 年代早期开始，帕拉斯玛先后做过教师、博物馆理事和建筑师，因此在设计中，他得以将自己无比尊重的芬兰设计传统与一种老练的国际化手法相结合，这种手法是他在经历了旅行后获得的，通过旅行，他开始质疑当代文化中真实性的缺失，甚至也开始质疑"后现代社会中地域性建筑"持续发展的可能性。[42] 1985 年，他在一篇文章中不无痛惜地指出：现代建筑（与绝大多数的农舍相比）几乎很少具有情感诉求，他将这种失败归结于这几十年中理性主义者对形式主义的迷恋。他信奉"现象学"，并以此为途径寻求更加"真实的艺术作品"，由于现象学的角色对于探索人类现实的深层结构而言显得较为特别，因此用它来清晰地表达"隐喻性的语言会胜过我们对存在的认同"。现象学进一步强调建筑是第一位的，而最重要的是多种感觉的体验（与纯粹视觉或概念上的运用不同），在这方面，它"使我们整个物质和精神的感受性变得敏感"。[43]

帕拉斯玛（反对后现代主义）因而呼吁"第二种现代主义"（Second Modernism）的出现，或者说在设计中，考虑了环境、情感、相对性且包含了地域敏感性的建筑——这些特征可以在巴拉甘（Barragán）、阿尔托、阿尔瓦罗·西扎（Alvaro Siza）、伊姆雷·毛科韦茨（Imre Makovecz）和雷马·皮蒂拉（Reima Pietilä）的建筑中找到。"建筑的人类职责"，他阐述道："不是美化或者使现实世界变得富有人情味，而是开启一片视野，进入到我们感觉中的第二维度，体验各种想象，记忆和梦想的真实。"[44]

梅里达和威尼斯

20 世纪 80 年代中期，还有两件事进一步使讨论变得沉重起来：一件是关于一座建筑，另一件是关于一个展览。这座建筑就是指西班牙梅里达的罗马艺术博物馆（1980—1985 年，图 5.2），由西班牙建筑师约瑟·拉斐尔·莫内奥设计。纳瓦拉[①] 当地人认可了他于 1961 年取得的建筑学位，他还相继在约恩·伍重和弗朗西斯科·哈维尔·萨恩斯·德·奥伊萨（Francisco Javier Sáenz de Oiza, 1918—2000 年）[②] 的事务所工作过。莫内奥在罗马的

图 5.2　约瑟·拉斐尔·莫内奥，梅里达，罗马艺术博物馆（1980—1985 年）。本图由罗米纳·坎纳提供

[①] 纳瓦拉是西班牙北部的一个自治区。它的前身是一个独立王国，1515 年上纳瓦拉与西班牙合并。1589 年，由于国王恩里克三世继承法国王位，成为亨利四世，因此下纳瓦拉与法国合并。——译者注
[②] 是西班牙最富争议、最具冒险精神的建筑师之一。他出生于西班牙纳瓦拉，在马德里受教育。1946 年获得建筑学士学位。他被认为是西班牙现代建筑的导师，曾任马德里建筑学校的名誉教授。他在整个设计生涯中获得了许多重要的奖项。——译者注

西班牙学院学习过两年，这使他有机会接触到布鲁诺·赛维、曼弗雷多·塔夫里和保罗·波托盖希。因此，莫内奥在梅里达的早期职业生涯中被罗西的地域主义思想所吸引，尤其是他那种以类型学的洞察力来分析城市的思想，但他从来也没有去信奉已被自己（甚至更早）称为是罗西的"疏远真实"或（后来的）"专横形式"的思想。[45] 这种对莫内奥的角色的犹豫是有启示作用的，因为他在罗马艺术博物馆的设计中采用了一种与众不同的思考历史与建筑的方式。

乍一看，博物馆的出现似乎是 20 世纪 80 年代早期对后现代历史主义的一个完美诠释。梅里达是一个位于西班牙的罗马小城，事实上，它是罗马帝国末期时在西班牙最大的城镇。这座建筑矗立在考古遗址上，它沿着一条与城市废墟中的道路分布不同的轴线而建造，而其主要空间则表现为建筑内部九片互相平行的墙面，一系列线性的拱桥将这些墙面从不同高度的水平面处切断，以便人流通过。一系列特别高且宽的拱桥顺着建筑的一侧布置，提供了主要的流线，而这与教堂的十字翼并不相同。沿着建筑的一侧，封闭的墙体使这几片平行墙体显得更为突出，同时这些平行的墙体也成为外扶壁。看上去莫内奥仿佛确实是为古罗马城遗址上的建筑建造了一系列具有轻盈拱桥和天窗的罗马墙。

然而，在更进一步地审视时，表面意义逐渐消失了。莫内奥有几次也曾指出：墙体不是严格模仿古罗马的墙（它总是用横墙来支撑）而建的，但是的确也参照了罗马人用混凝土来填充空砖墙的建造方法。他竭尽全力地减小砖块之间的灰缝——首先，这使墙体看上去更加与历史无关（并由此将其从罗马墙体中剔除）；其次，它强调了砖块的实体感。他指出这两个特点让人们以一种更好的心境来欣赏罗马人的考古碎片。[46] 事实上，对于博物馆的来访者而言，该建筑呈现出了两大主题——光和材料。在这些墙体之间，光线的对比尤为生动，有的手工艺品被置于墙体高处进行展示，而有的展品则被置于暗处，低处的气氛几乎像洞穴一样，在这里，城市废墟历历在目。材料的主题通过大面积砖墙带来的纯粹的体积感而得到了清晰有力的表达。这对莫内奥而言意味着"持久"，他明白这一目标会引导他对抗主流："对我来说，这种持久的理念是很有意义的。因为建筑不只是一种思想的成功表达。"[47]

第二件使同时代的讨论变得沉重的事情是 20 世纪 80 年代在威尼斯和米兰举办的展览，而此时梅里达的博物馆正在建造中。这些展览再次引人注目是因为对世俗环境的困惑。展览的焦点——卡洛·斯卡帕早在 6 年前就去世了，而直到这时，他也很少能引起北意大利之外的重视和认可。展览的布局由马里奥·博塔设计，展览及其专题著作——《卡洛·斯卡帕的全部作品》（Carlo Scarpa：The Complete Works）由弗朗西斯科·达尔·科和朱塞佩·马扎瑞尔（Giuseppe Mazzariol）策划并编辑。[48] 几乎在一夜间一个重要的新人物诞生了。

斯卡帕和他的精神导师帕拉第奥一样出生在威尼托①，成长于维琴察②。20 世纪 20 年

---

① 意大利东北部的一个行政区，首府是威尼斯。威尼托拥有丰富的艺术和文化，其中威尼斯的建筑物、桥梁以及很多帕拉第奥式的别墅都具有很高的历史价值。——译者注
② 位于意大利威尼托大区，维琴察省的省会。位于西距米兰 180 公里，东距威尼斯 61 公里的山谷低地处，巴基廖内河流过市区，是意大利重要的工业城市之一。——译者注

代，在结束了威尼斯美术学院的学习后，他于执业之前进入圭多·奇里利（Guido Cirilli）的事务所工作。他早期的设计项目之一就是在 1935—1937 年期间对中世纪的佛斯库利宫（Ca'Foscari）的局部修复。同样在 20 世纪 30 年代，他还开始了与保罗·韦尼尼（Paolo Venini）的玻璃制造公司的长期合作，这家著名的公司位于穆拉诺，斯卡帕在那里领悟到了材料、色彩和细节所具有的特性。第二次世界大战之后，斯卡帕致力于建筑设计，在他的委托项目中有很多都是对博物馆的安置和修复。在这些项目中，有特雷维索的卡诺瓦石膏像画廊（1955—1957 年）扩建，维罗纳的卡斯泰维奇城堡博物馆（1956—1973 年，图 5.3）修复，在后面这个项目中，他完成了对威尼斯奎利尼·斯坦帕里亚基金会底层的改造（1961—1963 年）。这些工作完成后，斯卡帕也获得了以下良好的声誉：擅长营造空间和视觉效果，擅长以一种富于创造性的、精妙的细部设计来发挥材料特性。1956 年，他与路德维克·夸罗尼（Ludovico Quaroni）共同赢得了建筑界的奥利维迪奖，但是他在职业生涯中所取得的最高成就还是布里昂家族的墓园设计，该墓园位于意大利阿尔托佛雷市的圣维托小城，在斯卡帕去世后一年建成。与此同时，这些年中斯卡帕还在威尼斯大学教授绘画及其他课程，因此对很多学生的才智发展产生了影响。

105

鉴于斯卡帕的设计能力，我们也不难理解为什么这个展览及其目录册能如此迅速地吸引全球的关注，但是请不要迷失在这种姗姗来迟的对其才能的认可中，要知道他的设计在这个特殊时期——后现代主义大受追捧之时被人们发现，从而使两者表现出一种特有的和谐。这也让人感到莫名其妙，因为斯卡帕在很多方面是个老派的现代主义者，而他的作品也带有不合时宜的气氛。

斯卡帕的创新能被接受的另一个原因在于其图纸所具有的魅力，但这可以说只是一个主要的特点。他在绘图中既没有采用当时大多数概念设计所选用的轴测图的表现方式，

图 5.3 卡洛·斯卡帕，卡斯泰维奇城堡博物馆，维罗纳（1956—1973 年）。本图由埃文·查克罗福（Evan Chakroff）提供

也没有采用后现代在表现时所惯用的丰富多彩的风格。他们首先设计图纸，也就是说以这个词（working）非技术的感觉来绘图。一些线条可能是用丁字尺借助于彩色铅笔绘制的，表现出楼层平面图或立面图的粗略形象，但一般而言，这些图纸内容是通过绘制很多表现构造细节的小草图来完成的，它们布满了一张张的草图纸——中间、周围，且贯穿平面或立面——仿佛是中世纪的羊皮纸。斯卡帕就是这样一位建筑师，他不仅能像很多建筑师那样同时设计不同规模的建筑，而且还具有一种强烈的创新思想或探索（运用不同的墨水、蜡笔和铅笔）欲望，它们被详尽地描绘并记录在大量的草图纸上，以至于这些图纸最终像是一本大部头的书。

在斯卡帕的作品中，更为引人注目的地方当然是他对光线的运用，但是我们在这里解释其作品的感染力时再次遇到了困难。这不仅是因为众所周知照相机镜头滤去了灯光效果的所有细微差别，而且也是因为意大利东北部在亚得里亚海洋气候和拜占庭建筑风格的感性影响下，每天或每个季节都在不断变换着由多雾湿润的空气所造成的幻觉。例如，在颇有争议的卡诺瓦画廊设计中，斯卡帕将卡诺瓦的几个白色石膏像置于白色墙壁前，悬浮在房间角落上方且凹入的窗户以"蔚蓝的色块"照亮了它们。[49] 在另一个展览中，他试图营造一种漫射光的效果，但却没能使投射至精致画面上的光线变暗，他在这座城市四处搜寻，直到他从缝纫用品店找到了一种合适的有色尼龙衬裙。正如他的图纸一样，这种深思熟虑倡导以一种高度的感官刺激或感性方式来体验建筑。

斯卡帕经常被讨论的建筑还有另外一个特点，这就是他对细节设计的着迷。但是对此又会再次出现各种各样的解释和说明。作为斯卡帕最精明的崇拜者之一，达尔·科发现其设计细节充满"任性"而"奢华的炫耀"，因此认为它们是"反现代"的。正如他继续指出的那样："相反，斯卡帕的建筑所展现出的丰富性正是从涌入其记忆的形式中提取出的。因此，这种奢华显示出了一种与万物之间深厚的亲密之情，难以捉摸，无法复制，同时这也不能保证它自身所拥有的一切可以超越逝去的瞬间。"[50] 马尔科·弗拉斯卡里（Marco Frascari）是斯卡帕从前的一个学生，通过对比，他将斯卡帕对"节点的崇拜"视为"阿尔伯蒂① 在文艺复兴盛期提出的和谐概念的完美实现"，这来自他终身与"威尼斯的石匠、泥瓦匠、木匠、玻璃工人及铁匠的交往。"[51] 这两种诠释都被视为存在于他所收集细节的知名形象的语境中，尤其存在于斯卡帕为布里昂家族设计的墓园的细节中——它们看上去是从汽车发动机、蜡烛店或排气孔的建筑产品样本中选出的。斯卡帕有一个习惯，就是在夜间用手电筒来参观他自己设计但仍处于建造中的建筑，并重点查看细节

---

① 莱昂·巴蒂斯塔·阿尔伯蒂（Leon Battista Alberti, 1404—1472 年）是文艺复兴时期意大利的建筑师、建筑理论家、作家、诗人、哲学家、密码学家。他是当时的一位通才，被誉为是真正代表文艺复兴的建筑师。其著作《论建筑》（1485 年）是当时第一部完整的建筑理论著作，该书将文艺复兴建筑提高到理论的高度，推动了文艺复兴的发展。他在这本书中体现了从人文主义者的角度讨论了建筑的可能性，并提出应该根据欧几里得的数学原理，在圆形、方形等基本几何元素基础上进行合乎比例的重新组合，以找到建筑中"美的黄金分割"。——译者注

的表达。弗拉斯卡里也将这一习惯与那些诠释联系起来。

　　但也许正是这些不切实际的幻想，使斯卡帕极具个性化和地域化的设计在 20 世纪 80 　*107*
年代中期吸引了这么多建筑师的关注。如果曾经有个时代需要骑马周游，为他想象中的
情人和建筑灵感猎奇探险的话，那么这一历史时期确实不现实。斯卡帕对这一时期的贡
献与莫内奥的相类似，这就是他试图提供某种真实性，某种材料，某种能够削弱这一阶
段耀眼光芒的东西。问题只在于：究竟是威尼斯人，还是整个建筑界已变得完全疯狂。

第 6 章　传统主义和新城市主义

建筑学的王子

大约每隔 130 年，英国的建筑理论界就会爆发一次极具争议性的讨论，当然这种讨论不会没有贵族的参与。18 世纪 20 年代，沙夫茨伯里伯爵三世（Third Earl of Shaftesbury，1671—1713 年）① 和伯林顿爵士（Lord Burlington）② 共同以帕拉第奥主义复兴的古典手法遏制了约翰·凡布鲁（John Vanbrugh，1664—1726 年）③ 和尼古拉斯·霍克斯莫尔的巴洛克嗜好。1850 年前后，来势凶猛的"风格之争"在激烈的言语混战中展开，它与"折中主义"相对立，支持工业化 [比如阿尔伯特王子（Prince Albert，1819—1861 年）④]，反对奥古斯塔斯·韦尔比·普金（Augustus Welby Pugin，1812—1852 年）⑤ 和约翰·拉斯金回归中世纪的伪善做法。这样说来，按照次序到 20 世纪 80 年代时，也应该再次出现一场典型的英国辩论。然而，有点不同寻常的是这次大讨论应该是被汉普顿宫一次社会上层范围内的演讲所点燃的——在英国皇家建筑师学会（RIBA）150 周年纪念日的庄严场合下。周三夜晚，人潮涌动，衣着考究的女士们和先生们纵声欢唱，建筑革命很少会在这种情况之前爆发。

尽管现在查尔斯王子（Prince Charles，阿尔伯特王子的玄孙，1948 年—）关于"怪异的粉刺的演讲"（Monstrous Carbuncle Speech）已变得众所周知，但是也不能过高估计它对建筑思想的影响，即使这次演讲在很多方面还是相当谨慎且留有余地的。查尔斯王子在开场白中表达了对查尔斯·科雷亚（Charles Correa，当年的金牌得主）的赞美，而在

---

① 这里指安东尼·阿什利 – 柯柏，他是当时英格兰的政治家、哲学家和作家。——译者注

② 18 世纪初，卡隆·坎贝尔（Colen Campbell）、威廉·肯特（William Kent）和伯林顿勋爵共同领导了英国帕拉第奥主义的复兴，但它们主要局限于国内的建筑上。——译者注

③ 英国建筑师与剧作家，因为设计了布伦亨宫（Blenheim Palace）和霍华德城堡（Castle Howard）而出名。——译者注

④ 全名是弗朗西斯·阿尔伯特·奥古斯都·查尔斯·埃曼纽尔。——译者注

⑤ 19 世纪时的英格兰建筑师、设计师、设计理论家，英国议会大厦重建时，哥特风格的内饰设计是他的代表作之一。——译者注

结尾中则引用了约翰·沃尔夫冈·冯·歌德（Johann Wolfgang von Goethe，1749—1832 年）[1] 所说的"品味"，当然这一请求毫无争议。当查尔斯王子进入他演讲的主体并提及残疾人的无障碍标准时，他认为建筑师需要考虑"普通人"的"情感和愿望"，而且也应考虑同样这些人在"社区设计"中的重要性，他几乎没有引起太多的异议。甚至连他呼吁回归"那些在设计中表达情感的曲线和拱形"可能也会被许多出席的人看作仅仅是一个建筑新手的个人意见。

但王子毫无疑问还期待着随后汉普顿宫大运河上的烟花表演，他像一只狐狸似的一直狡猾地使用这些和蔼可亲的言语。这一天的早些时候，他已将自己的演讲稿全部传送至《泰晤士报》和《卫报》，（一旦传到英国皇家建筑师学会）建筑机构就会想方设法邀请王子"走出宫殿"做不同的演讲。[1] 王子对两个在建方案分别所做的简短评论尤其冒犯了气派十足的整个建筑师群体。其中一个是搁置已久的由密斯·凡·德·罗为府邸广场（Mansion House Square，1964 年）设计的一座塔楼，由于租赁合同的原因，直到 1986 年才安排施工；另一个则是特拉法尔加广场（Trafalgar Square）的国家美术馆扩建方案。这是最终的设计——即阿伦兹（Ahrends）、比东（Burton）和科拉莱克（Koralek）的竞赛获奖方案，查尔斯王子著名的（或者如果你喜欢可以将它称为"声名狼藉"的）演讲将其描述为"一个颇受青睐且举止优雅的朋友脸上长着的怪异粉刺。"[2] 人们必须通过大量阅读建筑史的相关内容才能找到一种可以比作恶劣医疗条件的设计。

正如人们所料，王子的言论在社会上引起了迅速的反应，但却（正如人们不希望的那样）如此醒目地出现在了《泰晤士报》基本适中的几页版面上。这显然已经触动了一根神经。星期五，在这件事结束刚超过 24 小时后，《泰晤士报》已经发表了一篇支持王子的评论，其内容涉及他对现代主义的谴责以及对现代建筑好与坏的鉴别。同时，这篇评论也告诫他不要追求"退回到保护、复制和模仿"的后现代。[3] 此外，在这篇文章中，国家美术馆扩建工程的设计师彼得·阿伦兹（Peter Ahrends）针对王子的言论提出了异议，在从建筑当局将不会受到王子这一比喻过多影响的事实中获得安慰之前，他将王子的这番言论称为"无礼、保守且充满恶意的"。[4] 然而，这种乐观带来了一个问题，在接下来的几周，《泰晤士报》的大多数读者来信不仅支持王子看待这个独特的设计的立场，而且还将这一争论扩大到自第二次世界大战以来令人不愉快的英国建筑。这就好像在大英博物馆地下室的某个地方已发现并开启了潘多拉的盒子。

各方面的意见接踵而至。一个名为西蒙·詹金斯（Simon Jenkins）的记者报道了英国皇家建筑师学会的演说，并承认王子的言论是"缺乏技巧"且"极不礼貌"的，但他不过是为了谴责英国皇家建筑师学会的"伪善"而已，抑或是为了批评那些虚伪的"通常

109

110

---

① 出生于美因河畔的法兰克福，是戏剧家、诗人、自然科学家、文艺理论家和政治人物。歌德是魏玛古典主义最著名的代表。他是德国最伟大的作家，也是世界文学领域最出类拔萃的光辉人物之一。——译者注

居住在舒适的乔治亚风格（Georgian）① 住宅中的建筑师们"，这些建筑师要么"保卫自己野兽派（Brutalist）式的纪念碑——即勾勒出英国大多数城市天际线的塔楼、板楼以及各种综合性的开发项目——要么把错误归咎于公众。"⁵ 詹金斯继续说，如果存在着任何措施可以治愈目前状态下的英国建筑的话，那么这正是英国保护运动的新起点，也是近期昆兰·特里和特里·法雷尔（Terry Farrell，1938 年—）② 运用文脉方法的新起点——一切皆有可能，因为"现代主义运动不仅仅是一个阶段，它是个错误。它是建筑学从风格、政治干涉和自诩的社会工程的分离。"⁶

作为英国皇家建筑师学会的会长，迈克尔·曼瑟（Michael Manser）一周后带着镇定，也许是有点尴尬的神情对此作出了回应。看上去，他们现在希望淡化争议，他还称赞王子引发了这场辩论，但他接下来的这段话还是充满挑战性：

> 在爱德华七世那个时代，那些认为必须制定方法的人要么是老朽，要么是独裁。在一个健康而自由的社会中，存在着能够包容所有观点的空间：现代主义建筑、后现代或拼贴（pastiche）、保护或修复。应该让那些想保护和继续发展现代主义建筑的人们在这一领域获得自由，尽管事实上，这其中有优也有劣。⁷

一场更加英勇地捍卫现代主义的活动由理查德·罗杰斯自愿发起，他最近还完成了伦敦劳埃德大厦（1986 年建成）的设计，最终两者同时受到公众的批评。在说到现代主义的幽灵正在"被一种怀旧的杂乱的浪潮所消灭"时，他为那些失去光环的建筑师们而辩护，如：路易斯·康、阿尔瓦·阿尔托、弗兰克·劳埃德·赖特和勒·柯布西耶（这些建筑师没有受到王子的攻击），同时，他还坚持认为"艺术发展从未驻足不前。即使有民众的理解、参与以及开明的赞助，舆论也未曾独自创造出过一件伟大的艺术作品。"⁸

尽管存在这么多的反击，最初几个回合的辩论（更不用说后面的那些）显然站在王子的一边。1985 年 5 月，拖延已久的密斯的塔楼方案受到了环境部部长帕特里克·詹金（Patrick Jenkin）的阻挠，他恰巧也是前一年王子在英国皇家建筑师学会上发表演说的听众之一。国家美术馆扩建工程也遭遇了同样的命运。阿伦兹、比东和科拉莱克设计的方案通过了第一轮评选，在进一步审查时，他们的方案被否决了。第二个方案在 1984 年提出，

---

① 指大约 1714—1811 年期间流行在欧洲特别是英国的一种建筑风格。这期间大约是乔治一世至乔治四世统治时期，乔治亚风格可能由此得名。它对当时世界建筑风格的形成影响较大。这种风格既具有巴洛克的曲线形态，又具有洛可可的装饰要素。在别墅上，这一风格体现为对称、平衡和细部装饰精美等特点。我们现在看到的传统欧洲的建筑风格基本上都是以乔治亚风格为原型的。——译者注

② 英国的世界级著名建筑师，英国著名城市规划师和建筑大师，英国皇家建筑师学会会员，也是英国著名设计公司 TFP 的创始人，他的设计风格为高技派与后现代主义的结合。在他 35 年的职业生涯中，主持设计了许多著名的建筑，如爱丁堡国际会议中心、香港凌霄阁、首尔仁川国际机场、广州报业文化广场等。——译者注

但也未能通过官僚式的审批。

　　这块地基后来被原来的开发商卖给了一个新主顾——约翰·塞恩斯伯里（John *111*
Sainsbury），他们插手干预并且剔除了作为原始方案一部分的投机性的办公空间。在此基
础上，业主又举办了另一轮小范围的竞赛，最终文丘里和斯科特·布朗及其合伙人建筑
师事务所赢得了桂冠。

主祷文广场的争议

　　与此同时，查尔斯王子继续支持演讲辩论中他这一派的观点，参观选址并会见具有
同样倾向的建筑师。渐渐地他开始着手制作一系列的主题，同时还组织了一场引人注目
的运动。早在 1985 年时，查尔斯王子在"他们自己的建筑师的帮助与专家建议"下，通
过赞扬重建利物浦和麦克莱斯菲尔德几个破败城市社区的规划理念而详细阐明了自己对
于"社区建筑"（community architecture）的观点。[9]查尔斯王子不希望听起来过于温顺，
而后很快就郑重宣布要领导一场代表"普通人"观点的改革运动，并承诺"将抛出一块
谚语中常说的极好的砖穿越那具有自命不凡的职业傲慢且充满诱惑力的平板玻璃。"[10]在
1986 年的一次演讲中，他援引了"和谐的数学法则"[引自 5 世纪的希腊雕刻家波留克列
特斯（Polycleitus）]以及拉斯金对"建筑装饰"的解释，成为针对"在街道模式和建筑高
度中重建人类尺度"这一目标而展开的又一次慷慨激昂的呼吁。[11]最后，1987 年 12 月在
老乔治·丹斯（George Dance the Elder，1695—1768 年）① 府邸举办的另一次众所周知的演
讲中，查尔斯王子还围绕重建主祷文广场（Paternoster Square）的设计竞赛而展开了另一
场辩论。

　　在很多方面，这个关于主祷文广场的辩论可能会被视为近期规划理论中一个更为关
键的事件。[12]这块 7 英亩的城市地块位于庄严的圣保罗大教堂北部，并处于伦敦城的旧
城墙范围内。大教堂本身可以追溯到公元 7 世纪，尽管在历史上它曾毁于火灾，而后又
重建了几次。从 16 世纪的地图上可以看到主祷文区狭窄的街道和密集的中世纪特征，该
地区最初得名于它的念珠制造者，尽管这里后来成为伦敦出版业的中心。1666 年的大火
再次摧毁了大教堂及其周围地区，但到 1715 年时，沿着中世纪的一些基地界线，它们都
一一得以改造。事实上，直到 1940 年 12 月德国空军用燃烧弹袭击这一地区时，主祷文
广场仍基本保持完整。战后，政府官员们作出了一个灾难性的决定——以"现代"规划
原则对这个地区进行重建，之后一批枯燥乏味的由混凝土板制成的建筑（所有人都认为
的那种沉闷）被随意地放置在基地上。[13]大部分建筑物建成于 20 世纪 60 年代初，也就是说，
距离城市和公众舆论一致要求将它们迁移还不到 20 年。 *112*

　　因此，1987 年 6 月时城市与地产开发集团共同决定举办一个小范围的竞赛以便寻找

---

① 英国 18 世纪的建筑师，他自 1735 年开始直至逝世，一直是伦敦的勘测员与建筑师。——译者注

这一地区在重新设计时所应遵循的理念。于是 7 家建筑设计公司受到邀请，他们分别是：SOM、诺曼·福斯特、矶崎新、詹姆斯·斯特林、理查德·罗杰斯、阿鲁普联合设计事务所以及 MJP（MJP Architects: MacCormac，Jamieson，Prichard & Wright）。[14] 竞赛的结果是阿鲁普联合设计事务所和理查德·罗杰斯获胜，这次竞赛的目标并不是产生一个总体规划，而是为规划策略寻求一个合理的概念。7 月时，王子私下展示了这 7 个方案，但他表示他的公司否决了全部方案。

因此，12 月时上演了王子的"府邸演讲"，他并不只是针对这 7 个方案，而是更广泛的关于英国自第二次世界大战以来城市再开发的整个政策。在演讲中，查尔斯王子对《1947 年城乡规划法案》（1947 Town and Country Planning Act）以及大多数战后的规划师、建筑师和开发商都作出了较差的评价，因为所有的这些因素不仅破坏了伦敦的天际线，而且在"办公大楼的拥挤争夺中"还使得圣保罗大教堂的穹顶黯然失色，更为甚者，这些不良因素还将历史上的街巷阡陌之感一扫而光，同时掩盖了主祷文广场的庭院，"而在战后大多数其他的欧洲国家中，这些都会在爱护有加中得以重建。"[15] 他还进一步强调重要历史遗迹附近的新建筑在设计前要经过仔细研究，根据它们的规模和细节制定严格的审美标准，同时还应制定明确的规则来保护伦敦的天际线。他满怀崇敬之情再一次向主祷文地区提出了一个最坚定且意味深长的请求：

> 因此，我希望看到战前主祷文广场改造时的中世纪街道规划，这不是出于纯粹的怀旧，而是像阿门法院（Amen Court）和藏书阁（Chapter House）那样赋予幸存的碎片以内涵，它们如今在那里遭到遗弃，仿佛被逐出的难民正处于被上帝抛弃的建筑荒漠中一样。我希望看到一种屋顶景观，它给人的印象是圣保罗大教堂飘浮在城市的屋顶景观之上，仿佛就像是一艘大船浮在海面上一样。我还想看到雷恩（Wren）[①] 可能已尝试过的各种材料——红砖和石材饰面，古典建筑的装饰物和细节，但在某种程度上，它们应该表现出足够的谦逊以便不削弱圣保罗大教堂的纪念性。[16]

然而，查尔斯王子这一次并没有言行一致。正如查尔斯·詹克斯在报告中所说的那样，王子与莱昂·克里尔、丹·克鲁克尚克（Dan Cruickshank）及约翰·辛普森（John

---

① 这里指克里斯多弗·雷恩爵士（Sir Christopher Wren，1632—1723 年），他是英国天文学家和建筑师。1666 年 9 月，伦敦发生大火，1666 年 10 月，建筑师雷恩爵士提出了全伦敦市的灾后修复方案，但因为受到大地主的反对而未能实现。随后他担任了灾后复兴委员会的要员，大举维护毁损文物，他重建了 51 座教堂，其中的圣保罗大教堂工程从 1675 年开始重建，直到 1710 年才完工，共花费了 75 万英镑。他参与的建筑工程还包括皇家的肯辛顿宫、汉普顿宫、纪念碑、皇家交易所、格林尼治天文台。最后，他在距起火点普丁巷 61 米处设立了一个纪念碑，顶端为火焰装饰围绕的圆球。1723 年他去世后葬于圣保罗大教堂。——译者注

Simpson）在幕后共同努力启动了一项针对这 7 个方案的反对提案，它将由古典主义者辛普森负责实施。[17] 对于这一举措，争论双方的立场众目昭彰，许多建筑师再次感觉到查尔斯王子在风格问题上向某方靠拢，显然已经逾越他的界限。

　　竞赛计划本身对于这一时期是非常有益的。矶崎新和斯特林创作了一种"后现代"蒙太奇的个性单元，而 SOM 和诺曼·福斯特却反对运用仍然处于现代主义设计脉络中的几何图形的策略。MJP 凭借其街道布局，恢复了这一城区的部分原始肌理。至于理查德·罗杰斯则在介于密集建筑空间和大型中央广场这两者之间的问题上取得了一些进展。没有一个提议——在很大程度上是因为租借区域的面积庞大，因而要求通过竞争获得正式委托——过多关注这一城区的历史特征或空间上濒临圣保罗大教堂的特殊性。而且，他们也没有考虑到规模，与环境的协调以及公共空间的层次性。

　　当阿鲁普和约翰·辛普森公布了各自的提案时，所有的这些均在 1988 年春夏之际得以强调。阿鲁普仍然将自己的获胜方案视为一个"进步中的作品"，实际上它产生了三个可供选择的方案：其中一个以紧邻圣保罗大教堂主入口，大小适度的露天剧场为特征，另外两个都包含一个设在原主祷文街所在地附近的弯曲拱廊。[18] 据菲利普·道森（Philip Dowson）所说，所有这三个提案的共同特征是遵循了竞赛评委会的规定，从而将他们的设计想象为一系列的"道路，小巷和广场"，这些城市空间现在开始使一些历史上的街道布局重新发挥作用。[19] 然而，在这方面，阿鲁普则以更谦逊的设计尺度压倒了约翰·辛普森——尤其是他的油画效果图以及具有非凡特征和视觉吸引力的古典设计。辛普森还减少了一些空间机能方面的要求，从而能够恢复为原来的街道和广场布局。阿鲁普以其规模减小的 1988 年11 月最终版本（努力赶上甚至更接近于辛普森的方案）提出反对意见，但该公司在反对王子提出的那些要素上并不成功。1989 年，当新的开发商购买了这块地的所有权后，约翰·辛普森，特里·法雷尔和托马斯·彼比共同被指定为这个城区新的建筑师和规划师。[20]

　　撇开主祷文广场的设计暂且不谈——1987 年围绕查尔斯王子"府邸演讲"而展开的报道将已经吵得沸沸扬扬的建筑辩论进一步推向高潮。伦敦建筑师分为两大阵营：莱昂·克里尔、特里·法雷尔、杰里米·狄克逊（Jeremy Dixon）以及罗德·哈克尼（Rod Hackney）等一致支持查尔斯王子；克里尔在 1988 年进入辩论的最前沿，他的政治观点已经历经多年的发展，此时他接受了康沃尔公爵领地（Duchy of Cornwall，威尔士亲王的私人地产）的委托，负责设计 450 英亩毗邻多切斯特的彭布里新社区。[21] 克里尔以典型的英国村庄为模型在其间建造了一个城镇广场、市场以及几座市民建筑，他还进一步将临近街坊划分成混合使用的社区（包括教育、就业、购物及休闲功能），因此使用者可以较少依赖汽车。他的设计作品吸收了当地居民的观点，因而也成为一项重要的公众成就。

　　但是，对查尔斯王子所发起运动的反对仍在继续加剧。在 1988—1989 年的一段时间内，查尔斯·詹克斯的言论成为伦敦颇受欢迎的一种批判性意见，在这期间，他收回了自己早期对查尔斯王子多元化思想的支持，并指责王子的道德疏忽。[22] 理查德·罗杰斯宣布放弃查尔斯王子的历史怀旧思想以及他的政治主张，因为这种政治主张现在已成为一场充斥着各种政见的斗争。"府邸演讲"后不久，他通过捍卫个人的创造力以及强调建筑师有必要跟上技术变化的步伐来反对王子"严格的古典风格"。[23] 诺曼·福斯特也与王子的这种态度进行了斗争，但他是以一种较为温和的方式展开的。他称赞王子将人民团结起来共同面对环境问题，同时也反对"战后发展中那些令我们震惊的遗留问题"。[24] 与此同时，他还指出世界经济正在变得更加全球化，对英国各个企业而言，关键就是要参与到这种新的现实中。最后，他建议王子应扮演一种类似于 130 年前阿尔伯特亲王的角色，这意味着他要逐渐与皇家美术委员会建立起联系——而不是停下来注意到委员会秘书最近严厉批评了查尔斯王子。[25]

　　然而，查尔斯王子采取了一种更公开的方式。1988 年秋天，他在自己的英国广播公司电视频道（BBC）的纪录片中担任了主角，这部《展望英国》（A Vision of Britain）拍摄得非常成功，以至于在接下来的一年中，它演变为在维多利亚和阿尔伯特博物馆举办的一场大型展览，随之还出版了一本以此为内容的书，其副标题是"个人的建筑观"（A Personal View of Architecture）。这部电视纪录片吸引了 600 万观众观看，同时还收到了 5000 封来信：王子后来夸口说 99% 的观众完全支持他看待此事的观点。[26] 这本书在某些方面取得了更大的成功。不论人们对查尔斯王子的建筑观持以何种态度，凭借该书所收集到的众多图像、明确的书面文本及其引发争议的优势，这本非常欣赏普金早期传统风格的书发出了一份强有力的宣言。如果用照片来比较小尺度的英国传统建筑与战后发展中最严重的灾难的话，这实在是一种轻而易举的手段，查尔斯王子通过为未来描绘出了一幅非常积极的景象而至少贬低了自己所取得的胜利。查尔斯王子指出世界上的许多地方因为在建筑设计中无休止地复制现代审美观而导致它们自身文化认同的逐渐丧失，每当提及这一点，王子就会引用哈桑·法赛的作品。[27] 这也是英国历史遗产面临的真实情况，针对这点，他对后现代主义另一个值得关注的中心提出了批评，并由此强调："例如，建筑联盟学院的总部位于伦敦最美丽的广场之一，但是为什么它的一些毕业生却已经在设计永远都很丑陋的环境给其他人住呢？"[28]

　　查尔斯王子继续阐明他所指出的"我们可以建立起的十个原则"，这是他对未来发展的指导方针。因为查尔斯关注的是适合步行或人体比例的城市规模，这似乎也是他首要的关注点，所以前五个原则——明确建筑的场所感、层次、规模、和谐以及围合感——这些可以通过阅读卡米洛·西特的理论著作获得。其他五个原则在很大程度上归功于维多利亚女王时代对拉斯金的情感，它们分别是：当地材料，美化环境的装饰与艺术、适度的符号与建筑物高度，形成一种真正回应社区，且确实考虑社区居民口味和愿望的体系。查尔斯王子列举了几个案例来说明在社区思想上志同道合的建筑师目前是如何实践这些原则的，并在此基础上给出了结论，而在这方面，表现出的是作者留给观众一种有关"民族"的积极意义。[29] 当这些原则被用来反对当代关于英国解构主义（Deconstruction）的争论 [这个问题同时也达到了德里达派的（Derridean）高潮] 时，几乎难以想象公众会如何看待这两种南辕北辙的建筑方法。这就是 20 世纪 80 年代众多悖论中的一个。

走向新城市主义

在这部纪录片和这本书接近结束时，查尔斯王子还讨论了位于美国锡塞德的一个新兴海滨社区。它的风格看上去介于传统的英国村庄景象和锡耶纳①的美景之间，最初其照片似乎非常缺乏特征，但是查尔斯王子使他的观众确信这个位于蔚蓝色海岸旁的沙滩小镇的确坐落于佛罗里达州的狭长土地上，事实上，它是一个"独特的地方——其风格既现代又古典"，是一座成功地融入了美国小镇"传统特征"的社区，而这种美国小镇是在"有计划的英国田园城市运动"的推动下建成的。³⁰凭借一时的灵感，查尔斯王子将着手在未来几年内能为"新城市主义"的美国运动树立典范。这其中的两位建筑师——安德雷斯·杜安伊（Andres Duany）和伊丽莎白·普拉特 - 兹伊贝克（Elizabeth Plater-Zyberk）②——并不是这种新方向的唯一发起者，但是 20 世纪 80 年代，很少有项目会积极地表现出它如此阳光的一面。

20 世纪 70 年代初，杜安伊和普拉特 - 兹伊贝克分别在普林斯顿大学和耶鲁大学接受教育，且受到以下一些名师的指导，其中包括：肯尼思·弗兰姆普敦、迈克尔·格雷夫斯、艾伦·格林伯格、文森特·斯库利。1974 年，杜安伊在接受迈阿密大学的教学职位后，曾为另一个导师罗伯特·斯特恩短暂地工作过一段时间。而普拉特 - 兹伊贝克毕业后则在费城的文丘里和劳赫（Rauch）事务所做学徒。1975 年，这两位建筑师在基韦斯特③共同合作改造清障站（Wrecker's House），这次合作是他们与埃尔万·罗姆尼（Hervin Romney）、贝尔纳多·福特 - 布雷夏（Bernardo Fort-Brescia）以及劳琳达·斯皮尔（Laurinda Spear）联盟的前奏——形成了阿奎泰克托尼克（Arquitectonica）④迈阿密事务所的现代风格。1980 年，公司内出现了不同的设计方向，这些新风格现在看来是显而易见的，而杜安伊和普拉特 - 兹伊贝克也开始在椰林地区独立执业，其事务所缩写为 DPZ。

在此之前，他俩已经与罗伯特·戴维斯（Robert Davis）有所接触——事实上，他们是于 1978 年在伯克莱屯举行的纪念"建筑师五人"的十周年聚会上与戴维斯相识的。这个总部位于迈阿密的开发商当时正在调整自己的发展方向。他从祖父那里继承了一块占地 80 英亩的土地，这块地位于佛罗里达州的北部海岸线，距离巴拿马市西部 30 英里。

116

① 意大利托斯卡纳大区的一座城市，也是锡耶纳省的首府。1995 年，其老城中心区被联合国教科文组织列为世界文化遗产。锡耶纳是意大利著名的旅游景点之一，它以独特的料理、艺术、博物馆、中世纪景观和赛马节闻名于世。——译者注
② 20 世纪 80 年代以来出现了由安德雷斯·杜安伊与伊丽莎白·普拉特 - 兹伊贝克提出的传统邻里社区的开发。——译者注
③ 美国本土最南端的城市，也是美国佛罗里达群岛最南端的一个岛屿和城市。它是著名的旅游胜地，拥有基韦斯特国际机场，是多条豪华邮轮航线的停靠点，这里建有大桥连接着佛罗里达半岛，从佛罗里达州迈阿密到基韦斯特开车约三个半小时，一路上公路桥梁连接各个小岛屿，宛如车行海上，景色非常漂亮。——译者注
④ 简称 ARQ。——译者注

这位开发商希望以自己的方式来开发这块地——这里能勾起他对童年的回忆，夏天在这里，他曾与家人在舒适的木屋里共同度过了美妙的时光。业主和几位建筑师多次一起出行，他们走遍南部，努力探索传统小木屋的区域特色和小城镇的空间特征。其结果是形成了一个非常大胆但并不典型的设计决议，即不遵循佛罗里达以往的开发模式，而是创建一个"社区"（图 6.1），这种设计再度营造了南方小镇的氛围，也将其典型的建筑特征刻画得淋漓尽致（门廊、倾斜悬垂的坡屋顶、大量的窗户和对流通风，图 6.2）。设计中出现的一切都是对该地区炎热潮湿气候的回应。

因此，1982 年夏天，DPZ 事务所在为锡塞德制定"传统的邻里开发"条例时非常巧妙地规定了一些不同寻常的发展特征：街道一般应面向公共空间和水面，商业建筑要有拱廊，住宅建筑应用尖桩栅栏围上，当然他们在制定过程中也费了一些周折。该条例甚至鼓励在住宅建筑上建造穹顶或者小塔以区别（通常是金属的）屋顶轮廓线，同时还考虑了来自墨西哥湾的视线。事实上，从小镇的一边到另一边，步行路程不超过 10 分钟，这里干净整洁，不需要使用汽车。住宅建筑的实际设计也由外面认同这一设计原则的建筑师来完成——从而可以为项目注入其他多样化的元素。

118

20 世纪 80 年代中期，小镇的设计元素逐渐丰富起来，非建筑的力量开始显示出因创新带来的独特性。1986 年，《华盛顿邮报》的罗杰·K·刘易斯（Roger K. Lewis）强调了锡塞德的"当地传统和意象"，这对他来说是"既怀旧又创新。"[31] 第二年，《圣彼得堡时报》（St. Petersburg Times）的斯蒂夫·加巴里诺（Steve Garbarino）以极富洞察力的语言描绘了锡塞德的早期住宅，并将其视为对南方"克拉克"（Cracker）① 建筑传统风格的回归，这种风格是指在空调出现之前，佛罗里达州第一批定居者建造的简单且实用的住宅。[32]1987 年，《纽约时报》的建筑评论家约瑟夫·焦万尼尼（Joseph Giovannini）[33] 将锡塞德的规划设计置于席卷全国的"新城市主义"语境中。接下来几年，这一点因为菲利普·兰登（Philip Langdon）发表在《大西洋月刊》上的长篇文章《宜居之所》（A Good Place to Live）而变得更加令人信服。[34] 兰登认为 DPZ 设计的锡塞德及其他城市代表了第二次"新传统主义"的来临，在以下的开发项目中：即佛罗里达、科德角、普林斯顿、雷斯顿、炮台公园以及波特兰，这种风格受到市区和郊区开发商的认可。锡塞德之所以会对兰登产生特别的吸引力，不仅在于"其住宅具有守旧而淳朴的风格"，而且也在于其古香古色的民用建筑的特性：门廊，尖桩栅栏，沙滩凉亭和公共空间，但最为特别的还是它支持以放弃使用汽车为代价的步行者以及由此而产生的"安静"环境。[35] 通过与建筑师的交流，兰登也着手两个方向的研究，当然它们与锡塞德的设计理念是相吻合的，一个是罗伯特·斯特恩的"英美郊区研究"，另一个是克里尔的城市规划思想，即"主张回归适合人体尺度的小城市"。[36]

---

① 指 19 世纪佛罗里达州首批自耕农创造的风格，随着时间的迁移，这种建筑从单间木质结构发展为多间由廊道或走廊分隔的结构。建筑的特色是高顶棚、铁皮屋顶、绿树成荫的走廊以及数量较多的窗户，令人感到阵阵清凉的微风。——译者注

图 6.1 锡塞德，佛罗里达州，由安德雷斯·杜安伊和伊丽莎白·普拉特－兹伊贝克设计。本图经杜安伊，普拉特－兹伊贝克公司许可

图 6.2 锡塞德，佛罗里达州，本图经海伦·哈登（Helen Haden）许可

兰登也没有忽视那位鲜为人知的美国规划师约翰·诺伦（John Nolen，1896—1973年）带给他的启示。诺伦承袭了弗雷德里克·劳·奥姆斯特德（Frederick Law Olmsted，1822—1903 年）① 的景观设计风格，[37] 他是 1905 年从哈佛大学毕业的一流景观建筑师，他对大自然有着深厚的认识，尽管他的真知灼见（总共有超过 400 个以上的方案）并没有实现，但是他也可以被称为是美国最早的城镇规划师之一。在他编制的较大规模的城市总体规划中，有圣迭戈、麦迪逊、罗阿诺克以及夏洛特，但其才能反而在一些小型的已经开发完成的城镇规划中表现得淋漓尽致，如俄亥俄州的马里蒙特和佛罗里达州的威尼斯。诺伦称赞他是"一位掌管我们的审美，人力资源和自然资源的智者"，后来他又对雷蒙德·昂温（Raymond Unwin）的田园城市理想发生了兴趣。[38] 在他自由的几何式的威尼斯规划（1926 年）中，他将整个海湾的前面划出，设计成一个公园，并为每个居住区规划了绿地空间和适合行人通过的不长的街道。在锡塞德，甚至斜线也是显而易见的，除此以外墙体灰泥呈现出的柔和色调也表明了诺伦的感情和对海岸线的了解。

即便斯特恩、克里尔和诺伦在 20 世纪 80 年代新城市主义的崛起中都发挥了重要的作用，那也不能忽视这一运动和 20 世纪 60、70 年代社会与环境运动的联系。在这方面，重要的是西姆·凡·德·雷恩（Sim Van der Ryn）② 和彼得·卡尔索普（Peter Calthorpe）③ 所做出的成就。凡·德·雷恩毕业于美国的密歇根大学，在那里他深受巴克敏斯特·富勒学说的影响。当他迁往加州并执教于伯克利分校后，他——像亚历山大一样——开始寻找能够替代传统现代主义的方法，同时还创办了法罗伦斯研究所，并以此作为探索生态和循环再利用问题的一种途径。1975 年，他为国家的办公建筑制定了新的节能标准，1977 年，他设计了广为宣传的贝特森大厦（Bateson Building），该建筑的太阳能庭院完全依靠被动的气候控制。彼得·卡尔索普是凡·德·雷恩的一位年轻同事，在他返回家乡加利福尼亚州为凡·德·雷恩工作前曾短暂地进入了耶鲁大学学习。1978 年，两人开始合作，共同为萨克拉门托和马林县（后者是一个未能实现的太阳能社区，这块地皮位于最近关闭的汉密尔顿空军基地）设计了富有创新精神的再开发项目。1980 年，他们在一场针对西海岸可持续发展的城市规划重要研讨中起了积极的推动作用。

这次讨论发生在索诺玛附近的韦斯特别克牧场，36 位来自不同学科的专业人士齐聚一堂，认真讨论了美国城市和城镇的规划前提以及它们的能源消费模式。作为这次会议的结果，"可持续发展的社区"（Sustainable Communities，1986 年）成为早期绿色建筑

---

① 被普遍认为是美国景观设计学的奠基人，同时也是最重要的公园设计者。他最著名的作品是与其合伙人沃克斯（Calvert Vaux，1824—1895 年）在 100 多年前共同设计的位于纽约市的中央公园（1858—1876 年）。他结合周围自然和公园的城市与社区建设方式将对现代景观设计继续产生重要的影响。他是美国城市美化运动原则最早的倡导者之一，也是向美国景观引入郊外发展思想的最早倡导者之一。——译者注

② 他将自然和社会生态学运用在建筑设计上，并因领导"可持续建筑"的发展而知名。——译者注

③ 旧金山建筑师，城市设计师和城市规划师，他也是新城市主义大会的创办人，这个组织于 1992 年在芝加哥成立，以促进建筑的可持续发展为目标。——译者注

的一个入门设计——标题中出现的"可持续"一词很可能是首次在建筑书籍中使用。[39]
凡·德·雷恩、卡尔索普及其他人向杂志投稿，文章涉及市区和郊区的建筑物，并强调
围绕公共空间和行人活动建造更加密集的居住区。他们还呼吁减少对汽车的依赖，更多
地使用大众运输以及采用被动和主动的能源战略。

在一种更大规模的规划背景下，正是卡尔索普推动了这一远景的发展。他先是与马
克·麦克（Mark Mack）[①]一起工作，然后在 20 世纪 80 年代又与一群志同道合的伯克利分
校教师展开合作，卡尔索普尤其对郊区发展充满兴趣，并且提出了"步行地带"（pedestrian
pockets）的概念，他最初将这个概念定义为"在距离一个公共交通系统 1/4 英里或 5 分
钟的步行半径内形成的有条不紊的混合使用区域。"[40]这种思想的要点就是紧凑集中地沿
着铁路等通往城市郊区的公共交通运输线路发展，而且这也是一种从前曾提到过的思想。
1988 年的春天，作为西雅图华盛顿大学建筑学专业的系主任，道格拉斯·凯尔博（Douglas
Kelbaugh）为四个设计团队的学生们举办了为期一周的专家研讨会（由卡尔索普和凯尔博
主持），其目的是在华盛顿州奥本的一个地区实现这一战略思想。凯尔博将会议记录整理
成书出版，他在这本书的序言中将自己对郊区的关注自圆其说地解释为对"所信奉的克
里尔的城市设计理论教条的"回应，同时也是一种对缓和能源价格的回应，因为自 20 世
纪 70 年代中期以来能源价格一度使环境运动丧失活力。[41]

然而直到 1989 年，卡尔索普才第一次得到了实现这一策略的机会，因为此时在伯
克利分校的一个会议上，他遇到了开发商菲尔·安热利代斯（Phil Angelides），并接受了
一项重新设计的任务，这一大块基地面积为 4000 英亩，位于萨克拉门托南部一个被称作
西拉古纳（Laguna West）的郊区。虽然该项目最终因财务危机而被迫中止，但是刊登在
1991 年《时代》杂志上的一篇文章仍对它大加赞赏，与它一起受到赞扬的还有 DPZ 的作品，
它们都属于那些彻底改变美国规划的"老式新城"（Oldfangled New Towns）的尝试。[42]
此后不久，卡尔索普又接受了一项委托任务——即为萨克拉门托、圣迭戈以及波特兰这
些城市编制规划指导原则，而这将促使他完成一项重要的研究——《下一个美国大都市》
（The Next American Metropolis，1993 年）。[43]在这里，他将"步行地带"转换为"公交导向发展"
（Transit-Oriented Developments，TOD，图 6.3）的概念。它的出现令人联想起亚历山大的
《建筑模式语言》，且它还包含了一系列详细阐释该方法细节的设计指导原则。

从几方面来看，1993 年也成为这次新运动的关键期。在那一年的 4 月，辛西娅·戴
维森（Cynthia Davidson）在锡塞德举办了一次圆桌会议，讨论杜安伊和普拉特 - 兹伊贝
克的设计特点，黛安·吉拉尔多（Diane Ghirardo）[②]和罗伯特·斯特恩还对与自己意见相
左的彼得·埃森曼、尼尔·史密斯（Neil Smith，1954—2012 年）[③]以及马克·林德（Mark

① UCLA（University of California, Los Angeles，加利福尼亚大学洛杉矶分校）建筑与艺术学院的教授。
　　——译者注
② 南加州大学洛杉矶分校建筑学院的教授，从事建筑历史与理论的研究。——译者注
③ 纽约城市大学研究中心的知名教授，主要研究领域为人类学和地理学。——译者注

120

公交导向发展（TOD）

公交导向发展（TOD）是在距离公交站和核心商业区平均为 2000 英尺的步行距离内设置一个混合使用的社区。TOD 在一个适宜步行的环境中混合了住宅、零售业、写字楼、开放空间和各种公共用途，方便居民和雇员使用公交、自行车、步行或汽车出行。

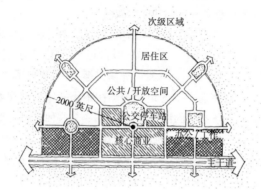

图 6.3　彼得·卡尔索普，草图来自《下一个美国大都市》，用以说明 TOD。本图和文本得到卡尔索普公司的许可

121　　Linder）提出了反对意见。这三位唱反调的都相信他们正在见证一次沿怀旧小路而下的旅行，他们同心合意，认为建筑再也不应被视为是一种对社会或政治的补救措施，而对政治更感兴趣的史密斯则尤其敌视锡塞德的设计概念，称它既"悲观厌世"，也是"涓滴式[①] 温情主义"（trickle-down paternalism）的典型代表——这显然是指里根政府的经济理论。[44]

　　10 月的时候，杜安伊和普拉特－兹伊贝克面对更友好的观众，在弗吉尼亚州的亚历山德里亚（Alexandria）组织了一场有 170 人出席的第一届新城市主义代表大会。早在 1989 年，他们曾在洛杉矶就召开这样一个会议的必要性进行了讨论，当时杜安伊和普拉特－兹伊贝克正在与他们普林斯顿大学时的同学兼同事斯特凡诺斯·波利佐伊迪斯（Stefanos Polyzoides）和伊丽莎白·莫尔（Elizabeth Moule）合作一个项目。[45] 两年后，即 1991 年的夏天，四位建筑师与卡尔索普相会于约塞米蒂的阿瓦尼酒店（Ahwahnee Hotel）并起草了《阿瓦尼原则》（Ahwahnee Principles），它清晰地阐述了创立新城市主义的基本原则。[46] 正如莫尔后来指出的那样，早期的努力是有意识的努力，其目的是模仿《雅典宪章》和国际现代建筑协会（CIAM）的章程和组织——虽然从哲学角度看，没有什么能比这更远离自己的方法。[47] 此外，在洛杉矶、旧金山和查尔斯顿（1994 年、1995 年和 1996 年）还举行了三次更进一步的会议，在丹尼尔·所罗门（Daniel Solomon）的参与下，会议制定了一个正式的章程并获得批准。

　　在其最后的结构组织中，《新城市主义宪章》（The Charter of the New Urbanism）显然是一个相当完备的文件，它反映了 24 个以上的人所作出的不同贡献。简短的序言倡导恢

[①] 指在经济发展过程中并不给予贫困阶层、弱势群体或贫困地区特别的优待，而是由优先发展起来的群体或地区，通过消费、就业等方面惠及贫困阶层或地区，带动其发展和富裕，或认为政府财政津贴可经过大企业再陆续流入小企业和消费者之手，从而更好地促进经济增长的理论。——译者注

复现有的城市中心以及"重构蔓延的郊区",除此以外,同时出现的还有调整"公共政策"以支持这些目标。[48] 接下来是 27 项原则或指定的设计模式,而在某些情况下,这些原则或模式是以精确的语言和规划原则来描述的。早期主题的限定和政策的顾虑已沿着政治阵线得以扩展。例如,兰德尔·阿伦特(Randall Arendt)谈到重新对农田进行分区,肯·格林伯格(Ken Greenberg)谈到保护的问题,迈伦·奥菲尔德(Myron Orfield)则谈到了税收和收入分配的问题。[49] 道格拉斯·凯尔博自从担任密歇根大学建筑与规划学院的院长职务后,他和马克·M·斯基门蒂(Mark M. Schimmenti)都谈到一些问题,如气候、地形、材料以及自然加热和冷却的方法,由此也使新城市主义向近十年来的可持续运动靠拢。[50]

这种颇受欢迎的试图更明确地描述新城市主义含义的做法同时也会因一系列过于狭隘的原则而处于危险境地。然而,早期许多评论家给新城市主义贴上的历史主义"怀旧"标签到 20 世纪 80 年代时已被成功转移,其他批评家仍然附和着 1968 年的真言,反对这一运动对社会工程的渴望——相信建筑可以治愈社会弊病或从根本上改良个人习惯。尽管《新城市主义宪章》对美国许多郊区社区的社会孤立和能源消费习惯作出了非常正确的分析,但是它在一些方面还是带有明显的建筑暗示以及僵化的味道。例如,倘若能证明高层建筑在能源消耗和恢复城市中心密度方面是更加"可持续"的话,那么现在的政治法令似乎已经将它的用途排除在外了。

不管怎样,在 20 世纪 90 年代初,除了绝大多数新城市主义作品本身所具有的高品质外,更加令人感兴趣的事就是它给建筑专业及其教育带来了改革的救世主精神。锡塞德——很快就被搬到引人入胜的电影场景中——不再只是阳光明媚,此时它既象征着一种对住宅改革的渴望,也象征着一种对众多有关城市发展的核心假设的严肃挑战。人们只是喜欢它——这一点似乎惹恼了许多诋毁它的人。至于激情,文森特·斯库利在 1994 年也许已清晰地进行了最好的阐述,这时他在很大程度上凭借着论战的光彩对这场新运动进行了评价:"当狂风骤起冲出海湾——暴风云伴随雷声滚滚而来,下面是闪着亮光,屹立着各种建筑的小镇——然后感觉到一种真实性,它涉及自然的威严,(不过是部分的)人类的手足情谊。"[51] 除了那些不可救药的唱反调的人,谁还会对使徒保罗(Pauline)[①]那样的经历大打折扣?

---

① 使徒保罗(公元前 4—公元 64 年)是耶稣的同时代人,但比耶稣年轻,他虽然是罗马公民,但却是犹太血统。他是发展新生的基督教教徒的最重要的先驱。在所有的基督教作家和思想家中,他对基督教神学的影响可谓举足轻重。耶稣死后,早期的基督教教徒因被视为异教徒而遭受迫害。保罗曾一时参加过这种迫害活动。但是一次在前往大马士革的旅途中,耶稣在异象中他讲话,从此他改变了宗教信仰,摇身变成了新宗教的最强有力的支持者。他在传教活动期间,广泛漫游了小亚细亚、希腊、叙利亚和巴勒斯坦。保罗对犹太人的说教远不如早期一些基督教徒那么成功,事实上他的举止常常引起极大的仇视,连生命也有几次受到威胁。但是保罗对非犹太人的说教却非常成功,所以人们常说他是"非犹太人的使徒"。没有任何其他人在传播基督教中起到了这么重大的作用。保罗在余生中就基督教的问题进行思索和写作,并为这个新的宗教收罗信徒。在罗马帝国东部作了三次传教漫游后,保罗返回耶路撒冷。他在那里被逮捕,最后被送往罗马接受审判并处以死刑。——译者注

第 7 章　理论的黄金时代

从整个建筑理论与文化研究所达到的印刷量来看，我们将 20 世纪 80 年代称为理论的黄金时代并无丝毫不妥。自 20 世纪 60 年代中期以来，大量的理论模型不断涌现，并于 20 世纪 80 年代初达到了高潮，这种现象在学术象牙塔内尤为明显，而且在过往的建筑史发展中，人们从未用如此抽象的术语来解释过理论，或者说理论也从未在讨论中占据过如此特殊的地位。马克思主义、符号学、现象学、弗洛伊德心理学、后现代主义和批判理论——所有的这些都在即将到来的斑驳陆离的理论调色板中扮演了一定的角色，到 20 世纪 80 年代时，这些理论中又加入了后结构主义（poststructuralism）和解构主义（deconstruction）故作高深的知性假象。我们要从后现代主义较为普遍的现象出发来区分这后两个术语，在这次研究中，我们将限制它们与历史主义和符号学相结合。相比之下，后结构主义以德国和法国理论为理论基础，"法兰克福学派"和法国结构主义分别对其作出了最佳阐释。

后结构理论

"法兰克福学派"这个称谓后来被用在一群与社会研究所（Institute of Social Research）相关的政治哲学家身上。这个社会研究中心是 1924 年由费利克斯·韦尔（Felix Weil）在法兰克福成立的一个私人资助的研究小组。[1] 因而这个名称专指关注社会研究的左翼学术团体，其政治倾向在这段时期内并不罕见。1917 年俄国革命爆发，随之 1 年后德国 11 月革命也接踵而至。尽管后面的这一事件最终变得多少有点温和，其结果仍然是左翼的魏玛共和国，但是已经迸发的革命冲动（从左翼和右翼来看）不会立刻平息。20 世纪 10 年代末到 20 年代初的德国经济几近崩溃，通货膨胀猖獗，失业严重，在许多左翼分子中存在这样一种普遍共识，即一场苏维埃式的无产阶级革命将不可避免。人们将这个研究所设想成煽动这场新革命的一种过渡性的教育工具。

然而，20 世纪 30 年代初，由于曾反对传统马克思主义经济决定论的马克斯·霍克海默担任所长一职，这个研究所的关注点也发生了转变。他在研究所聚集起一批更加关注文化现象的跨学科学者。马克思主义学说依旧在研究中发挥着重要作用，不过其影响力在那时却被弗里德里希·尼采的反传统思想和西格蒙德·弗洛伊德（Sigmund Freud）的心理分析理论所削弱了。1933 年，阿道夫·希特勒和国家社会主义者一上台就关闭了这个研究中心，许多与这个流派相关联的学者们只是在日内瓦稍作停留之后便取道前往美国，其中就有霍克海默、埃里希·弗洛姆（Erich Fromm）、赫伯特·马尔库塞和特奥多尔·W·阿多诺。与法兰克福学派有交往但却没能横渡大西洋的是瓦尔特·本雅明，1940 年他在西班牙边境自杀。

直至 20 世纪五六十年代，法兰克福学派的影响才开始在欧洲和北美地区有所体现。在本雅明的一些作品中，那篇极具影响力的文章——《机械复制时代的艺术作品》（The Work of Art in the Age of Mechanical Reproduction，1936 年）于 1955 年在德国首次发表，并于 1969 年由汉纳·阿伦特编辑了英文版。[2] 文中，本雅明讲到在机械复制时代（电影、摄影），古典艺术的"光韵"消失殆尽——也就是说艺术切断了与传统仪式价值之间的联系，或者最近以来（用马克思主义的术语来说），它被资产阶级的权力结构所侵占。同时出版于 1955 年，并研究了类似主题的还有马尔库塞的著作《爱欲与文明》（Eros and Civilization）[3]。通过借鉴弗洛伊德《文明与缺憾》（Civilization and its Discontents，1930 年）的观点，马尔库塞剖析了爱欲（生命和性欲）和死欲（死亡和侵略）这两种人类相互矛盾的本能，以及前者由于晚期资本主义文化生产性的、墨守成规的力量而可能受到的压抑。在《单向度的人》（One-Dimensional Man，1964 年）中，马尔库塞进一步深入分析，他认为现代文化的技术基础既开拓同时又破坏了个人的自由。[4] 20 世纪 60 年代，以美国加利福尼亚大学伯克利分校为中心——北美最早且持续最久的学生示威运动所在地——马尔库塞成功地成为美国"新左派"的精神领袖之一。

尽管如此，注定对 20 世纪七八十年代产生最大影响的还是霍克海默和阿多诺——尤其是他们合著的《启蒙的辩证法》（The Dialectic of the Enlightenment，1947 年）。[5] 这是"批判理论"（一个通常与法兰克福学派相关联的术语）首次得到清晰的阐述，在残酷的战争年代，其目的就是追踪西方理性的自我毁灭过程，以及与其相关的黑格尔逐步迈向自由的"神话"。他们的主要论点是：正如马克思所预言的那样，资本主义不会由于经济上的自我毁灭而崩溃，因为事实上已经得以证实的是资本主义通过演变成大众消费社会而成为一种非常有弹性的经济体制，而身处其中的个体正受着"文化产业"的支配。通过诸如报纸、杂志、录有笑声的情景喜剧和程式化的电影此类媒体，这些产业不仅迎合了大众最缺乏批判精神的态度，而且与此同时它们还创造着一种与其有限的行之有效的陈词滥调在文化上的一致性。陈旧的商品经过简单地重新设计改款或重新包装后出现在每个新的购物季。

有人可能会怀疑，对于美学理论而言这也没什么好处。如果艺术是一种文化产品，而文化由于其不断地迎合市场已经堕落，那么艺术看上去则已走到了穷途末路——看上去而已，但并不绝对如此。对于霍克海默和阿多诺来说，有一条退路其实是有点古典主义的"现代"东西——换句话说艺术应该既是自主的，又是社会的。在创作手法和技巧方面具有自己的语言时，艺术就表现为自主的；而在激进地反对资产阶级社会方面，艺

125

术则表现为社会的。阿多诺总结了这一观点，他指出"只有在艺术具有抵抗社会力量的时候，它才得以存活下去。"[6] 因此，艺术本质上是一种反抗行为——这种反抗体现在阿诺德·勋伯格（Arnold Schonberg）的无调性精神中，或是体现在弗朗茨·卡夫卡（Franz Kafka）恣意夸张中，再或是体现在保罗·克利（Paul Klee）的线性思考中。阿多诺的批判理论因此往往以对现代主义的防御为特征，从某种意义上说，它是对 20 世纪最初 10 年的一些前卫策略的防御。

20 世纪 60 年代，批判理论中加入了法国结构主义的批判。结构主义是一种以其最简单的形式对知识进行分析的方法，它试图将现象视为一个遵循一定普遍规律的复杂的变量操作系统。例如，费迪南·德·索绪尔的结构语言学方法把语言看作是由更宏大的句法结构控制着的一套符号（意义）系统。克劳德·莱维－斯特劳斯战后的结构人类学以此为基础：即假设存在着一种二元原则支配下的人类思维的普遍结构，这个结构在所有的文化中都是相同的，因此最终可以被识别。大部分 20 世纪 60 年代的法国理论家都受过结构主义理论的教育，现在他们开始质疑这类主张。例如，语言学家罗兰·巴特（Roland Barthes）在他的文章《作者之死》（The Death of the Author，1968 年）中，对真正能被理解的文本的可能性表示怀疑，因为读者难免会产生意义的多重性，从而彻底地推翻任何一种解释。[7] 另一个持不同意见的结构主义者是米歇尔·福柯。在《事物的次序》（The Order of Things，1966 年）中，他将自文艺复兴以来科学文化的分类编码（使西方思想条理化的法则）划分为三种普通的知识型（épistemes），或文化上和历史上公认的"给定的事物"——它使人们能够区分一个系统内什么可以称得上是真实的和什么可以称得上是虚假的这两者之间的差别，借此他试图揭晓这些分类编码。[8] 在《知识考古学》（The Archaeology of Knowledge，1969 年）中，他放弃了占统治地位的知识型这种想法，赞成一种更为开放的，把知识的历史作为一种研讨大纲来阅读的解释过程——即作为由社会、文化、制度和各种其他有关的各机构所定义的人类实践的复杂网络。这种新的考古学没有特定的原点，没有任何的中心结构或道德真理。[9]

这些年来，福柯愈演愈烈的无政府主义与让·鲍德里亚（Jean Baudrillard）的并没有什么不同，鲍德里亚将法兰克福学派的见解融入他自己的结构主义的马克思主义批判理论（Marxist critique of structuralism）中。在鲍德里亚的《物体系》（The System of Objects，1968 年）和《消费社会》（The Society of Consumption，1970 年）中，他认为市场消费的所有形式源于文化编码，在选择一个又一个设计师品牌时，我们试图借此使自己与众不同或从人群中脱颖而出。[10] 尽管鲍德里亚的这种倾向导致了近乎消极的因循守旧，但是由于他的观点是对传统马克思主义的使用价值和交换价值（实用和货币交换）概念的一种批判，因此这就使其观点变得更加开阔。消费品的泛滥——通过大众媒体的文化代理进行营销、包装和展示——共同促成了具有一定"符号价值"的最新时尚，赋予买方以与编码等级相称的声望和社会地位。

到 20 世纪 70 年代中期，鲍德里亚对物化（reification）的理解（通过我们所拥有的物体来定义我们的自尊）完全摒弃了马克思主义的概念界定。如果说现代社会是以商品和服务的有组织生产为基础的话，那么后现代社会则成形于真实工作的"模拟"（simulations），或电视、网络空间、电脑游戏以及其他形式的虚拟现实的"超真实"（hyperreality）中。他认为图像、景象和符号的运用已不再与真实的世界密切相关，相反它们正在不知不觉地完全取代这个世界。在《象征交换与死亡》（Symbolic Exchange and Death, 1976 年）中，鲍德里亚把这一过程描述为拟像（simulacra）的"第三阶段"，即社会最初用来定义它本身（在现代通过工业化、摄影和电影的批量生产）的图标和标志到后现代时期时，已经发展到复制品本身成为现实的地步。[11] 对于许多人来说，这种超现实在其众多的扩散中已经变得远比日常现实生活更加强烈和诱人。计算机的二进制代码实质上已成为我们存在的一个符号代码，因为我们所做的每个决定（从选择一份特定的软饮料到选举中在两位候选人之间进行选择）确实改变或者毫无变化。超现实推动了它本身的发展，我们无力让它放慢速度。如果这种观点表明我们似乎注定要走向技术决定论的话，那么鲍德里亚在 20 世纪 70 年代中期时所提到的我们对瞬时图像和信息的依赖则仍然像许多 21 世纪的人的生活那样令人不安。

尽管鲍德里亚是崭新的"后现代"世界最强大的支持者之一，而让－弗朗索瓦·利奥塔（Jean-Francois Lyotard）却在最初普及这一术语时广受赞扬。他的研究《后现代的状况》（The Postmodern Condition）写于 1974 年，是一本在魁北克政府的授意下完成的分析高等教育内科学技术发展现状的白皮书。然而，作者却采用了一种更为普通的方法——即注重计算机革命的发展所带来的影响，并预言知识本身的状况将不可避免地发生改变。利奥塔推测随着知识的日益数字化，人文学科作为教育的共同基础将会跟不上时代的发展，信息——更具体的科学知识——将成为市场上被买卖的竞争激烈的商品。然而，对于知识这种已发生改变的状况而言，仍存在着一个根本性的问题，因为所有的科学知识在传统上历来受到基于人文学科之上的两个"宏大叙事"或"元叙事"的支撑。首先，随着知识社会的日益增强，启蒙运动的信念向着更加自由的状态发展；其次，在为人类的服务中，大学体系本身的重要前提就是有一天它将再次出现知识的统一体。随着这两种叙事的瓦解以及它们所引起的文化断裂，利奥塔将后现代主义简单地定义为"对元叙事的怀疑"，在这里，元叙事可能会被设想为各种信仰的每一个宏大系统：无论是马克思主义、自由主义、保守主义、宗教，还是实际上早期现代主义的乌托邦式的政治基础。[12]因此，在后现代世界中，没有一种宏大的叙事会占据主导地位，留给我们的只有局部的或"微小的叙事"，而没有任何一般性的合理伪装。

利奥塔的后现代主义观点之所以强大，部分原因在于他的论点非常简单，但同样不能不说的是雅克·德里达（Jacques Derrida）的理论和他的"解构"策略。[13] 德里达的研究实际上要先于利奥塔几年。德里达出生于阿尔及利亚，他在法国攻读博士学位期间集中研究了埃德蒙德·胡塞尔的现象学，但他也广泛吸收了尼采、弗洛伊德和索绪尔的思想。德里达在他的第一个主要研究《论文字学》（Of Grammatology, 1967 年）中所提出的既不是哲学前提，也不是宏大叙事，而是有关"细读"（close reading）的批判方法论，或者通过揭露无意识的或被掩盖的含义以及它们所造成的层次结构的缺席来解构文本。例如，他不惜笔墨用冗长的篇幅来讨论索绪尔、莱维 – 斯特劳斯和让 – 雅克·卢梭（Jean-Jacques Rousseau），以证明每个作家不仅运用术语的二元性，而且也赋予其中一项术语以特权。比如，索绪尔的语言学以言语（speech）优于文字（writing）的思想为基础，而莱维 – 斯特劳斯的人类学则赋予自然比文化更多的特权。卢梭也指出人在自然状态下是好的，但后来由于文化的出现而变坏了。[14]

在这些分析中，德里达不仅仅指出了术语层面上的偏见，同时他还讨论了一些更加令人信服的东西。即他认为西方思想整体上历来是围绕着一个"中心"的逻各斯中心主义（logocentric）思想而构建的。这些中心的范例可能是柏拉图式的理念、公认的真理或教义、宏大的叙事或对上帝的信仰。反过来，这样的中心也使"其他"事物边缘化或受到抑制，从而创造出一些对立面，我们借此对这个世界形成概念，并得以理解这个世界。因此，一个词的"在场"（例如建筑学中的"现代主义"）就掩盖了另一个词 [19 世纪的历史主义（historicism）] 的"缺席"——即它的风格可能就会被视为"痕迹"（traces）。因此，"现代主义"（在 20 世纪 3/4 的时间中享有特权）一词只能通过历史主义（historicism）（被讥讽为"其他"）的思想来定义。同样，通过让历史折中主义退回到混合，建筑上的后现代主义事实上以二元对立来命名。接着，德里达解构主义的整个策略由不稳定或偏心这样的专有词组成，从而颠覆了它们要建立于其上的基本的层次结构。解构主义因其最极端的形式而受到谴责，即它颠覆了所有的有关世界的表达形式，让我们既无言以待又为不确定性的严重状态而苦恼万分——成为大多数学术界和政界中的一个致命的弊端。

后结构建筑

129 德里达从 20 世纪 60 年代开始的著作只有 70 年代中期的被译成了英文，因此他的影响力只是在 70 年代晚期的英美世界中才会被感受到。这种时间上的滞后就其本身来说已经在欧洲与英美理论之间造成了一个有趣的分水岭——由于后现代主义和后结构主义在欧洲通常（但并不总是）被认为是同一枚硬币的两个面，而在英国和北美，后现代主义的影响先于后结构理论，一旦后者的影响来临，往往被视为是对前者的一种批判。在建筑领域内情况尤其如此。

但同时也有使 20 世纪 80 年代初期的讨论变得错综复杂的其他问题。例如，德国哲学家尤尔根·哈贝马斯（Jürgen Habermas）是阿多诺从前的助理，1980 年在法兰克福获得"阿多诺奖"时，他对同年举办的威尼斯双年展上的"后现代"建筑进行了抨击，并以此开始了他的正式演说，因而人们又将他称为"逆转战线的先锋"。[15] 追随过"保守派"的几个阵营之后，他得出了相同的结论，这些阵营中有法国的"青年保守党"——"从乔治·巴塔耶（Georges Bataille）到米歇尔·福柯再到雅克·德里达"领导的路线。其间，哈贝马斯为现代主义和法兰克福学派进行了辩护：首先，他强烈谴责了现代主义已经失败或者应该放弃其乌托邦式的冲动的观点；其次，他坚持认为"现代性事业尚未完成"。[16]

然而，把法国后结构主义与后现代主义等同起来并不总是常态。因为，另一个与阿多诺和法兰克福学派关系密切的历史学家——安德烈亚斯·胡伊森（Andreas Huyssen）虽然接受了哈贝马斯全面防卫现代性的思想，但也承认 20 世纪 70 年代的学术氛围确实在这 10 年间发生了根本性的变化。不过，在接受后现代主义的过程中，他坚称后结构主义是不同的，这在于其批判的策略更接近现代主义，而不是后现代主义。他甚至把后结构主义描述成"以理论为幌子的现代主义的亡魂"，通过追随阿多诺，并提倡将这两者合并成"抵抗型的后现代主义"（postmodernism of resistance）之后，他对自己的分析作出了总结。[17]

胡伊森的分析凸显了 20 世纪 80 年代的另一个重要问题——许多政治左派们期望这十年的后现代美学与法兰克福学派的要求相一致。正如许多人很快所发现的那样，利奥塔对宏大叙事的怀疑态度确实是对马克思主义理论和批判理论的正面抨击。在他厘清"试图解构现代主义和抵抗现状的后现代主义，与批判前者歌颂后者的后现代主义之间的区别时——即抵抗型后现代主义（a postmodernism of resistance）和反应型后现代主义（a postmodernism of reaction）"之间的区别时，哈尔·福斯特（Hal Foster）在他的畅销文集《反美学》（The Anti-Aesthetic，1983 年）的序言中把这个问题推到了重要的位置。[18] 第一种后现代主义在它继续反对资产阶级文化斗争的意义方面是好的，然而后者（它经常与文丘里及斯科特·布朗的民粹主义相关）其实支持或模仿的是现有的文化。

作家弗雷德里克·詹姆逊（Frederic Jameson，1934 年—）非常重视这个问题，他的《后现代主义与消费社会》（Postmodernism and Consumer Society）是福斯特选集中的特写文章之一。在接受了阿多诺的美学以及德波与鲍德里亚的观点之后，詹姆逊认可了这么一个事实：即后现代主义已经成为一个重要的活动，其美学可以通过"模仿（pastiche）和精神分裂症"之双重策略来描述。[19] 但同时，令詹姆逊不安的是后现代主义并不完全像极端现代主义（high modernism）一样那么的"危险与易爆，颠覆既定秩序"。不过，詹姆逊似乎莫名其妙地受到了一些后现代主义观念的诱惑，甚至还包括文丘里和斯科特·布朗的作品，他提议其实应该有一种可以用这个后现代策略来抵御资本主义逻辑的方式。[20]

K·迈克尔·海斯（K. Michael Hays，1952 年—）将此作为他 1985 年的一篇重要论文——《批判的建筑：文化与形式之间》（Critical Architecture: Between Culture and Form）的主题，在这篇文章中，他认为建筑可以在自治和完全约定之间占据一席之地。他推断新的"批判的建筑"是"一种不轻易地进行自我认同的建筑，是主流文化的说服行动，然而却难以恢复到从地点和时间的偶然性下脱离出来的一种纯粹形式的结构。"对海斯而言，这种批判的建筑的主要实践者不是别人，正是典型的现代主义者密斯·凡·德·罗，在他设计的弗里德里希项目（Friedrichstrasse project，1919 年）中，玻璃反射面对于战后柏林的沮丧与混乱既是"抵抗与对立的"，同时又"难以通过形式分析来解读"。海斯还以一种

130

批判的方式研究了密斯后来为伊利诺伊理工学院新校区所作的规划，并将其看作是"把另一个现实世界巧妙地移植到了芝加哥混乱的南部地区。"[21]

总之，到 20 世纪 80 年代中期时，后结构主义批判性的观点显然已获得了压倒后现代主义的优势——尽管这只是通过丧失许多它的政治锋芒才达到的。此时，提出这一立场的理论家是意大利哲学家詹尼·瓦蒂默（Gianni Vattimo），他 [与皮尔·阿尔多·洛瓦蒂（Pier Aldo Rovatti）] 在 1983 年编辑了一系列文章并将其命名为《弱思想》[Il pensiero debole（weak thought）]。[22] 在对传统形而上学的"强大思想"进行批判时，瓦蒂默认为它是一种解释学或解释性分析模式的代表，这种模式几乎不做什么判断，同时也尽量不去强加任何不应有的理性或"笛卡儿的参考点"，于是这样就能依靠经受（Verwindung，治愈、康复、服从、接受）和思念（Andenken，回想、回忆、反思）这些海德格尔式的品质而得以蓬勃发展。例如，如果黑格尔思想和马克思主义都需要一种对强大的辩证双方的克制（Überwindung）或控制，对于瓦蒂默来说，不那么强大的名词"经受"（Verwindung）则表示一种缓慢且虚弱的（像是从一种疾病中）恢复和最终对过去传统的一种善意的尊重，而不是试图用另一种元叙事去取代它们。

没多久，这种想法就被转换到建筑学的话语中。因为西班牙理论家伊格纳西·德·索拉 – 莫拉莱斯（Ignasi de Solà–Morales）于 1987 年发表了他那篇颇有影响力的论文《弱建筑》（Weak Architecture），在这篇论文中，抵抗型的新建筑（现在由于丧失了所有"固定的参照"或认识论的基础而变得衰弱）还必须蜕去其早期的伪装。对于索拉 – 莫拉雷斯来说，弱建筑成为"事件"的、侥幸的、"装饰"的（从任何美学体系来看都显得欠缺的装饰）和"纪念性"的建筑。[23] 令人感到有趣的是，在这样的提法下，时代的进程在不到 20 年间发生了多么深刻的变化。来自 1968 年骚乱街头的狂暴要求使这个世界已经经历了一场艰难而快速的下降，变得比过去更加富有试探性与不确定性。

埃森曼和屈米

主要负责将后结构主义思想融入建筑话语的两个人是彼得·埃森曼和伯纳德·屈米。屈米出生于瑞士，从苏黎世联邦理工学院（Eidgenössische Technische Hochschule，ETH）毕业后自 1968 年起在巴黎生活，因此对早期的后结构讨论、马克思主义和情境主义者（Situationists）的"景观"（spectacles）都非常熟悉，并与这些情境主义者保持着一种特别密切的关系。埃森曼采取了一条更迂回的路线，这至少部分受益于他与马里奥·冈德索纳斯和黛安娜·阿格雷斯特的友谊，他们两人都曾在 20 世纪 60 年代晚期留学巴黎。阿格雷斯特发表在《反对派》第 6 期（1976 年）上的文章——《设计对非设计》（Design versus Non-Design）其实是对英美符号学的一次后结构批判——也就是尝试将符号学作为分析建筑意义的基础。相反，她呼吁"非设计"或通过相互影响的文化系统（意识形态）多变的关系来解读建筑。如果现代主义 [从勒·柯布西耶到"十次小组"（Team X）]

试图通过筛选或划定文化活动允许的隐喻来实践一种还原论的思想形式，那么她则认为一种对建筑更为普遍的解读并不是通过由选定的隐喻所组成的主导系统（例如把房子比作远洋客轮）来看待其形象的，相反而是将这些形象视为一系列的"社会文本"（social texts），如果你愿意的话，也可以将这些形象视为一些戏剧性的片段。通过在这些互相矛盾的文化文本的开放节点中发挥作用——在咖啡馆的生活中，透过注视、手势、街道、仪式以及"可作为装饰品的人"，建筑从而准确地获得了它自己的"多重意义"（densities of meaning）。[24]

　　阿格雷斯特的文章对埃森曼来说是重要的，因为在这段时期（1975 年和 1976 年）内，他的思想正处于对诸如现代艺术博物馆的美术展这类活动作出反应的转折点上。例如，通过概括出两个设计策略，他完成了自己的《反对派》社论《后功能主义》（Post-Functionalism，1976 年）。第一个策略是允许形式成为一种"来自一些先前存在的，几何的或柏拉图立体的，可辨别的转换"；第二个策略是从一种"无时间性的、分解模式"的视角来看待形式，或将其作为一系列与中央组织机构无关的片段。[25] 如果说埃森曼早年的"生成"（generative）住宅代表了第一个策略的话，那么 1976 年他接受客户委托设计的住宅 X（图 7.1），则代表了第二个策略。

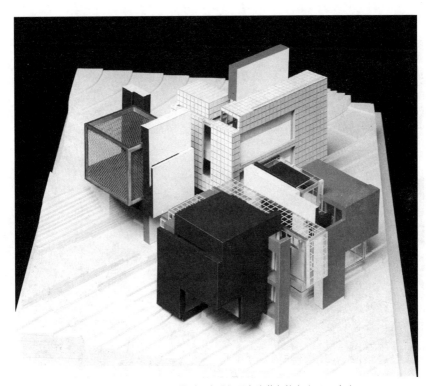

图 7.1　彼得·埃森曼，住宅 X 的轴测模型，密歇根州布隆菲尔德山（1975 年）

133

　　然而，有趣的是直到 20 世纪 80 年代早期，埃森曼仍然没有说清楚设计住宅 X 的充分的理论依据——也就是说，在德里达思想已经更加广为人知之后。然后他向人们宣告：设计概念的关键是中央虚空，一种存在的虚无，一种"无脊椎动物"，既没有壁炉，也没有楼梯，更没有任何人文中心——因此"拒绝任何承载着价值的起源"。[26] 他指出作品的周边部分也激发了"有关毁灭、衰败、崩溃的隐喻思想"，埃森曼向那些无法"再把信仰合理而完善地维持下去"的现代人提交了他设计的住宅，因此建筑师的主要设计策略是一种"分解"或"类似于文学评论家称之为'解构'的活动"。[27] 他也承认他早期阶段——操控几何平面与线条的过程驱动策略已是过去的事了，但这并不意味着他放弃了所有的系统或代码。对于埃森曼而言，设计仍然是一种启发式的，用来处理德里达所谓的"痕迹"或没有公开表达的那些意义痕迹的活动。

　　人们认为埃森曼思想的另一个重要转变是他 1978 年的威尼斯项目。该项目源于一次竞赛，除了埃森曼，还有其他五位建筑师参加。此次竞赛的目的是为威尼斯的卡纳雷吉欧社区（Cannaregio neighborhood，图 7.2）寻找新的城市解决方案，这个区域恰好就在火车站的东北部，由两条运河与把城市和大陆分隔开的潟湖一起确定出其界限。这块建筑基地是 19 世纪的主要工业用地，但其西北角在现代主义者的典故中也是颇负盛名的地方，因为 20 世纪 60 年代时，勒·柯布西耶曾在那里设计了一家医院，但并没有得以建造。

134

图 7.2　彼得·埃森曼，卡纳雷吉欧社区项目的模型，意大利威尼斯（1978 年）。迪克·弗兰克（Dick Frank）摄影。本图由埃森曼建筑事务所提供

埃森曼用三个高度概念化的"文本"对此作出了回应，借此他批判了他所说的建筑的三个怀旧"主义"：现代主义（对未来的怀旧），历史主义者（historicist）的后现代主义（对过去的怀旧）以及文脉主义（对现在的怀旧）。[28] 在第一个文本中，他扩展了勒·柯布西耶设计的建筑网格以至于覆盖了卡纳雷吉欧社区的大部分区域，并将它标记为一系列的18 个孔或空洞，他称之为"未来房屋的用地或坟墓的潜在场地"，意味着"理性的空虚"。他的第二个文本叠加在由一系列不同尺度的"统一而毫无生气的街区"组成的基地上（通常接近或毗邻这些空洞），以至于无视任何文脉关系。在第三个文本中，一条对角线穿过该基地，这条"对称的拓扑轴"暗示着"有些东西可能会迸发，并且这些东西也许不会停留下来：它们是无意识或记忆中的影子"。[29] 除了这三个文本之外，不容忽视的还有埃森曼的另一个大动作，他居然提出场所内不布置住宅。一切都是概念性的。

如果卡纳雷吉欧社区的设计表明了埃森曼对"虚构"的新嗜好，那么他为柏林所做的"人工开挖城"（City of Artificial Excavation）的项目则将这个主题更推进了一步。该项目于 1981 年提交，与杰奎琳·罗伯逊合作。在柏林腓特烈施塔特区（Friedrichstadt district）的一块基地上，他设置了一个略微与现有街道肌理不一致的墨卡托方格网（Mercator grid），因此用他的话来说，这是一种"反记忆"。方格网界定出了由石灰岩墙体所组成的网络系统（基础）以及 3.3 米高的通道（正是当时作为边界的柏林墙的高度），这被他看作是一种"消除历史古城墙物质性的和象征性的存在"的方法。[30] 除了周边的几栋建筑物（一栋得以建造）之外，为了保留隐藏的"考古遗址"，场地内部被处理为开放空间。

这些提案除了深奥或极具象征性之外（与埃森曼痴迷于心理分析不无关系），也表达了对几个竞赛设计策略的不满。一个是后现代主义现象，他谴责这种现象为只是一种对"崇拜对象"的渴望罢了。[31] 另一个是柯林·罗的图 / 底文脉主义，而这只会再次强化"经典构成的格式塔完形"。[32] 在这些设计中，还存在另外一个因素，这就是埃森曼希望扩大规模进而开展他自己的业务。柏林的竞赛与威尼斯的竞赛不同，这是他真正完成的第一个重大的建设项目。次年，他赢得了俄亥俄州立大学的维克斯纳视觉艺术中心（Wexner Center）的竞赛，他的建筑轨迹此时处于上升阶段。他在 20 世纪 80 年代的设计策略——比例缩放、递归、自相似性和不连续性——一切都是为了摧毁建筑的古典传统，或是就像他用后结构主义术语所解释的那样"颠覆本源的价值，颠覆人类活动中心主义的概念，颠覆审美对象。"[33] 对不同规模的类似方案或材料所进行的比例缩放或叠加经过几何细分（递归）、隐喻性的变化（自相似性）和形式的破碎（不连续），从而实现了这个目的。

所有的这些术语通过"隐藏"（dissimulation）这一思想或许得以最好的概括，这也是他 1985 年的论文《古典的终结：开始的结束，尽头的结束》（The End of the Classical: The End of the Beginning, the End of the End）的主题。现在，通过借鉴鲍德里亚，埃森曼使用"仿真"（simulation）一词——对表现（representation）、理性和历史的"仿真"——描述了自文艺复兴以来建筑发展的特征。我们这个"非古典"时代的与众不同之处在于：任何的这种仿真基础或形而上学的帮助（例如，就像在后现代主义中所发现的那样）都是不可能的，而"完全虚构的对未来的发明与实现"也是不可能的。对于埃森曼而言，设计所留下的是"写"（writing）的构想，而不是"意象"（image）的构想：不是像用词语或符号那样写作，而是用像德里达的"痕迹"（traces）或带有歧义的支离破碎的词语那样写作。[34] 例如在柏林的项目中，他呼吁发挥作用的城市基础不是真正的基础，而是一个"虚构的现实"，因此是有创造力的。[35] 同样，维克斯纳视觉中心所在的基地内有着旧军械库的现有基础，当然埃森曼并没有利用它们。

20 世纪 80 年代时，埃森曼思想中的文本性（textuality）以一种不同的形式出现在屈米的作品中。屈米同样也被后结构思想所吸引，但是他采用了一种多少有点不同的方法来进行设计。[36] 20 世纪 60 年代末，在结束了巴黎的一段工作经历后，屈米搬到了伦敦，在那里他成为伦敦建筑联盟学院的一员，继而在阿尔文·博雅斯基（Alvin Boyarsky）的领导下进行研究。虽然雷纳·班汉姆和建筑电讯派（Archigram）在学校中的影响力依然相当强劲，但年轻的教授及其学生们构成了属于未来"明星"们的名副其实的万神殿。其中有莱昂·克里尔、雷姆·库哈斯、扎哈·哈迪德（Zaha Hadid，1950—2016 年）、丹尼尔·里勃斯金（Daniel Libeskind，1946 年—）、威尔·艾尔索普（Will Alsop）和奈杰尔·科茨（Nigel Coates）。屈米教授"城市政治学"和"空间政治学"，并继续进行他曾在巴黎研究得很好的政治激进主义。

屈米在这个早期阶段的两篇关键文章是《环境触发器》（The Environmental Trigger）和《空间问题》（Questions of Space），它们都写于 1975 年。当许多英国建筑师要么转向后现代主义，要么转向莱昂·克里尔的理性主义观点时，屈米却在寻求另一条可替代的道路。事实上，他后来将第一篇文章描述为自己公开的政治激进主义的"结束篇章"，因为他认为"唯一可能的一个革命性建筑行为就是修辞（rhetorical）。"[37] 这并不意味着完全放弃斗争，而是通过"修辞性的示范行为"（静坐、上街游行示威）、"反设计"（对传统建筑文化的破坏）和"颠覆性的分析"（激进的游击战术），采用德波的转向或转移到特定的城市环境的策略。[38]

在《空间问题：金字塔和迷宫（或建筑悖论）》[Questions of Space: The Pyramid and Labyrinth（or the Architectural Paradox）]一文中，他在丹尼斯·奥利耶（Denis Hollier，1944 年—）对乔治·巴塔耶的著作所进行的解释基础上确立了自己的主题，在文中他谈道："金字塔"（原因）和"迷宫"（感官体验）成为引导他讨论"理想"和"现实"空间的隐喻。[39] 建筑的"悖论"是其媒介比任何其他事物都更多的涉及空间，当从感官方面体验真实空间时，在概念层面却质疑空间的本质是不可能的。对于屈米来说，感官空间以这种方式成为习以为常地反抗建筑的一种新的阿多诺式的方法。为了阐述这一目标，他回顾了激进的建筑师（建筑伸缩派）和理性的建筑师（罗西学派）的概念空间的方法，以及德国的移情和格式塔完形理论的感官思考。与概念方法相比，屈米显然更青睐于感官方法，同时他还提出了他解决目前社会危机的办法——"如同色欲，建筑同时需要系统和过度"——如果只有适度的话，这是令人惊讶的。[40] 因此，性感空间的设计（在巴特和德里达的引导下）必须成为对所预料的空间的颠覆，换句话说，就是"过度"的快感。

愉悦与震撼的确成为他在 20 世纪 70 年代后期的作品中反复出现的主题，而这些主题的展开则是通过一系列的展览、著作以及委托项目。[41] 在 1976—1977 年期间，他成为普林斯顿和纽约建筑与城市研究所（IAUS）的客座讲师，这也促成了他在《反对派》上发表了论文《建筑与越界》（Architecture and Transgression）。文章重申了色情（eroticism）这一颠覆性的概念，同时还展现了他的两张建筑"广告"，它们描绘了因 1965 年开始停止使用而被遗弃的萨伏伊别墅（图 7.3）。屈米的两张广告作品与其涂鸦一起影射了建筑物上尿液和粪便的味道，它们醒目地宣告"这座建筑最建筑学的东西就是它关于衰败的表达"，"尽人皆知的感官感受可以战胜那些即使是建筑的最理性的部分"。[42]

这位瑞士建筑师借助于他的文章《建筑中的暴力》（Violence in Architecture）引起了类似的共鸣，他的意图不是指肉体或情感上的粗野蛮横，而是隐喻"个人与其周围空间之间关系的强度"。[43] 人与空间都再次成为他最重要的理论性作品的主题，《曼哈顿脚本》（The Manhattan Transcripts）——这一"阅读机"（reading machine，类似于"爱森斯坦的电影文学剧本"或"莫霍利-纳吉的舞台指导"）就是他从 1976 年到 1981 年间的系列展览中策划而成的。[44] 这部戏剧性的小说分为公园、街道、塔楼和街区这些情节段落，并恰当地以一宗谋杀案开始，也许 [就像乔瓦尼·达米亚尼（Giovanni Damiani）所指出的] 是对米开朗琪罗·安东尼奥尼（Michelangelo Antonioni）1966 年的电影《放大》（Blow

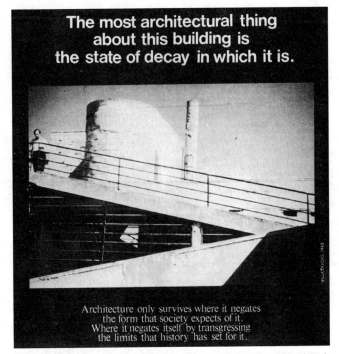

图 7.3　伯纳德·屈米，萨伏伊别墅，摘自《广告》（1977 年）。本图由伯纳德·屈米建筑师事务所提供

137

138 Up）的超现实主义的影射。[45] 四个连续（但非写实）的脚本中，充满了爱的行为、另一次谋杀、从塔楼上坠落、士兵和杂技演员，像先锋电影中的静物剧照一样散布着平面、图表和轴测图——在屈米的互文性（intertextual）尝试中，不仅要强调使用、形式和社会价值观之间的脱节，还要强调空间、运动和事件之间的联系。当前两段情节于 1978 年在曼哈顿一家画廊公开展示的时候，它们几乎没有被一些建筑师注意到。

不过，屈米的默默无闻并没有持续太久。当《曼哈顿脚本》出现在 1981 年中的一期《建筑设计》特刊后不久，这位理论家就把他的图形策略运用到巴黎拉维莱特公园（Parc de la Villette，图 7.4）的国际设计竞赛中。当这位艺术家 / 革命者 / 未开业的建筑师在 1983 年初被宣布成为获胜者（击败莱昂·克里尔和雷姆·库哈斯）时，他顷刻间成为建筑名人。对屈米而言，评委会的决定可能在童话中都不一定存在，自此证明他的胜利（与扎哈·哈迪德竞赛获胜的香港顶峰俱乐部设计一起）在"历史主义者的后现代主义霸权与一直到那时还只是少数人所进行的研究之间形成了一个转折点。"[46]

在纯粹的视觉层面上，屈米用于拉维莱特公园的叠加（superimposition）与并置（juxtaposition）策略似乎并没有与埃森曼的那些存在极大的差异，但他们的理论基础是完全不同的。[47] 鉴于埃森曼故意采用深奥的主题和极端形式的操作，曼弗雷多·塔夫里曾将其比喻为"形式的恐怖主义"，而屈米则侧重于非计划（non-programmatic）的空间，

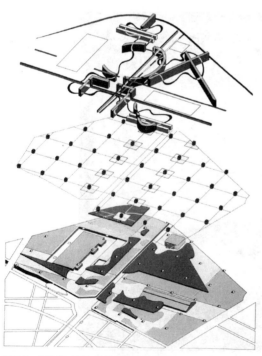

或者说在拉维莱特案例中，他侧重于表现在 125 英亩的公园土地之上层层叠加而成的线、点、面之间的暴力乃至情色碰撞。[48] 线由直线形的步行通道和曲线形的"主题花园路径"组成，它们在"疯狂物"（follies）内及其周围随机编织起它的路线。这些点是 26 个红色的疯狂物（解构立方体），每间隔 120 米，它们便被分别放置在笛卡儿网格的各顶点处。这些面具有多种用途，它们仿佛是掉落在基地上一般，其中有博物馆、礼堂、草坪和花园，以及各种自由的搭配诸如剧院、餐馆、咖啡馆、画廊、工作室和游乐场——均按照官方为"21 世纪公园"所制定的任务书而确定。

屈米将他多个事件的蒙太奇做法称为"电影场景系列"（series of cinnegrams）或在他早期理论性的项目中已奏效的

图 7.4 伯纳德·屈米，拉维莱特公园规划网，巴黎（1983 年）。本图由伯纳德·屈米建筑师事务所提供

连续系统。[49] 而这也正是他的方法从根本上看与埃森曼的不同之处。如果后者同时将其作品定义为叙事意义上的文本的话，那么屈米则更喜欢"互文性"（intertextual）概念，即一种巴特式的想法——所有的文本实际上是由其他文本的片段构成的。在拉维莱特案例中，文本的蒙太奇包括从电影、文学批评、精神分析，甚至（带有红色疯狂物的）构成主义图纸中获得的示意性引用。[50] 他非常恰当地选择了"疯狂物"（folly）一词作为设计的引导性主题（部分暗指福柯），这个词同时也承载了语义剧本所具有的全部主题。除了特指那些曾经专为贵族娱乐而建的花园亭台外，法语词"folie"还有"疯狂"的意思。[51] 城市无政府主义者屈米之所以选择这个词是想使建筑理念直接与完全偶然或反设计的"事件"挂钩。当网格发生碰撞，非理性空间本身就成为活动的源泉，然而这是理性的疯狂。

拉维莱特的这些创造所具有的偶然性特征也区分了他不同于埃森曼的方法。1985年，埃森曼受项目经理弗朗索瓦·巴雷（François Barré）的邀请，与当今著名的哲学家德里达合作设计拉维莱特花园中的一座。[52] 在此后的两年中，两人辛苦合作"合唱曲"（Choral Works），这一作品从许多方面来看都是埃森曼最引人入胜的设计之一。德里达最初拒绝了他提出的引用柏拉图《蒂迈欧篇》（Timaeus）的"chora"（容器）的想法，但在给这位建筑师的一封信里他也提供了一幅草图。[53] 埃森曼努力去完成设计，在设计中他将德里达的手稿及其威尼斯卡纳雷吉欧区项目（Cannaregio project for Venice）的隐喻和历史遗址的转喻元素以及屈米的设计结合起来——所有的一切均恰当地重新调整至该基地中的一个小角落内。

然而，拥有最终决定权的正是德里达——不是关于埃森曼而是关于屈米。1986年，在拉维莱特为伦敦建筑联盟学院准备的一次展览中，德里达给红色疯狂物增添了哲学上的思考：它们的错位、失稳，以及意义的解构。他问道："难道它们不是回到建筑的沙漠，建筑写作的零度吗？简而言之，在一篇由抽象的、中性的、不人道的、无用的、无法居住且毫无意义的体量构成的散文中，这种写作将会迷失自我，从此没有结局、美学光环、基本原理、分级原则或象征意义。"德里达否认了这些解释，因为他认为这些疯狂物相当"肯定，并且以它们的肯定超越了形而上学建筑这种最终湮灭的、暗自虚无主义的重复。它们进入我所说的'现在'（maintenant）；它们维护、更新并重塑建筑。它们或许复兴了一种能量——即被极度麻醉、围困且埋葬于同一个墓穴里或阴森森的怀旧之情中的能量。"[54] 纵观历史，几乎没有哪位年轻建筑师曾经获得过当地哲学家或著名人士如此难以理解的认可，不过也从未出现过如此令人费解的理论。

第 8 章　解构主义

　　尽管 20 世纪 80 年代后现代主义和后结构主义思想有着迥然不同的哲学基础，但是那种认为这两个理论学派在他们已实现的设计中差异显著的观点，仍然是一种并不令人满意的历史解读。一方面，这十年中前半期的"历史主义"思潮要想准确解释这意味着什么——就历史主义本身而言——的确是一项棘手的任务。例如，在何时，简单的历史典故让步于更加微妙的策略，比如虚构的隐喻、叙事或者文本的特异景象？在何处，明确划清了形式分解（正如 20 世纪 20 年代的构成主义先锋策略或者 20 世纪 80 年代"解构主义"的推波助澜）与这十年来几科无处不在的不断增长的形式复杂性之间的分界线？然而在欧美大学中，许多人文学乎的教授都陶醉在后结构理论的小花招和术语的假象里，想要跟上形势发展的建筑师们正在苦苦寻觅某些坚实的基础来支持新形式的发展方向。但是，我们必须清楚这并不意味着他们还未被不断变化着的时尚的新颖性或者他们正在创造的一些前所未有的事物的信念激起兴致。当所设置的理论障碍还没有那么高时，对于当时谁是后结构或后现代这一问题仍然还特别模糊。在这个意义上，人们可能会把 20 世纪 80 年代后期的建筑学理论比作埃森曼十年前所说的令人尴尬的青春期阶段。混乱而不清晰，这就是当时的基调。

暧昧的后现代主义

　　例如，由于早期后现代主义的先驱者——像汉斯·霍莱因和詹姆斯·斯特林扎根于 20 世纪五六十年代的美学氛围中，因此他们的作品大部分都表现出某种模棱两可。霍莱因毕业于维也纳美术学院，并且于 20 世纪 50 年代后期在伊利诺伊理工学院和加利福尼亚大学伯克利分校攻读研究生。他之所以回到维也纳不仅是因为他清楚芝加哥和加利福尼亚当时所发生的事，而且也是出于对维也纳出生的美籍建筑师前辈如鲁道夫·申德勒和理查德·诺伊特拉的作品的赞赏。随后，霍莱因在 20 世纪 60 年代参加了各种展览，其中最引人注目的或许就是他的名为"转型"（Transformations）的展出，1963 年他在圣斯蒂芬美术馆（St Stephan Gallery）展出了一系列的蒙太奇照片。他的美术装置很快就进入到了产品设计、家具及舞台设计中，总之，进入到设计的各个领域。他早年的两个标志性建筑作品——蜡烛商店（the Retti Candle Shop，1964—1965 年）和士林珠宝店

（the Schullin Jewelry，1972—1974 年）——进一步显露出他的艺术天赋。前者，凭借其抛光铝材的外观，内饰及其细节设计显露出高水平的精细工艺。后者，其多彩的花岗石和沿外立面的正中往下加重的黄铜裂缝是为了向阿道夫·路斯和约瑟夫·霍夫曼（Josef Hofmann）致敬，然而若干年后它将作为一个早熟的"后现代"迸发的代表登载在许多出版物中。霍莱因在 20 世纪 70 年代后半期奥地利旅行社的办事处（Austrian Travel Agency，总共 4 间）中使用的镀金棕榈树、东方展馆和劳斯莱斯橱窗的确把他推向了后现代主义运动的前列。

　　但是，外表有时是具有欺骗性的，在这一时期，他的另一个主要作品——门兴格拉德巴赫市博物馆（the City Museum at Mönchengladbach，1972—1982 年，图 8.1）——就证明了这一点。从很多层面来看，它都是一个复杂的设计。这座建筑坐落在靠近荷兰边境的一个德国小镇的历史街区内，它不仅是一座艺术殿堂，更像是把自己当作一个有着完全不同元素的城市景观来呈现。它们自身的组成部件意趣盎然：一座断裂的行政塔、一个石材包覆的礼堂、一栋由白色大理石构成其入口的展馆、七条朝向北极光的覆有镀锌表皮的长廊、一个伸向综合体顶部并占据了其大部分区域的城市广场，以及一系列弯曲的瀑布般泻落的花园墙向下通到草坪和花园，让人联想到奎尔公园（在西班牙巴塞罗那近郊，园内主要建筑物为著名建筑师高迪所设计。——译者注）。除此之外，设计的主题也可在其他地方看得到，它出现在布景式的由不同房间的奢华内饰而形成的幻景效应中，或是出现在那种被弗里德里希·阿赫莱特纳（Friedrich Achleitner）描绘成维也纳的"把现实上升到美学高度的传统"中，肯尼思·弗兰姆普敦曾将这种戏剧风格的模式与插曲般的"场景"相联系。[1] 从这个意义上讲，很难把这个作品视为后现代的。

143

图 8.1　汉斯·霍莱因，阿泰伯格博物馆，门兴格拉德巴赫。玛莉埃斯·达索夫（Marlies Darsovv）摄影。本图由霍莱因工作室提供

首先，霍莱因是一位喜欢隐喻的闪烁其词的讲述者，而不是从试图用"意义"来复兴建筑的后现代观念出发。带着一种回忆维也纳与东方历史联系的华丽心境，他引用自己早期的一次演讲来描写其中的特性——"人人皆是建筑师，万物皆为建筑"。[2] 他喜欢在交流中运用修辞手法，这尤其表现在他对材料与构造的选择上。他还心怀维也纳的建筑传统，从菲舍尔·冯·埃尔拉赫（Fischer von Erlach）一直到理查德·诺伊特拉。在另一次早期演讲中，当提到后者的观点时，他指出：

> 即使建筑是一种精神创造，它也是物质的。它不仅是思想，而且也是形式，不仅是虚无的空间，而且也是充盈的。它就在那儿。建筑首先是被看到。但它同样也能被感觉到、被听到、甚至被闻到。它不仅是与身体说话，而且是与灵魂说话。建筑物本身有灵魂、有人格、有特征。它们有情感和欲望。[3]

霍莱因性格的另一方面通过他于 1978 年挥笔描绘奥托·瓦格纳（Otto Wagner）的一幅草图而得以揭示，在这幅草图中，他强调了建筑师与菲舍尔·冯·埃尔拉赫的巴洛克传统之间的密切关系。其图解的丰富层次显示出霍莱因与他们有着完全相同的根源。他有时故意地"特立独行和异想天开"，公然地奉行一种象征主义，然而像他之前的瓦格纳和路斯一样，他所具备的维也纳人的表现天赋长期以来也被染上了一抹岌岌可危的哈布斯堡帝国那充满讽刺意味的壮丽与模仿的色彩。[4] 从根本上说，他的作品实际上与那个时候后现代主义的大众化观念截然不同。

斯特林的设计源泉有点平淡无奇但又高深莫测。他是利物浦本地人，于 1949 年从利物浦大学建筑学院毕业，并且在柯林·罗的指导下完成了他的论文，他们是战争期间在跳伞训练学校相识的。就像他的大多数 20 世纪 50 年代早期的英国同行们一样，勒·柯布西耶是他青睐的英雄，当他开始热忱接受在这十年的中间几年兴起的新粗野主义运动时，勒·柯布西耶设计的贾奥尔住宅（Maison Jaoul，1951 年）所具有的物质性成为指引斯特林的北极星。

斯特林 [和詹姆斯·高恩（James Gowan）一起] 在 1959 年为莱斯特大学工程馆（Leicester Engineering building）所做的设计改变了一切。在以后的生活中，这位英国建筑师明确了他的职业发展，从他早年的现代主义"抽象"发展到他晚年日益受认可的"表现"。这座大学中的建筑物虽然在构成上进行了抽象化的处理，但却是他对极端现代主义作品的第一次严肃批判。[5] 首先，这是一个有些笨拙的体量组合：电梯的垂直竖井和楼梯间、行政塔楼的耦合体 [倾斜的礼堂从那儿依照梅尔尼科夫工人俱乐部（Melnikov's Worker's Club）的方式向外突出]，以及实验室的大型水平向场地。实验室棚状天窗的倾斜屋顶与矩形平面成 45° 角，这使得这些体块的末端在外面形成菱形图案。砖和瓦组成完全不同的图案，相当于是概念上的发挥。然而，之所以能够弥补老一套形式（当时备受推崇）是得益于他们与现代理性的几何形式的决裂，然而他们同时也迷失在那些难以解决的细节问题和用户对建筑功能的不满中。斯特林在剑桥（1964—1967 年）和牛津（1966—1971 年）设计的大学建筑物具有相似的明快风格和几何体量，特别是在使用和细节设计方面遭遇了同样的命运。

在 1970 年左右，斯特林的设计方法经历了又一次蜕变——原因之一通常被归结于 1969--1972 年间，莱昂·克里尔参与工作室的设计。从这一时期开始，不仅坦丹萨学派（Tendenza，也被称为新理性主义）的几何简化在他的设计中变得明显，而且同样也对新古典主义类型学进行了历史的认可。对于斯特林来说，这充分体现在 20 世纪 70 年代中期的三个德国博物馆的设计中，其中一部分建立在霍莱因的放弃使用博物馆盒子的想法上。例如，在杜塞尔多夫的为北莱茵 – 威斯特法伦州博物馆设计（Düsseldorf for the Museum für Nordheim Westfalen）的未建成项目中，斯特林恰如其分地保留了可追溯到战争期间的现有遗迹（他在里面布置了一座礼堂），而博物馆本身则采用了方形，在这个设计中，他开创了在中央庭院中运用圆柱的手法。在主体建筑的一边，他设置了一个古典展馆作为入口，他指出这个展馆就是"整个博物馆"的象征。[6]

145

相同的主题——圆形庭院——也成为斯图加特新国立美术馆（Stuttgart's Neue Staatsgalerie，图 8.2）引人注目的核心，这是 1977—1984 年间对现有老博物馆的一次扩建。在这里，巧妙的组织始于以墙面围合成的雕塑庭院的圆形空间，这些墙面设置在高墩台上，而庭院则由博物馆的 U 形平面所环绕。因此，比起他的杜塞尔多夫的设计，斯图加特新

图 8.2　詹姆斯·斯特林，新国立美术馆，斯图加特（1977—1984 年）。本图由蒂姆·布朗（Tim Brown）提供

国立美术馆更忠实地唤起了人们对古纳尔·阿斯普兰德（Gunnar Asplund）设计的斯德哥尔摩图书馆或者申克尔设计的柏林老博物馆圆形大厅的记忆。然而，这个作品构成了莫内奥所说的"片段的多样性"中的一个元素，在此"意外"完全占据统治地位。[7]编织在建筑物中的那些历史主义幻想有：半掩藏的柱子、埃及和罗马式的窗户、勒·柯布西耶制定的平面形式，以及纵横交错地融入步行者体验中的一系列坡道和附加的"构成主义雨棚"。比例的故意缺失、异乎寻常的色彩选用以及矫揉造作的夸张无处不在，这一开始似乎是简单的讽刺，但是也可以被理解为一次走向极端的理智的发挥。这里也存在着处理建筑群的棘手问题。从 20 世纪 80 年代早期的视角来看，存在于这座建筑中的大量历史典故替它打上了后现代杰作的烙印；在这十年期间，没有建筑物得到更多的宣传，迈克尔·格雷夫斯的波特兰市政厅可能是个例外。然而对角线、倾斜的墙壁，以及那看似已经脱离了墙体的几块"下滑"的大方石的使用，暗示着它实际上是解构主义的一次早期实践，尽管这一实践没有任何明显的理论意图。

盖里

虽然弗兰克·O·盖里的设计作品集一般源于迥然不同的前提条件，但是在他的作品中，视觉复杂性的类似情况显而易见。盖里是土生土长的多伦多人，他在青少年时期随全家一起移民到洛杉矶，并就读于南加州大学。在 1962 年与格雷格·沃尔什（Greg Walsh）组成合伙人关系之前，他为维克托·格鲁恩（Victor Gruen）事务所工作，并在哈佛和巴黎分别见习了一学期和一年。就某些方面而言，盖里的早期作品为了解他后来的演变提供了一些启示。斯蒂夫斯住宅（Steeves Residence，1958—1959 年）轻盈且具有一种空间感，它因融合了赖特式的主题（十字形的开敞平面、平屋顶、天窗的使用、平面的延展）而著称，并与建筑师案例研究的本地语言及日本设计相结合。盖里在受到路斯式的启发后所设计的丹齐格工作室和住宅（Danziger Studio and Residence，1964—1965 年）是两个紧密联合在一起的体块的表演，其中一个配有微妙的空间，它看着与自己并列在一起的梅尔罗斯大道，并对其喧嚣和杂乱表现出一丝含蓄的蔑视。60—70 年代之间的其他项目中有接待中心（Reception Center，1965—1967 年）和马里兰州哥伦比亚的梅里韦瑟邮政展馆（Merriweather Post Pavilion，1966—1967 年），还有好莱坞露天剧场（Hollywood Bowl，1970—1982 年）的改建。

到 20 世纪 60 年代末，盖里已经在试验他的设计调色板——要么是使用廉价的材料，要么是展现完全"爆炸"的空间结构。在圣璜卡毕斯壮诺（San Juan Capistrano）的奥尼尔谷仓（O'Neill Hay Barn，1968 年）和马利布的戴维斯工作室（Davis Studio，1968—1972 年）这两个方案中，他均打破了正交的几何形体，并设计了倾斜的用波纹镀锌钢板和（戴维斯工作室采用的）未加工的胶合板包覆的梯形外壳。在 1969 年，他设计了自己的第一件硬纸板家具，并且在圣莫尼卡广场（Santa Monica Place，1972—1980 年）的设计中，他把链条状栅栏用在车库的南立面上。与他对许多南加州艺术家的日益喜欢相一致，这些实验以他对圣莫尼卡自宅的改建（1977—1978 年）而达到顶峰，事实上，这一设计所具有的激进性还使他的公司破产。这仿佛是他第二次"进入社交界"的聚会，但是这种碰撞的体量、分层的空间以及俏皮的灯光效果所组成的表现主义戏剧——达尔·科曾经将其描述为一次"自传式的引人入胜的操作"——在其梅兹堡般（Merzbau-like）的构图元素里可以说仍是现代的。[8] 盖里从 1978 年开始，甚至在他为洛杉矶洛约拉法学院（Loyola Law School）设计的一系列建筑群和古罗马广场中玩起了后现代主义。然而，这种文化的影响是短暂的，也许在其消散过程中最显著的因素是他对鱼这一象征物再生的痴迷。

当然，我们无法知道盖里在 20 世纪 80 年代重复采用鱼这一主题的个人原因，但是它的使用显然表明他仍然不断发展着的建筑观掀开了新的一页。事实上，盖里不是第一个被鱼的形状所吸引的建筑师。在 1859 年一篇关于希腊弹弓导弹的文章中，当德国建筑师戈特弗里德·森佩尔（Gottfried Semper）在思考他所谓的"自然与艺术中某些特定形式的动态起源"时，他认为鱼的独特形式是对其生态媒介的进化反应，接着他继续指出：在古希腊人的建筑形式中，许多富有弹性的弯曲度都是对有机界的模仿——例如，他指出希腊单词"echinus"（海胆）与"sea mussel"（海蚌）具有相同的词根。[9] 盖里对鱼的迷恋似乎更多的是基于它的象征意义和鳞片的形状。它首次出现在 1981 年他为史密斯住宅（Smith House）绘制的草图中。同年，他公开了自己与理查德·塞拉（Richard Serra）共同为纽约建筑联盟设计的鱼形桥（fishpylon bridge）。1983 年，当富美家公司（Formica Corporation）委托盖里探索彩虹芯（Colorcore）系列的可能性时，建筑师将经过变体的鱼的形象（连同蛇一起）设计到灯具里，几年之内，鱼出现在世界各地的展厅和雕塑装置中，广受好评。

对盖里来说，鱼也隐喻性地潜伏在 1985 年威尼斯双年展的"小刀的旅程"（Il corso del coltello）表演中。这出戏剧是这十年来最为有趣的建筑事件之一，也可以说是盖里最明确的艺术宣言。该剧由盖里、古斯·凡·布鲁根（Coosje van Bruggen）和克拉斯·欧登伯格（Claes Oldenburg）构思并联合编写，它包含一系列互相冲突的事件，勾勒出了一些不可思议的人物角色，其中包括科特罗博士（欧登伯格），一个梦想成为伟大画家的无执照的卖纪念品的小贩；乔治亚·沙林格（凡·布鲁根），一名想追寻自己文学爱好的退休的旅行社代理商，就像乔治·桑（George Sand）和科拉米蒂·简（Calamity Jane）一样；还有巴斯塔·卡拉博兰 [杰马诺·切朗特（Germano Celant）] 一个对所有角度都了如指掌的台球赌博中的骗子。盖里扮演了弗兰基·P·多伦多（Frankie P. Toronto），一名立志成为伟大建筑师的理发师兼讲师。剧中的主要道具是一把巨大的瑞士军刀，并兼作贡朵拉（gondola，意大利威尼斯的平底狭长小船）；主要开刃处其形如鱼，打开的螺旋钻象征着一条盘绕的蛇。在开始不久的一幕中，盖里身穿一套由建筑片段组成的衣服，头戴一顶鱼状或房屋状的帽子，用一把类似刀片的东西从满是涂鸦的古庙中切出条生路。在他随

图 8.3 弗兰克·盖里，奥运村的鱼雕塑，巴塞罗那（1992）。本图由马特·米曾科（Matt Mizenko）提供

后的"演讲"中，他倡导三个建筑原则。第一个是"真正的有序是无序"（反对古典主义的施虐狂－受虐狂－军国主义秩序）（sado-mis-machochistic-militaristic order）；第二个是从根本上看，建筑学就是"切开和分片，切开和分片"的行为。在说到他对学院派和后现代主义都不感兴趣之后，盖里阐明了他关于变形的第三个原则："为什么变形？世界是在不断变化的。人成为建筑，建筑成为人。在人类以前，存在其他生物，其他美丽的生物。"其中最主要的就是鱼。[10]

这些思考方式不仅构成了对后现代主义历史主张的反击，而且也揭示了盖里是如何开始注意到他自己的设计倾向正在发生变化的，就这点而言，鱼在盖里的设计演变中的确起到了非常具体的作用。因提议为 1989 年的巴塞罗那奥运村建造一个大型的鱼形雕塑（图 8.3），盖里事务所遇到了一个难题，即如何处理这些非线性形式的尺寸和细部以使它们容易地得以制造和装配。解决的办法就是改进专门设计幻影战斗机的航空软件，通过这个软件来测量并精确制作曲线板。这种新型的软件接着被应用到盖里事务所的另一个项目——迪士尼音乐厅（Walt Disney Concert Hall）的设计中，他在两年前的竞赛中获胜，与此同时他还在为此准备着方案最终的设计图纸。就这样，计算机软件这一新工具的运用为他打开了一扇通往业务新阶段的大门（在洛杉矶和不久之后的毕尔巴鄂），这在 20世纪 90 年代具有深远的意义。在迪士尼音乐厅和古根海姆博物馆的设计中，他都恰当地把鱼鳞留了在合适的地方。

68 一代的成年

　　盖里在建筑设计上发生的转变，如果说其动机并不是主要来自 20 世纪 80 年代对哲学的痴迷的话，那么此时一批年轻建筑师正在迈步前行的情况则与此相反。雷姆·库哈斯和大都会建筑事务所（the Office of Metropolitan Architecture，OMA）处于这一群体的前列。雷姆·库哈斯曾任记者和编剧，他在关键性的 1968—1972 年期间参加了建筑协会，而他留在那里并不是没有争议的。他的一个项目受到评委会的质疑，这个项目称为"作为建筑的柏林墙"（The Berlin Wall as Architecture）："现有建筑物"或者心理上被仍然肆虐着的城市撕成两半的真空地带的研究。[11] 另一个项目是与他未来的合作伙伴埃利亚·增西利斯（Elia Zenghelis）一起完成的，它有着不亚于监禁的题目"大出走抑或成为建筑的志愿囚徒"（Exodus，or the Voluntary Prisoners of Architecture，1972 年）。[12] 他们的灵感来自伊万·列奥尼多夫（Ivan Leonidov）20 世纪 30 年代设计的乌拉尔山脉带型小镇的项目，这两位学生提出消除伦敦市中心的巨大绷带，然后在其中嵌入两堵能容纳另一座城市的墙。未来的居民或那些强大到足以爱上其建筑的居民可以自愿选择成为这座新城里的囚犯，忍受它高度管控的生活方式。"收音机神秘地发生故障"和沦为笑柄的"新闻"观点这些事实至少部分地被如公共浴室这样令人愉快的事所抵消，在这里，个人、夫妇和群体可以自由地沉湎于任何乃至所有"私人和公众的幻想"中。[13] 这个项目在很大程度上要归功于这么一个事实：即库哈斯在伦敦遇到了阿道夫·纳塔利尼（Adolfo Natalini），而且以同样具有讽刺性的方式逐渐熟悉了超级工作室（Superstudio）的各种项目。[14]

　　库哈斯于 1973 年接受了弗兰姆普敦的邀请，分别在康奈尔大学和纽约建筑与城市研究所（IAUS）作访问学者。在这一年中，他 [与盖利特·欧席斯（Gerrit Oorthuys）合作] 撰写了关于伊万·列奥尼多夫在 1933 年设计的三座塔（three-tower）项目的论文。[15] 在另一篇与增西利斯合作的论文《被俘的地球城市》（City of the Captive Globe）中，他们提出了一个由多层花岗岩石块组成的城市中心，抽象的结构形式承载着互相矛盾的意识形态。城市不断变化的天际线就这样由倒塌事故或每种理论的"投机性妄语"来界定。[16] 然而，这两项工作若与库哈斯还在纽约建筑与城市研究所时撰写的《癫狂的纽约》（Delirious New York，1978 年）中的考古工作相比较的话，无非就是一场前戏。*150*

　　这本《曼哈顿的回溯性宣言》（书的副标题）不仅非常别致而且以对"曼哈顿主义"的信条满不在乎而著称。与长期存在的学术性的和专业理论的陈词滥调相反，库哈斯向那位曾被称作"沉着的挑衅者"的让－路易·科恩（Jean-Louis Cohen）提出了一个极其简单的反命题：拥挤以一种非常积极的方式改变着现代生活。[17] 如果整个 20 世纪的欧洲理论充斥着宣言而缺乏证据的话，那么曼哈顿问题则恰恰相反；它不仅具有"一系列大量的证据（建筑）而没有宣言"，而且它也"激起了其旁观者对建筑的狂热"。[18] 对于这最后的放纵，库哈斯坚持认为：如果没有学术界、博物馆和专业史学家的蔑视，曼哈顿主义的教训早已被封锁，无人问津了。

库哈斯弥补丢失文件的方法特别富有想象力，因为他提供了有关科尼岛、摩天大楼、洛克菲勒中心、萨尔瓦多·达利（Salvador Dali）以及勒·柯布西耶过去的具体细节。他没有淹没在游乐园和飞船的细枝末节中，而是进行了学术性的研究。例如，他关于摩天大楼的章节深入到曼哈顿建筑文化的根源，这一章是以历史上的研究几乎没有成功过的一种方式完成的。我们不仅了解了建筑的目录，而且还了解了更多的 20 世纪二三十年代初期虚张声势又夸口吹嘘的人物——休·费理斯（Hugh Ferriss）、哈维·威利·科贝特（Harvey Wiley Corbett）和雷蒙德·胡德（Raymond Hood）。有关华尔道夫 - 阿斯多利亚酒店（Waldorf-Astoria）和帝国大厦的部分（第一座建筑变身为第二座建筑的想法）反映了库哈斯的文学智慧。重建和大量扩建后的华尔道夫 - 阿斯多利亚酒店还不是一座摩天大楼，而是"一个策划—— 一个有其自身规律，且让从未在别处谋面过的人们之间发生随机却偶然冲突的控制论宇宙"。[19] 它的多功能厨房垂直布置以便在文化上适应全球多种多样的烹饪口味。

勒·柯布西耶同样也受到毫不客气的重新评价，尤其是他对于建设"与机械文明的需求和潜在辉煌相称的新城市"的执着追求。然而，这是一场梦——注定要去面对曼哈顿"这样的城市中已经存在的悲惨厄运"。[20] 勒·柯布西耶并没有灰心丧气，他的第一反应就是发起一场奚落美国摩天大楼的运动，紧接着以他"光辉城市"的形式设计了"反摩天大楼和反曼哈顿"的方案。在这个方案中，他把纽约的摩天大楼（未装饰，截去顶部和底部）放在足够远的地方（400 米），以防止出现那些克里尔所认为的城市基本的拥堵元素。这又是一个注定要受到一次侮辱性回应的设计，特别是在他 1935 年前往纽约的旅途上。即使这次旅行的赞助商——现代艺术博物馆（它在过去三年发起过一场反曼哈顿的类似活动）也不能把他从"永久危机的资本"几乎没有注意到他的设计这一事实中挽救出来。

当《癫狂的纽约》在 1978 年问世的时候，库哈斯和他的团队还无人知晓。三年前，他和他的妻子马德隆·弗里森多普（Madelon Vriesendorp）、埃利亚与佐伊·增西利斯（Zoé Zenghelis）成立了 OMA 公司，但是最初的委托很少。1981 年，OMA 赢得了海牙的荷兰议会（Dutch Parliament）扩建项目设计竞赛一等奖，尽管从中并没有涌现出什么具体的东西。同样，该公司在 1982—1983 年期间获得第一名的拉维莱特公园设计提案（在其他 10 个方案中）亦是如此。不过后一个项目对这个事务所来说极其重要，因为这是 OMA 公司第一次尝试使用"拥挤"这一主题。该事务所用水平带将场地分层，把"在整个公园表面像楼层一样水平排列着的 40 或 50 个不同的活动"进行分类，让售货亭、酒吧和餐馆等像"五彩纸屑"般撒在水平带上。[21] 当该项目还在进行的时候，OMA 已经在致力于它的第一个主要委托项目——海牙的国家舞蹈剧院（1980—1987 年）。在其完成之日，OMA 已经成为欧洲最大，而且最忙碌的事务所之一，同时它也是 20 世纪 90 年代荷兰建筑复兴的引领者。

扎哈·哈迪德和库哈斯既是亲密朋友又有着密切的利益关系。这位出生于伊拉克的建筑师在 1972—1977 年间进入伦敦建筑联盟学院学习，在这之前她曾经就读于黎巴嫩的美国大学。在库哈斯和增西利斯工作室的这段时间，培养了她对风格派和构成派，以及卡济米尔·马列维奇（Kazimir Malevich）的至上主义的兴趣，其中马列维奇的三维模型"阿尔法建筑"（Alpha Architekton, 1920 年）被重新设定为一家酒店并放置在泰晤士河的桥上，而这正是她 1977 年毕业设计的基础。如果说马列维奇白色石膏的形式在构图上几乎没有改变的话，那么这些形式则以红、黑、白、蓝灰色调的轴测图来表达——不是作为一个可识别的建筑呈现出来，而是作为一幅抽象画呈现的。平面轮廓实际上成为印在绘画表面上的一件装饰物。

152

哈迪德毕业之后，库哈斯和增西利斯邀请她到 OMA 来做合伙人，此后她在那里待了两年。哈迪德早期的作品——爱尔兰总理官邸（1979—1980 年）、伊顿广场 59 号（1981—1982 年）以及她的拉维莱特项目（1982—1983 年）——创作得依旧像绘画一样：没有比例、毫无根据、斜线排列，还常常在它们所假定的结构重组之前就支离破碎了。她的表现主义力作是香港顶峰俱乐部的竞赛获奖设计（1982—1983 年），这次胜利几乎与屈米的拉维莱特获奖方案同时揭晓。这家奢华的私人俱乐部位于维多利亚山的顶峰上，这是当时还属于英国殖民地的香港最高点。哈迪德用一系列的绘画来解释她所谓的"至上主义地质学"，在这些画中，挖掘出的岩石被重新塑造成"一座人造的抛光花岗石山"，而"相互叠加的建筑横梁将这座大厦水平分层，从而构成了一系列的空间机能（programmes）"①。[22]该设计看上去极为尖锐，这是由分层轴线的细微展开以及尖角形式的使用而形成的。它是"新现代主义"风格，但绝不是基于 20 世纪 80 年代初那套历史决定论（historicist）意义之上的。哈迪德已经超越了至上主义，并开始探索除了用来创作与表现的绘画方法之外无任何明显谱系的形式。

在她的第一个展览目录册——1983 年在建筑联盟学院举办的名为《行星建筑 Ⅱ》（Planetary architecture Two）的展览中，她的新奇同样显而易见。这个庞大的作品集是其才华的一次令人印象深刻的展示，作品集由弗兰姆普敦作序，介绍了 6 个项目以及与博雅斯基的一次访谈。其标题要追溯到由库哈斯就她的学生进展情况而撰写的一份报告，

---

① 马尔格雷夫教授对"program"这个单词（名词）的解释是：通常是指一座建筑具体的活动区域，常常涉及这些活动区域的尺寸或面积以及它们与其他区域的关系（如一个等候室与走廊或办公室的关系）。库哈斯倾向于设计"programmatic"的空间。举例来说，如果学生们在穿越校园时存在特定的行走模式（假设斜线穿过一片空地），而学校却决定在此处设置一座建筑，那么库哈斯则可能会将这条斜线保留下来，令其穿过建筑。这条路可能并不在学校提供给他的"program"中，但是库哈斯已经使它具有"programmatic"的特征。台湾的汉宝德教授在《给青年建筑师的信》（2009 年第一版，第 65 页）中也提到了对"program"的中文解释，他写道："这个字有各项内容的意思，也有计划的意思。建筑师用这个字，不求甚解，大多是指经过整理的空间需求表。在日本的建筑学课程中，最重要的一门课程为建筑计划，其实就是 programming。"译者认为在建筑学中，"program"指针对如何使用空间而做出的计划，它使建筑内部各部分之间互相关联，彼此协调，密不可分，从而使建筑如同一个生物体那样，可见这种空间计划往往是有机的。在汉语中，"机能"一词泛指系统中某一部分应有的作用和能力，从而将"program"译为"空间机能"，这样翻译也受到台湾学者的影响。——译者注

在报告中他将哈迪德描述成一颗"在自己独特的轨道里运行着的行星",是一个"不可能"拥有一份传统职业的人。在哈迪德的一篇短文《89°》(The Eighty-Nine Degrees)中,她将自己的工作谦虚地定义为"重新调查现代性,这就需要入侵与征服'新领地'"。[23]

丹尼尔·里勃斯金随之也出现在这个年代中类似的发展道路上。他是一位天才音乐家,出生在波兰,后来跟随父母最初移民到以色列,然后又于 1960 年迁居到纽约。五年后,他放弃了作为钢琴家的颇有前途的职业生涯,报名参加了库珀联盟学院的建筑学课程,师从约翰·海杜克。里勃斯金还在艾塞克斯学习了研究生课程,师从约瑟夫·里克沃特和达利沃尔·维塞利(Dalibor Vesely),同时也在安大略高等教育研究院完成了研究生课程,在这期间他追随着自己对现象学的兴趣。1978 年他担任了克兰布鲁克艺术学院建筑系的系主任,这个私人工作室最初是由伊莱尔(Eliel)·沙里宁和埃罗·沙里宁于 20 世纪 30年代末创立的用来作为建筑沉思的一个地方。

里勃斯金在这期间的艺术创作作品是富有探索性并具有抽象神秘主义的。他的一系列题为《米克罗梅加斯》(Micromegas,1979 年)的线条画让一个艺术画廊的老板——杰弗里·基普尼斯(Jeffrey Kipnis,1951 年)深受鼓舞——从而放弃了自己的生意而把兴趣转向了建筑。[24] 里勃斯金将这些画描述为"既不是空间物理学也不是空间诗学",而是一名追求"对最初的形式先于理解所做出的一次激进阐释"的信徒的作品——他进一步指出这是在受到埃德蒙德·胡塞尔的文章《几何的起源》(The Origin of Geometry)启发后而展开的一次探索。[25] 里勃斯金的《室内乐作品》(Chamberworks,1983 年)发现了类似的玄妙,建筑联盟学院在 1983 年首次展出了这一系列的 28 张绘画作品。里勃斯金至少在此承认——为建筑寻找任何永久性的结构、不变的形式或者通用类型的替代品——剩下的就是捕获"象形文字在空间和时间中的踪迹"。[26] 更容易理解的是他的雕刻机"建筑学的三堂课"(Three Lessons in Architecture),这是他为 1985 年的威尼斯双年展而准备的。这些机器有着中世纪的内容与构造(建立在维特鲁威和阿尔伯蒂的方法之上),显示出整个艺术界中极少实现的构想与提炼的丰富性。其中一个(献给彼特拉克)是以他自己的修道士的"阅读机"(Reading Machine)形式为特点的:两个旋转的轮子和八个搁板连接在一起,每个搁板上面都放着一本手工制作的书。支撑在框架内的圆鼓由精心制作的 92系列推动,手工凿刻的齿轮则由坐着的读者来控制。对于里勃斯金来说,这个机器证明了"建筑文本同义重复的现实情况",它不仅显露了创造者与其导师海杜克的亲密关系,而且还具有高度的工艺感。[27]

当然,由于赢得了柏林犹太博物馆的竞赛,里勃斯金以一种引人注目的方式于 1989年开始了他的执业之路。现在不是详细谈论 2001 年才竣工的具有尖角且外覆锌板的建筑故事的时候。如果不是一位意志坚定的建筑师,就绝不会排除众多的官僚障碍,从而最终见到曙光。它那精心制定的象征性框架 [从阿诺德·勋伯格(Arnold Schönberg)的歌剧《摩西与亚伦》(Moses and Aaron)到瓦尔特·本雅明的"单行道"(One-Way Street)]无视任何随意的解码,然而这个具有单纯的激情和情感的设计作品(将竞赛说明印在乐

谱上，五线谱穿行于文字之间）并没有考虑那些灿如明星的建筑大师们的影响。[28] 事实上，
这些都是从一位 42 岁之前没有任何建筑经验的建筑师的头脑中涌现出来的，如果他的哲 *154*
学素养和早期作曲的曲目中没有这样的征兆的话，那么这本身就可以说是一个 20 世纪的
厄琉息斯秘密仪式（Eleusian Mysteries）。

"……一种迂回的建筑学……"

到 20 世纪 80 年代末的时候，有两件事变得越来越明显。第一件是后现代主义现象，
它在十年前才被视为是一个史诗般的事件而受到公开赞扬，而现在作为一种审美时尚已
经开始逐渐消失。第二件是人们对一件事情普遍感到困惑，至少在美国建筑界是这样的，
即取而代之的仍是革命的又一个阶段（一种政治化的，20 世纪 20 年代的现代主义风格），
还是某些从根本上就与它对立的东西。例如，K·迈克尔·海斯在库尔特·W·福斯特（Kurt
W. Forster）和马克·拉卡坦斯基（Mark Rakatansky）的支持下，于 1986 年创办了一本名
为《集合》的杂志，在创刊号的社论中，他反驳道："消极的、包容一切的多元论"需要
"对立知识"，它应该借鉴"历史、文学批评、哲学和政治"以及建议的"异质性、冲突
和不完整性"。[29] 然而，又如何才能让这类理性的抽象概念可以与文化产业对分类井然有
序和价值核算清晰的需求相符合呢？如果建筑学永远沦落到完全的对立面的话，那么所
有的价值观，甚至意义不就会变得像德里达的文本一样捉摸不透吗？这最后一点通过随
后十年中试图定义"解构主义"的两件事而得到十分清晰的解释。第一件是在 1988 年 4
月上旬于伦敦泰特美术馆召开的为期一天的专题研讨会。第二件是几个月后在纽约现代
艺术博物馆举办的"解构主义建筑"展。就这两件事而言，前者在理性上显得更为雄心
勃勃，尽管它几乎肯定是为接下来即将在纽约举办的展览而安排的。[30] 这次研讨会的组织
者是学术协会出版社（Academy Editions）的编辑安德烈亚斯·C·帕帕扎基斯（Andreas C.
Papadakis）。20 世纪 70 年代末，通过发行一系列针对专题性的主题的"设计简介"，他改
进了《建筑设计》这本杂志。此外，还配以丰富的插图和大量的理论内容，并秉持始终
处于快速变化的节奏最前列的目标。帕帕扎基斯打算将德里达这样的绝对权威带到泰特
美术馆的聚会上以便使这件事得到有效的支持，但是这位哲学家在最后时刻违背了自己
的承诺，听众不得不勉强接受对这位巴黎名人的录音采访。[31] 鉴于下午的会议主题主要是
有关解构主义的哲学、艺术和雕塑，上午的会议就完全留给了建筑学，而事实上这是一 *155*
个由埃森曼、屈米、哈迪德和马克·威格利（Mark Wigley）组成的座谈小组，查尔斯·詹
克斯是主持人。

詹克斯关于后现代主义与解构主义这个问题的看法颇为有趣，因为在此之前他对于
这个议题还心存矛盾。4 年前，在《什么是后现代主义？》（What is Postmodernism?）中，
他曾经将后现代主义运动定义为：运用像盖里、库哈斯和埃森曼这类建筑师的方式，而
与此同时却把屈米和哈迪德排除在外。然而，在 1988 年的前半年他所筹备的《建筑设计》

特刊中，他得出结论：所有这些建筑师实际上是"晚期现代主义者"（Late-Modernists），因而代表了一种与现代主义和后现代主义都不同的方向。同时，他非常蔑视将任何新风格建立在曼哈顿市中心附近那种虚无（nihil）的"空虚和非存在"基础之上的未来。[32]

但是，埃森曼和屈米早就对后现代主义的语义焦点有着公然的敌对，因此在泰特很可能会出现决定胜负的较量。查尔斯·詹克斯以其题为《解构：一个担心嘲笑的声音》（Deconstruction: The Sound of One Mind Laughing）的开场白打响了第一枪。据报道，詹克斯讲完之后，埃森曼走上讲台毫不客气地对他进行了驳斥："我十分喜欢查尔斯，但我已经受够了，接下来的时间我们能否请一位知道他在说什么的人来介绍一下？"[33] 然后，这位建筑师阐述了他关于解构建筑的理论基础——一位社论撰写人这样总结道：

> 埃森曼说，解构是油滑的、投机的且困难的。400 年来它一直试图征服自然，现在它不得不尝试成为征服知识的象征。解构所寻找的是"介于两者之间的事物"——美丽中的丑陋，理性中的非理性——为了揭露被压抑的、真正的抵抗，就要切入文本和置换系统，以至于直到现在他才看到自己真正的解构主义项目崭露头角，在这些项目的设计中对"介于两者之间"的处理，激发了一种不安的情绪，创造出了一种异化了的人的建筑，这也是爱德华·蒙克（Edvard Munch）曾经在油画中更多使用的方法。[34]

随后，埃森曼还将建筑上的解构与像盖里和詹姆斯·瓦恩斯（James Wines）这类建筑师的作品区分开来，在他看来，这些建筑师并没有颠覆作为一个整体的更庞大的系统。在埃森曼之后，屈米和哈迪德接过话筒——前者讨论了拉维莱特的设计，并且决定将建筑学上的解构定义为：既是与设计的传统逻辑的一次决裂，也是后现代主义的一种替代物，并且不顾一切地试图去找回意义。只有曾经与菲利普·约翰逊共同策划过纽约展览的威格利，勇敢地面对哲学炮火，他坚持认为这种存在于建筑学中的新现象与德里达的哲学几乎没有多大关系。当然，这里具有讽刺意味的是威格利已经在两年前完成了他的题为《雅克·德里达和建筑：建筑话语的建构可能性》（Jacques Derrida and Architecture: The Constructive Possibilities of Architectural Discourse）的博士论文，并且他和屈米以及埃森曼均是出席者中为数不多的深受德里达理论影响的建筑师之一。[35] 但另一方面，他又是观众中少数几个知道即将举办的纽约展览所采取的特定策略的人之一。

然而，威格利在这一天并没有获胜，至少在伦敦是这样。帕帕扎基斯接着以詹克斯的设计作品集《建筑中的解构主义》（Deconstruction in Architecture）跟进这场研讨会，其中的几篇文章强调了其自身的德里达基础，正如在埃米利奥·安巴兹、蓝天组（Coop Himmelblau）、SITE、OMA、盖里以及墨菲西斯（Morphosis）的作品中所发现的那样。同样也是这位编辑紧接着发表了他以解构主义为主题的《文选集》（Omnibus Volume），这是一次更加雄心勃勃的想使建筑与哲学相一致的尝试，并且借助于《解构主义：学生指南》

156

（Deconstruction: A Student Guide）试图将建筑学放置在一个从柏拉图时期直到现在的哲学领域内。

与此同时，"解构主义建筑"展在初夏的纽约开幕，尽管菲利普·约翰逊可能与埃森曼谈过话，这似乎还是约翰逊的创意，因为这些年来约翰逊与他过从甚密。至于约翰逊，他此时是博物馆受托人委员会的名誉主席，该展览意味着他戏剧性地回到了现代艺术博物馆——一个让人回想起他 1947 年的 "密斯·凡·德·罗"展以及 1932 年的 "国际风格"事件的地方。20 世纪 80 年代早期，凭借着纽约电话与电报公司大楼（AT&T building）众所周知的 "齐本德尔式"（Chippendale）顶部，约翰逊从现代主义阵营已然跳跃到了后现代主义阵营，在这个时候又继续前进，而这个新的事件是动摇常规惯例的最完美方式。在这方面，威格利曾对约翰逊起到了促进作用，1987 年威格利曾参加了展览内容的讨论。与他在伦敦的言论相一致，威格利曾描述选择参展者的过程就像筛选领域和识别运动一样更加注重派系而不是相称的意识形态。[36]

这个准则证明是成功的，因为出席这次展览的人数众多。在这次活动中，建筑师的代表有盖里、里勃斯金、库哈斯、埃森曼、哈迪德、蓝天组以及屈米——所有人都因他们的入选作品而获得了巨大声望。盖里展示了他自己的住宅，其他的展品有哈迪德的香港顶峰俱乐部，屈米的拉维莱特公园以及里勃斯金的柏林 "城市边缘"（City Edge, 1987 年）项目，这个项目是他的犹太博物馆的先兆。OMA 拿出了他们设计的位于鹿特丹的公寓大楼项目（1982 年），而埃森曼则展示了他为法兰克福大学设计的生物中心（Biocenter for the University of Frankfurt, 1987 年）。蓝天组的维也纳事务所在沃尔夫冈·普瑞克斯（Wolfgang Prix）和海默特·斯维茨斯基（Helmut Swiczinsky）的带领下呈递了三个项目，其中最有趣的是他们为汉堡设计的摩天大楼项目（1985 年）。这个事务所成立于 1968 年，其设计敏感性不同于其他参展者的地方是它公然的无政府性。

这个展览的目录册没有受到伦敦研讨会上任何理论的影响。在序言部分，约翰逊坚称没有出现什么新风格，没有正在进行着的什么新运动，选择 "解构主义"这个名称只不过是因为这一作品的形式与 20 世纪 20 年代苏联的构成主义相似而已。因此，在这些不同建筑师的作品中所发现的共同主题就是 "矩形或梯形条状物的对角线重叠"。[37]

威格利在他的引言中继续探究他伦敦的观点。通过 20 世纪 20 年代主流现代主义（和谐、统一和稳定的价值观）的 "纯形式"与早期构成主义 "激进的几何图形"的对比，威格利把这七名建筑师的作品解释为对各种类别的调和：" 国际风格的冷酷外表"应用在 "先锋派充满焦虑的矛盾的形式上"。[38]然而，这并不是一次有意识的复兴，从某种意义上讲，许多后现代主义者都曾尝试过。由于形式的运用在理论之外有效地发挥了作用，因此对于诸如围护结构的观念这样历史悠久的建筑原则来说，这些作品既代表了一种 "脱离语境"，也代表了一种 "陌生化"。他们的目的既不是作为某种新事物而出现，也不是作为另一种先锋派的声明而出现，而是以一种形式来令人感到震撼或者故意唤起一种不安全感。他们对于形式的传统观念的 "干扰"不是感性的而是富有文化的，也就是说，"他们创造出了一种迂回的（devious）建筑，一种在熟悉与陌生之间放肆地滑动的捉摸不定的建筑，走向了一种与其自身特性相异的怪诞的表现：最终，为了重新展现它自身，建筑以这种形式扭曲自己"。[39] 有趣的是，威格利通过预测得出结论：即这一"插曲"注定会是短命的，因为每个建筑师都很快会各行其是。

20 世纪 90 年代的情形的确证明了他最后这一观点的正确性，但是与此同时，纽约的活动在很多方面令建筑陷入尴尬境地，事实上这是一种严重的状况。当围绕这场展览而进行的"表演"不得体时，就冒犯了许多思想上的纯粹主义者，但此时并没有太多的来自这种风格的理论解耦。在其开幕不久，《纽约时报》的评论家约瑟夫·焦万尼尼为周日版写了篇文章，文中他把这一新运动比作约翰·凯奇（John Cage）的音乐（"强烈而故意的'意外'"），同时还把它比作"受制于互相牵制的（caroming）道德、政治和经济体制的不羁世界"。同时他指出，一年前在向他的编辑所提交的一个著作出版计划中，他自己曾经把单词"deconstruction"（解构主义）和"constructivism"（构成主义）合并，从而创造出单词"deconstuctivism"。[40]

后来回顾了《内陆建筑师》（Inland Architect）这个展览的凯瑟琳·英格拉哈姆（Catherine Ingraham）对这样的傲慢提出异议：不仅针对"约翰逊和焦万尼尼渴望成为'运动的创始人'"，而且也针对展览本身甚为宏大的场面——也就是说，"现代艺术博物馆渴望改善其在当代艺术界或建筑界的形象；纽约渴望成为"新作品"永远在此首次冠名并得以首次展示的地方；建筑师渴望得到认可等等。"[41] 英格拉哈姆的评论着实强调了这个崭新且备受瞩目的"Decon"（解构）建筑阶段是多么异想天开的理论插曲——要是在这个意义上（由于新先锋派无视于社会、生态和构造问题），它此刻正在进一步强化着阿多诺和德波最可怕的梦魇并嘲笑着大概天生的革命精神就好了。尤其是因为来自东北部的"精英"院校，20 世纪 80 年代末的美国理论沉迷于对知性验证的探索。就像 20 世纪 30年代初的现代艺术博物馆的例子一样，它已经接纳了这种从任何一个或所有来源中所引进的最新的"主义"（ism）的不安模式——这些来源涵盖了从弗洛伊德到巴塔耶再到德里达——只要它们是欧洲的。研究所和突然间协调一致的大众媒体以及学术界的很大一部分人是让人不安的同谋，他们只是太急于追随。

第三部分　20世纪90年代及现在

第9章　风暴复苏

20世纪80年代晚期的解构主义碎片仅以相似的形式松散地联系在一起，而且这一现象还会一直持续到20世纪90年代。有些建筑师将视角集中在几何图形的处理或者纯效果的制作上。有些建筑师则转而关注变形技术，以此对有关的社会政治问题作出回应。此外，还有一些建筑师迷恋新兴的数字技术，也许他们只是像早期的现代主义者那样推崇技术至上而已。然而，所有的这些努力都持有一种明确或模糊的信念——这就是变形、扭曲及形式上的复杂性是这个千年之交的适宜技术。以这些策略为名所作出的解释比比皆是。其中之一就是日趋复杂的新兴电脑软件以及信奉最能代表冷战后复杂性与矛盾性的非线性几何图形。其他建筑师则视这些几何图形为抵制消费性资本主义市场力量的一种方式，当这些建筑师将其看作是富有表现力且前所未有的空间形式时，他们会认为这些非线性的几何图形既体现了新时代的精神又有效地创造出了一种全新的形式。

碎片中的碎片

然而越来越清晰的是20世纪80年代后半期，这些在解构（deconstruction）或解构主义（deconstructivism）旗帜下的研究将不再使用这些标签。至少杰弗里·基普尼斯在其1990年的论文《无罪申诉》（Nolo Contendere）中提出了这一观点，文章开启了对不明罪的司法抗辩："对于所有的指控，我，解构，辩护：无罪申述。"[1] 但是，基普尼斯并没有抛开解构，相反却对此大赞不已。解构并没有服罪，而且若将这篇文章理解成为一份认罪辩诉协议则会更好一些。在这份协议中，即使解构的名称本身已经令人厌烦，但其潜在的原则仍可继续使用。为此，基普尼斯关注的已不再是解构主义建筑看上去像什么样的问题，而是它希望成为什么样的建筑。他认为解构的主要关注点有两个：第一个是颠覆先前作品的意义；第二个是创造出新的避免有明显的或确定性意义的作品。在第一种情况中，基普尼斯提出解构的目的是"调动作品内部一连串受制约的意义"，并由此"揭露压抑机制及那些压抑机制所效劳的种种议题（agendas）"。在第二种情况中，他所描述的解构是旨在创作"虽然不是毫无意义但也不是单纯的专注于意义本身的作品。"因此，基普尼斯指出解构最初的目标仍是重要的：首先，这是通过斗争和参与而为这项工作制定的讨论框架；其次，这是借助于主张方案仍应"抵制、推延和颠覆意义"而取得的。[2]

其中，令人惊讶的一点是基普尼斯竟公然将解构归因于政治，甚至是社会和精神分析的结果。用弗洛伊德揭露“压抑机制”的观点来解释建筑这项谦卑的工作似乎不是一件容易的事，可能有人会将此解释为基普尼斯的社会说教，并将其视为 1968 年那一代人发泄愤怒的又一例证。实际上，20 世纪 80 年代末期和 90 年代，在美国取代《反对派》杂志的新评论期刊《纽约建筑》和《集合》中充斥着对超学科的关注，涉及建筑和性别、建筑和性以及建筑与权力之间更为宽广的关系。[3] 建筑应再一次参与并自发回应特奥多尔·阿多诺的讨论，这位作者认为艺术只有通过关注内心和技术，尤其是关注本学科的技术才能保持自身不受商品文化的影响，同时在直面消费主义时向它发出挑战。

1990 年，基普尼斯开始对使用“解构”一词产生犹豫，到 1993 年时转变为反对使用这个词，正如我们在其刊登于《建筑设计》特刊上的文章《走向新建筑》（Towards a New Architecture）中看到的那样。在此期间，基普尼斯的个人情况也已经发生了变化。1992 年，他被任命为伦敦建筑联盟学院新成立的毕业设计计划（Graduate Design Program）的主管，虽然他不是一个受过正规训练的建筑师，但是已经在蒙特利尔和苏格兰的国家博物馆竞赛中与巴赫拉姆·舍得尔（Bahram Shirdel，1951 年—）及安德鲁·扎戈（Andrew Zago，1957 年—）合作过了。在 1993 年的论文中，基普尼斯引用了这两个项目以及弗兰克·盖里和彼得·埃森曼的近期作品来阐述一类特定建筑的新奇外观——一种基于形式之上的创新以及因与场地富有成效的互动而形成的外观。“在这种类似于解构的后现代创作中，”他写道，“新的方案受到排斥。基于新智能、新美学、新体制以及社会分工而产生的新形式不是源于某个主张，而是由不断破坏现有形式才产生的。”[4] 因此，基普尼斯将解构与“后现代主义”（PoMo）的策略及其历史拼贴联系起来，提出两者在很大程度上都是以拼贴技术为基础来创建异构建筑并从旧的形式组合中创造出新的意义的。就现在而言，拼贴已经失去了作用：“从罗到文丘里再到埃森曼，从后现代到解构，拼贴已经成为建筑嫁接（graft）的主要形式。然而有迹象表明，拼贴并不能维持建筑所渴望实现的异构性。”[5]

通过描述建筑中两种既相互对抗又密切结合在一起的超越碎片和拼贴技术的趋势——“形成”（InFormation）与“变形”（DeFormation），基普尼斯扩展了以上这种说法。他将前者描述为一种“聚集嫁接”（collecting graft），其中各种空间机能和形式融合成了一个“中性的现代主义巨石”。[6] 基普尼斯将伯纳德·屈米设计的勒弗诺瓦法国国立当代艺术中心（Contemporary Arts Center at Le Fresnoy）和大都会建筑事务所（OMA）设计的卡尔斯鲁厄艺术传媒中心（Art and Media Center in Karlsruhe）纳入到第一类范畴。“变形”同时也是文章标题中“新建筑”的来源。如果“形成”代表的是将各种新颖的空间机能的组合装入一个空的直角封装器（wrapper）中，那么“变形”则代表了新一代的形式，人们可以从这些形式中导出新的空间机能（programs），最终影响政治和社会的变革。而且与解构主义破碎、拼贴的景观不同，变形所形成的是平顺的、连贯的、折叠的形式，用基普尼斯的话来说这是“一个崭新而抽象的巨石，既无参考性也无相似点。”[7]

这些形式的政治效果并没有立刻表现出来，然而即便粗略审视伴随文本出现的计算机模型和表现图，也能揭示形式的创新（夜间，神秘发光而永无休止的计算机中呈现出一系列模糊的仿生形态和曲折形式）。为了理解基普尼斯所宣扬的建筑力量对社会转型的作用，我们必须回溯探讨产生这一论调的建筑言论的广义语境。

从德里达到德勒兹

1988 年，吉尔·德勒兹（Gilles Deleuze, 1925—1995 年）[①] 用法语撰写了《褶子》（Le Pli）一书，并于 1993 年将其译成英文。这本书的出现是有利的，因为它将为构建后解构平台提供一个框架。这本书涉及 18 世纪哲学家戈特弗里德·莱布尼茨（Gottfried Leibniz, 1646—1716 年）[②] 的作品，德勒兹则似乎将自己与莱布尼茨相提并论，把自己定位为巴洛克时期重要的哲学家。但是这位法国人并没有将巴洛克看成一个特定的历史时期，而是认为它具有一种不与任何特定历史时期相关联的"操作的功能"（operative function）。他认为巴洛克的思维方式创造出了褶皱（pleats），褶子（folds）以及可以扩展到无穷大的扭曲曲面，因此对莱布尼茨来说，"褶子"是构成宇宙的基本构造块，因为体块是在褶子的基础上通过不断折叠堆集产生的。

通过对折叠（folding）手法的研究，德勒兹得出结论，所有的矛盾和"分歧"都可以合成为一个具有包容性的整体——这就是巴洛克式的折叠，将"古典主义理性"的纯粹和它的对立面结合在一起。其结果不是对古典建筑的破坏，而是一种弯曲变化；在巴洛克风格中，古典庙宇的正面弯曲，但并不失威严。[8] 德勒兹描述了一种既直接（literal）又形而上的折叠，当这种折叠出现在巴洛克服装那"数以千计的衣服皱褶中，并与着装者趋于一体"时，它表现为直接的。而当它调和外在物质和内在灵魂的矛盾时，它又是形而上的。[9] 不足为奇的是，建筑师往往将注意力集中在直接的、物质的折叠上，反映了一种形式连续性的观点。

格雷戈·林恩（Greg Lynn, 1964 年—）曾在 1993 年为《建筑设计》杂志做过题为《建筑中的折叠》的特刊，他抓住这一思想并将其作为自己理论议题的中心。林恩曾是埃森曼的学生和助手，他将几何视为产生新形式的关键所在，对他而言，这与新的数字软件密切相关，这些软件不仅使复杂形式的精确呈现和计算成为可能，同时也使直接运用数字图形制作这些形式成为可能。如在《纽约建筑》的创刊中，林恩还提出除此之外，新兴的计算机技术现在还可以让建筑师"测定不规则性和不确定性"。丹尼斯·奥利耶将建

---

① 法国后现代主义哲学家，其哲学思想的一个主要特色就是对欲望的研究，并由此出发扩展到对一切中心化和总体化的攻击。德勒兹的主要学术著作包括有：《差异与重复》、《反俄狄浦斯》、《千高原》（Mille Plateaux）等。——译者注

② 德国哲学家、数学家。与牛顿一起被认为是微积分的发明者。莱布尼茨哲学方面的工作体现在他预见了现代逻辑学和分析哲学的诞生，同时他也显然深受经院哲学传统的影响，更多地应用第一性原理或先验定义，而不是用实验证据来推导以得到结论。——译者注

筑学定义为一门综合性的严谨学科，作为对该定义的回应，林恩给出了另外一种建筑创作的策略，在某种程度上，这更接近于写作。像"任意截面分析"这样的几何建模新方法允许建筑师们表现复杂且"精确"（anexact）的形式，而不是局限于那种单纯或"极为逼真的"形式。[10] 就林恩而言，目标在于提出一种概念，即建筑是一种容许不确定因素存在的写作方式。

165

这种说法出现的前提是我们之前已经提到过的技术决定论。因此，新工具的出现和应用不仅成为新建筑的载体，也成为新建筑的主题所在。像早期的现代主义者一样，林恩此时将新兴的技术看作为形式的驱动器——在这种情况下，计算机的绘图成果可能会直接转变为建筑物。如果勒·柯布西耶用远洋客轮、汽车和飞机来阐明那些其他设计领域所采用的新技术，林恩则指向汽车和国防工业中开发的各种新兴计算机技术——这些软件可以使复杂几何图形的呈现及制作成为可能。同样地，这位洛杉矶出身的建筑师会以好莱坞电影《终结者2》（Terminator 2）中善于变形的反派人物以及迈克尔·杰克逊在歌曲《黑或白》（Black or White）音乐影像（MV）中身体的变形为例来强调他对于新精神的观点。在后者中，通过图像的数字变形，MV 将各种性别、民族和种族的人连续依次糅合在一起。林恩指出，很显然杰克逊既不是黑人也不是白人，或者说他既是黑人又是白人，既不是男性也不是女性，或者既是男性又是女性。他的这种含糊不清具有追求平滑（smoothing）、非均质（heterogeneous）却又连续的特征。[11]

这种混合与合成的概念是至关重要的，也许它就是很多后解构主义者工作的基本理论基础。在为《建筑设计》特刊撰写的文章中，林恩指出，如果"通过折叠可使建筑产生单一效果的话，这将是一种在新的连续混合体中整合不相关元素的能力。"在该刊物的引言中，肯尼斯·鲍威尔（Kenneth Powell）得出结论，解构已经从现代主义的正统观念和后现代的历史拼贴这两个方面成功地破坏了建筑景观，而当前的任务就是要创造"一种包容且有机的设计方式，从而使人工环境与自然界和谐一致"。[12]

在某种层面上，可能有人会将"人工环境与自然界"的联系理解成新赖特式（neo-Wrightian）有机理论的一种形式，因为在很多后解构主义作品背后都有明显的生态美学特征，而且文学作品甚至体育运动也都频繁提及人类的进化和达希·汤姆森的《生长和形态》（On Growth and Form）。鲍威尔的观点是形式上类似自然物或现象的作品，抑或是设计过程模拟自然进程（进化、细胞繁殖等）而生成的作品对于真实性或普遍性都有一定的要求。

166
诉诸建筑学科以外的更高权威并不新奇，但是在这种情况下，20 世纪 80 年代的后结构主义的转变却是新颖的——达尔文已经替代了德里达和德勒兹。

然而暂且不谈注重形式感和隐喻性的有机论，这项工作很大程度上都是以与建筑物周围环境的结合为目标的，其中在该场地中起决定性作用的力量是推、拉、弯曲，除此之外还使最初假想为中性的原创形式发生变形。正如林恩搁浅的西尔斯大厦所表现的那样，这种方法强调与个体建筑之外的世界之间的联系，同时还强调"通过外力将影响内化"，令人联想到彼得·埃森曼的方法。埃森曼曾向《建筑设计》特刊投稿，也曾在董事会中承担重要工作。[13] 当韦克斯纳艺术中心（Wexner Center）于 20 世纪 80 年代后期竣工时，埃森曼开始参与很多工程项目，在这些项目中，场地条件——已发现的、重建的或在某种情况下包含历史隐喻的都将发挥重要作用。如在柏林马克斯·莱因哈特摩天大楼（Max Reinhardt skyscraper，1992 年，图 9.1）的设计中，他将各种功能浓缩在一条 34 层的莫比乌斯带中。这种扭曲的形态创造了一个尺度模糊的、曲折而欲扩张的凯旋门。对埃森曼而言，该塔楼的切割面形式将"呈现出一种包含有很多地方的场地"，并将"分散且不稳定的城市片段"组装在"一个万花筒般的集合中"。[14] 在 1993 年竣工的大哥伦布会议中心（Greater Columbus Convention Center）中，埃森曼以一系列的束状结构覆盖假定为中性的集会大厅空间，以此隐喻曾出现

图 9.1　彼得·埃森曼，1∶200，马克斯·莱因哈特大厦模型，柏林（1992 年）。本图由迪克·弗兰克（Dick Frank）提供。本图经埃森曼建筑事务所许可

在场地中的发散状的铁轨网络，创造出了一种彩色锯齿状的、平行布置的条状体量。埃森曼认为，通过将建筑物打散为恰当的条状纹理，他不仅可以模仿沿主要商业街而形成的相邻建筑的韵律，而且还可以为行人提供丰富的体验。再加上当地条件（不管存在与否）以及对关注空间机能的（programmatic concern）的不断强调，这些操作类型都遵循着韦克斯纳艺术中心的设计轨迹，与他早期作品中严格恪守的形式操作（formal operations）相背离。

　　基普尼斯将这些转化生成（transformational）的场所干预称为"关联"（affiliation），这可能是对埃森曼思想的最佳描述。他认为，这不同于传统文脉研究方法对现有环境作出的简单回应，这些转换生成是从"内在形式、拓扑和设计的空间特征"中浮现出来的，因此创造出了与该场所内次级特征之间"临时且特别的联系"。此外，这种方法并没有"强化特定场所内的主导建筑模式"，反而会"增强同一场所内受抑制的或次要的组织"。[15] 实际上，所加入的元素改变并重置了这个语境，从而强化了先前所忽略的次级元素。

167

几何与自治

　　埃森曼的另一位学生——普雷斯顿·斯科特·科恩（Preston Scott Cohen，1961 年— ）将这些理念应用于严谨的几何结构和埃森曼的早期住宅操作中，从而使它们得以推广。

科恩的语言不是源于对历史的挖掘或加工，而是通过对建筑的操作：用刨削、拉伸、弯曲和扭曲的建筑形式来回应对空间机能的关注。科恩还在哈佛大学设计研究生院丹尼尔·里勃斯金的指导下领导了一个工作室，他把自己的策略比作文艺复兴和巴洛克时期的语言操控，这两个时期的建筑风格本身保证了可理解性，同时允许训练有素的建筑师对初始形式进行创造性的变形和细微的扭曲。这些变形可能源自主题本身，[就像朱利奥·罗马诺在德泰宫（Palazzo del Te）① 所设计的那样]，抑或是源自通过运用一种语言来抵制规则性的建筑。

1990 年，《集合》期刊收录了科恩在西耶斯塔岛和朗博特岛所做的住宅设计（Cohen's Houses），同期刊登的还有杰西·赖泽（Jesse Reiser，1958 年—）与梅本奈奈子（Nanako Umemoto，1975 年—）带有鲜明政治性的超现实主义拼贴以及本·尼克尔森（Ben Nicholson，1894—1982 年）② 描绘幻想的作品"窃盗巢室，装置住宅"（Kleptoman Cell，Appliance House）。这些作品"渴望制造机械装置，渴望寻求另一种对住宅和家庭生活的阐释，"从这一角度来看科恩的住宅设计似乎不太合拍。[16] 他用严谨的椴木模型照片、传统的正交投影及透视图来表现自己的作品。他的设计一部分讨论了立面构图与端庄得体的问题（依据鲁道夫·威特克沃和柯林·罗的理解），一部分还探讨了变形与罗伯特·文丘里所提倡的含糊解读。例如在朗博特岛住宅中，科恩是这样解决现实世界对于斜屋顶与架高地面的约束的：即用一个水平棱柱体来搭接一个加长的山墙面（正如科恩指出的那样，既可以将它理解为一个角énoté旋转后的透视图，也可以将其理解为一面山墙）。这些形式在整体内部为了取得优势地位而相互推挤，它们既可被视为山墙，也可被视为檐口，抑或两者都是。与此同时，他还通过创造一个序列来回应架高的地面，在这个序列中，建筑的真正入口位于平面的几何中心，相对于街道正立面旋转 90°。最终结果是以美国郊区住宅为原型而进行的变形和演绎，令人联想到埃森曼和文丘里。

西耶斯塔岛的科恩住宅延续了对家庭原型的变形或转换。这次科恩从分析北意大利文艺复兴时期的别墅开始他的工作，通过平面和剖面的变换，逐渐转换最初的原型。这个出发点很有说服力，不仅因为它效仿罗和维特科夫尔，而且因为文艺复兴时期的建筑立面——正如科恩所阐释的那样——在一种端庄得体的对称的立面视觉需求和防止其内在分布不对称之间创造了一种张力。对科恩来说，文艺复兴建筑提供了一个积极应用高度扭曲变形手法的作品目录，然而创造这些建筑并非出于主观意愿，而是出于为调和古典语言要求的左右对称与平面布置中不可避免的不对称之间的矛盾所做出的偶尔徒劳的尝试。科恩将这些问题称为"窘境"，并提出为了尝试解决它们，建筑师能获得一种"故

---

① 建于 1526—1535 年，是当地世袭统治者贡扎迦家族和他情妇的别墅，属于文艺复兴时期的样式主义风格。建筑外部仅用了 18 个月就建造完成了，花费大量时间的是其富有想象力的室内装饰。壁画描绘了奥海宴会和奔腾的马匹，此外还有惊人的三维立体巨人厅——译者注。

② 英国最知名的抽象主义画家。他的风格与新造型主义有关，也受过立体主义和彼埃·蒙德里安的影响。——译者注

图 9.2　普雷斯顿·斯科特·科恩，环形住宅（the Torus House，1998 年）。本图由普雷斯顿·斯科特·科恩有限公司提供

意而为的陌生性"，也就是说，一种前所未有的、对不妥协问题做出回应的建筑形式。[17]

从这个意义上讲，科恩的建筑观存在可悲的一面，即他认为只有通过极端的手段才可以让本学科"保持活力"，这于一定程度上是在消费社会的风暴中保持学科完整性的一种努力。在其命名为"立体切割排列"（Stereotomic Permutations）的项目中（始建于 20 世纪 90 年代中期），他运用复杂的几何学为除原型以外的全部建筑提供了一种神秘的掩饰。他的图纸很难读懂：在一个密集斑驳的网络中，充满了投影线和关键点的标记。在科恩的作品中，计算机操作是偶然的或许也是不必要的。虽然这些人工构思和手工制作的工程图纸，用计算机——尽管不那么漂亮——会更容易完成，但是，使语言和形式变形的是几何学本身，而不是数字技术。

然而，这个十年结束时，科恩用手处理的操作变得更加平滑和更加依赖于计算机，正如我们在蒙塔古住宅（the Montague House，1997 年）和环形住宅（the Torus House，1998 年，图 9.2）中看到的那样。1999 年，这两座建筑都在现代艺术博物馆举行的"非私人住宅"（Un–Private House）展中大放异彩。在后者中，一个明显呈中性的新柯布西耶式的（neo–Corbusian）体块从地面上升起，并被一个连接地面到屋顶的中央螺旋形楼梯贯穿。这个楼梯致使原有体块发生变形，弯曲的轮廓就像穿过墙和地板在波动。尽管故作神秘，这座住宅还是凭借着波纹状、瀑布般落下的表面以及引人注目的形象成为博物馆的永久收藏品，并在千禧年之际成为美国先锋派的象征。像格雷戈·林恩一样，科恩在 20 世纪 90 年代的作品很少，但是现代艺术博物馆的展览将很快给他带来大量的业务。

斯里兰卡出生的结构工程师塞西尔·巴尔蒙德（Cecil Balmond，1943 年—）立足于伦敦的英国阿鲁普工程顾问公司，也开始引领几何学及其生成新形式的能力的重要研究。巴尔蒙德曾是雷姆·库哈斯长期的合作者，他协助库哈斯完成了鹿特丹康索现代艺术中心、里尔会议展示中心以及卡尔斯鲁厄艺术和技术中心等工程。作为结构工程的关键人物，巴尔蒙德的贡献或许已得到这些创新性的合作的认可，但是他自 20 世纪 90 年代末开始的对"非形式"（informal）结构逻辑的探索使他在接下来的十年中无论在结构界还是建筑界都堪称才智卓越的人物。巴尔蒙德在探索复杂新奇的形式方面堪称领袖，他并不是基于对创造的渴望或控制，而是凭借一种算法和对几何模型的无约束的应用来发展那些仅被部分建筑师所掌握的敏感而灵活的形式。

巴尔蒙德将"非常规"的结构定义为对可知的静态骨架结构的分解。在这样的背景下，他提出了一些刚开始很难想象的形式和结构组合。确实，当巴尔蒙德倡导探索几何学时，他的结构方法似乎只把一件事视为理所当然，那就是复杂性和模糊性，而非确定性，这种几何学允许在计算过程中探索并找到解决方法，与此同时创造出一种模棱两可的不确定的方案。[18] 对巴尔蒙德而言，这种观点不亚于对牛顿物理学的重新认识："牛顿的经典决定论描绘了像箭一样的力，笔直而真实。它弥补了确定的线性中存在的空白——以严谨的逻辑链所进行的牢固连接。现在我们用不同的方式来观察力，把力看作是穿过潜在领域的最短路径。"[19]

那么在巴尔蒙德看来，一个非常规的结构解决方案就是通过一种明确的媒介来转换力的众多选择中的一种。最终的形式是不确定的、模糊的，从某种程度上说甚至没有创造者，正如真正的创造是对"潜在领域"的定义，同时力在其中得以传递。从这种意义上来说，巴尔蒙德的作品与当代对"参数化"建筑（parametric）或"算法"（algorithmic）建筑的探索息息相关，在这类建筑中，针对系统或结构建立了一个具体且适合的数字模型，与此同时这个模型还会受到动态的调整。[20] 当系统中的一个可变因素——如表面轮廓——发生变化时，其他所有的可变因素，比如各个结构构件的外形就会立刻根据当前的运算法则进行重新计算。

171　　从最实际的层面来说，这项技术会直接应用于复杂的工程项目的管理和建设中，因为当设计变更不可避免地发生时，所有相关系统和材料的动态模型将立即在三个维度上进行顺畅地更新。算法一旦确定，比如结构构件的绘制，就会进行相应的更新。但是在参数化作品中也会出现第二个相似的趋势——换句话说就是使其复杂化，或在最极端的情况下消除建筑师作为创造者的角色。参数化设计允许最终出现未知的结果。从根本上讲，其精神具有实验性，而且如果在这种毫无限制的方法中存在自主性，那么就建筑师而言也存在可能的妥协。当然，在某种情况下，建筑师必须参与其中并直接引导算法，或者至少可以防止系统的无穷颠簸。恰恰就在此时，主观性和创造性将不可避免地再现。

形态的消失：受操控的地面

20 世纪 90 年代早期，很多美国理论高度概念化，与此形成对比的是一系列旨在完全融合建筑个体与场地环境的欧洲项目将很快出现。这些设计方案试图将建筑的外观形态与地面之间的界限弄模糊，从而形成它们自己的、重组的、折叠的且戳穿地表的形态。这一思路可以追溯到德勒兹，因为在他的设计方案中可以看到这种折叠的连续表面，这也很像莱布尼茨提出的宇宙观，如果不是浩瀚无垠，则至少达到这一场所的极限之处。针对这一点，有人认为唯一能阻止建筑无限扩大的是建筑红线那冷冰冰的逻辑。然而，这样做的目的并不是要揭示这个场所内假定隐含的一些潜在的或历史的影响力，而是要模糊建筑和景观之间的界限。

西班牙建筑师和理论家曼努埃尔·盖飒（Manuel Gausa，1950 年—）的作品也是一个很典型的案例。在 20 世纪 90 年代，他与别人共同创立了非常成功的建筑出版社阿克塔（Actar），并担任加泰罗尼亚语杂志《城市与建筑手册》（Quaderns d'arquitectura i urbanisme）的编辑。他将建筑和景观之间的新关系描述成一种"混合关系"（hybrid contact），并认为景观和建筑之间的相互影响源自对大自然态度的不断变化——从浪漫或"田园"的理解到"混合和完全自然"的方式。[21] 换句话说，新一代的建筑师和景观建筑师已经开始摈弃感性，探索局部拓扑学，意识到拓扑学也可以被巧妙地控制，并且这种干预反过来也会对建筑作品进行重新定义。盖飒将这个过程描述为一个做景观建筑（建模、切边、折叠）的过程，一个创造新的拓扑形式（浮雕、波形、打褶、挖空）的过程，或者是一个在与大自然的模糊协作中完成建筑饰面、包装和覆盖的过程。奇怪的是盖飒使用如"切边"（trimming）和"折叠"（folding）这样的行为动词来描述这个建筑，因为这在很大程度上都是以大自然主动地服从于人工处理为前提的。这里的目标是开发大自然，而不是去保护它。

或许最有影响力的受控地面工程就是 1995 年横滨码头设计竞赛（Yokohama Port Terminal Competition，图 9.3）的获奖作品，它由出生于伊朗的法希德·穆萨维（Farshid Moussavi，1965 年—）和西班牙籍的亚历杭德罗·赛拉 - 波洛（Alejandro Zaera-Polo，1963 年—）所设计，当时他们以 FOA 建筑事务所（Foreign Office Architects）的名义在伦敦开展业务，且二人都毕业于哈佛大学，之后都在位于鹿特丹的大都会建筑事务所工作（OMA）。这个 2002 年完成的项目旨在拓展码头周围升高并越过建筑物自身的地表空间，进而将屋顶转变为一个公园。在这个看起来像公园的起伏地表上，他们引进了一系列相互交织的、循环的道路，从而为码头创造出了一种非线性的循环系统。因此，这段从地面走近码头再到等候船只的路，在传统上往往被视为平面的发展过程，在这里却演变为一个滚动的网。屋顶的褶皱和折叠创造了一种变化却连续的空间景观，与此同时也形成了建筑的结构系统，并且还特别考虑了地震荷载。

在这里，与不连续性和拼贴相比，FOA 更感兴趣的是连续与平滑。码头建筑本身沿着长度方向巧妙地凹进、折叠、弯曲，丝毫没有剥离感，就像用计算机辅助测试（CAT）扫描技术沿着主体扫描图像的过程一样。但是穆萨维和赛拉 - 波洛显然对形式上的探索很感兴趣，他们与库哈斯一样，执着于连续表面的运用、邻接以及潜力，以创造出前所未有的空间机能的组合（programmatic combination）。在这个横滨项目中，持续变化的断面

172

显然源自 OMA 在 1993 年的朱苏大学（Jussieu）图书馆设计中那些连续倾斜的地板所形成的密集螺旋形。这一项目还借鉴了库哈斯为横滨所做的城市设计方案，该方案提倡对现有停车场和市场区域进行空间机能的重新整合（reprogramming）和转化（transformation），使其成为"一个独立的扭曲面，而这个扭曲面有时是公路，有时又是坡道，有时是停车场，有时也是屋顶。"[22]

173 　　FOA 继续探索再造地面的理念，并将这些"新地面"定义为平台——它们不同于基地或基座这些在传统意义上被用作放置纪念物的构筑物，而是"从根本上就表现得积极且有效"的地表，这种地表"与作为'操作系统'的平台的现代含义更为接近。"在 1997年桑坦德会议的一篇论文中，建筑师们将"新地面"的概念总结为：人工的、中空的、斜撑结构的，既不构成前景也不构成背景，并且"离不开我们对它们所进行的操作。"[23]他们以这样一种系统的方法对操作行为进行界定，似乎提出了一个建筑设计的总体策略，而不仅仅是概括叙述了一个他们有意无意所采用的设计策略。即使对库哈斯来说，这种想法也需要一种令人惊叹和信服的方式才能得以实现。

　　有人可能会将这种做法与扎哈·哈迪德的设计相比较。从 20 世纪 90 年代初开始，哈迪德终于有机会将她在早期的绘图作品中承诺过的颇具动感的新至上主义转化为设计方案。在这些项目中，比较重要的是位于德国莱茵河畔魏尔镇维特拉工业园区的消防站（the Fire Station at the Vitra，1993 年）设计。这个项目中一系列倾斜的墙体超出建筑本身，

图 9.3　FOA 建筑事务所，横滨港码头设计竞赛（Yokohama Port Terminal Competition）。本图由林芳怡（Fang-Yi Lin）提供

延伸到景观之中，植入它所在的一大片工业园区，从而使这座小建筑看起来要比实际大。哈迪德认为以这种方式，通过提出一个包含未来发展的框架，建筑"为即将到来的场地变形构建了一个方案"。[24] 但是，除了分期设计和场地规划的实用主义观点外，哈迪德的建筑作品还流露出一种欲望：通过延伸到景观中的迂回的曲线和墙体或者通过动态的造型方法暗示一种引向界外遥远物体的磁力来拓展建筑的影响范围，从而超越建筑本身的限制。这些技术代表了早在十多年前的绘图中就已开始着手研究的第二阶段，现阶段的挑战是如何将绘图的极致表现和喷绘的虚无踪迹所呈现出的动感转化到内在静态的建筑中。

　　如果说像维特拉消防局这样独立的建筑允许哈迪德通过将建筑延伸到景观中来制造动感的话，那么要在城市拆迁后的填充地块上致力于此，情况则变得比较棘手。例如在她设计的辛辛那提当代艺术中心（2003 年）中，一块混凝土的"城市地毯"先是作为大堂的地面，然后垂直折叠形成一堵важ墙，贯穿整个竖向组织的博物馆。游客在看到这些混凝土的垂直面时，可能会有这样的印象：这个面似乎来自地面层以下的几层。这种折叠的表面呈现出视觉上的连续性，但不是真正空间机能上（programmatic）的连续。总之，原本为了在建筑中的空间机能（programs）之间创造出一种流畅关系的方法，现在反而成为视觉或形象的主题，表现出一种不可能存在于竖向组织中的流动性的理念或形象。

去除修辞的形式

　　尽管很难将加泰罗尼亚建筑师恩里克·米拉莱斯（Enric Miralles，1955—2000 年）和卡梅·皮诺斯（Carme Pinós，1954 年—）极具个性化的作品明确归于哪一类设计流派，但是在 20 世纪 90 年代时，关于形式创新的任何评论都不可避免地会提及他们在那一时期完成的一系列极不寻常的项目。尽管人们会误解那些碎片、围护结构和结构表现主义在他们作品中所扮演的真正角色，但也许仍会很容易地将他们位于巴塞罗那的希伯伦谷射箭场设计（Hebron Valley Archery Range）或伊瓜拉达公墓（Igualada Cemetery，图 9.4）设计与我们之前讨论过的混合（hybrid）的景观设计联系在一起。人们也可能会将他们的作品视为解构主义设计，但这同样也会忽略一个事实，这就是他们作品中那些弯曲的、弧线的形式——蕴含诗意而又直接的形式——可能更多的是受他们的加泰罗尼亚同胞安东尼奥·高迪和胡安·米罗（Joan Miró，1893—1938 年）的影响，而不是出于对后结构（poststructural）理论的探索。在经历了佛朗哥政权近 40 年的镇压后，如果他们的作品可以被看作是对加泰罗尼亚文化和语言的复兴的话，那么其中就有一点政治学说的含义了。[25] 一个在很大程度上去除修辞（rhetoric）的全新特征正在形成。

　　因此，他们的作品似乎可以解读为：对眼前这些项目的基本要求所做出的个性化的和表现主义的回应——这就是平凡中见诗意。米拉莱斯和皮诺斯用最朴实的词语来形容以上两个项目的弧形切口，将它们的产生归结为出于满足控制土地使用的需要。[26] 因此，挡土墙虽然不是这两个项目不可或缺的特征，但却成为巧妙地探索它所暗指的用来阻挡

174

175

图 9.4 米拉莱斯和皮诺斯事务所，伊瓜拉达公墓设计，巴塞罗那附近（1984—1994 年）。本图由作者提供

土的墙和穿过切入地面的切口的一种推动力。在伊瓜拉达墓园，这种下沉到地面中的形式带有对埋葬和生命轮回的贴切解读。此外还有许多其他的隐喻，如混凝土路面中嵌有木板暗示着河道的阻塞，而平面形状本身则像一个子宫。然而诗歌是神秘的。米拉莱斯解释说"在我们急切表达并完成的过程中，我们的推理汇成一句话，冲动地说出旋即又散去。"[27] 语言文字因此让步于制造、建造与绘画。即使他们的作品具有体量和质感，但其本身通常都有沿地面方向的线性特质，蕴含着手绘草图的自然与情感。阿利坎特艺术体操训练中心扭曲的结构表现主义以及巴塞罗那伊卡里亚人行漫步道弯曲的树形雨篷都因此表现出或许只有在类似于手工作画的建筑模式下才会有的直接与坦率。

米拉莱斯和皮诺斯在 20 世纪 90 年代初结束了他们的合作关系，并分别开展了各自的业务。他们都继续探索在合作时期研究的主题，但是米拉莱斯在苏格兰国家议会大厦（与新的合伙人完成的作品）中对形式和材料的过多使用则暗示着有些东西已经随着他们合作关系的破裂而丧失。米拉莱斯和皮诺斯短暂却异常高产的合作鼓舞着年轻建筑师们近乎宗教式的信仰，这将是米拉莱斯早逝后唯一还在继续的一个神话。如果他们的作品拒绝简单的归类，那可能是因为这些作品源自对建筑自身力量的兴趣。如果要在此分享一下他们的理论的话，那么这种难以言说的思想就是创造建筑是一种无须修辞的转换行为。

第 10 章　实用主义和后批判性

　　到 20 世纪 90 年代中期为止，一些主要的建筑理论——那些在 20 世纪六七十年代以政治和多学科理论为出发点的理论——日益被视为是不可信的，甚至是毫不相关的。其后的推动力应该源于几个不同的方面，后面的章节将会对此有所说明。相比之下，对批判的地域主义（critical regionalism）的关注和对建构（tectonics）的格外强调仍将在这 10 年中得以持续加强，而这些运动则表明他们自身也开始重视城市和地域文脉，并再次对细部设计产生兴趣。这期间，在反对解构主义形式复杂性的同时还出现了一种探索新材质、新肌理的趋势，由此也产生了一种追求更朴素、更宁静的建筑形式的审美倾向。另一个因素是建筑学专业本身的人员结构在阶级、性别和种族等方面变得越来越多样化了。最后，到 90 年代中期时，人们对环境问题的严重性有了新的认识，并引发了关于全球气候变暖，循环再利用和生态可持续性等问题的国际性思考，而 70 年代初期时，这些问题曾在很大程度上被低估甚至被忽视。总而言之，90 年代中期是一个同时沿着几个方向进行拓展的过渡期。

OMA

　　在 20 世纪 90 年代中，一个更为重要的新发展就是对"实用主义"（pragmatism）的关注，这多少有些突如其来，出乎众人意料之外，而推动这一策略产生的最重要的人就是雷姆·库哈斯。凭借着一系列快速而富有煽动性的建筑物、方案和出版物，库哈斯和他的事务所 OMA 冲击了埃森曼关于自主形式（autonomous form）不容侵犯的核心论点。从本质上来看，库哈斯的观点是建筑师应该抓住和利用资本的力量，而不是反对或抵制它们。罗伯特·索莫（Robert Somol）和萨拉·怀汀（Sarah Whiting）将这种方法描述成一种"表现或实践"（performance or practice）——即作为一门前瞻性的学科，建筑学将其与市场的联系作为自身活力和变革潜力的根源。[1] 在这十年的实践中，库哈斯如此彻底而迅速地征服了学术界和专业界，以至于杰弗里·基普尼斯在 1996 年带着些许虚假的赞美承认道（且仅仅在宣告建立于折叠基础上的"新建筑"诞生后的三年）："这没有什么其他方式可解释的，库哈斯就是我们这个时代的勒·柯布西耶。"[2]

　　用勒·柯布西耶来做比较也许更符合基普尼斯的初衷，一方面，两位建筑师都曾因偶尔的草率或无关紧要的细节而受到批评；另一方面，库哈斯像这位瑞士建筑师一样，将自己的成功归功于和建筑师的能力同样出色的宣传技巧。库哈斯用一种困惑的语调取代了勒·柯布西耶诚挚的革命激情，他犀利而富有煽动性的写作风格伴随着诙谐的格言，夸张的提问和简短的陈述令人联想到勒·柯布西耶在《新精神》（L'Esprit Nouveau）中的精辟宣言。这一理论为那些没有耐心或意愿去费力研究德里达和德勒兹的人提供了便利，尤其是当有巨额佣金诱惑的时候。

从理论的疏远转向务实的参与，这和 20 世纪 90 年代中期的"非理性繁荣"密不可分。[3] 90 年代初期，在全球衰退的同时还出现了智能复兴，网络热潮，后马斯特里赫特欧洲（a post-Maastricht Europe）所带来的欣喜，以及亚洲和中东地区经济的迅速崛起，与此同时繁荣也随之出现。这时，突然涌现出的大量工作对建筑师的需求也日益增多。面对各种机遇，建筑师们跃跃欲试，有时甚至渴望使用"新经济"的企业行话。曾在马克思主义理论家弗雷德里克·詹姆逊指导下获得博士学位的迈克尔·斯皮克斯（Michael Speaks）放弃了原有的信仰，1997 年他在荷兰贝尔拉格建筑学院（the Berlage Institute）的演讲中指出"新城市生活的产物"其关键是"注重实际充满活力的形式，而不是充满活力的形式本身。"[4] 接着他还指出，像 OMA 这样的荷兰公司是通过利用城市的各种力与流（forces and flows）来改造城市的，它们并没有对这些流（flows）进行直观的举例说明或模拟，而这却是持"形式驱动"（form-driven）观点的美国先锋派的主要工作模式。最后，他还间接地提到了彼得·埃森曼和格雷格·林恩的作品，同时也更含蓄的影射到《集合》杂志的编辑委员会。

斯皮克斯后来提出了"建筑商业"的概念——现在是赤裸裸的商业交易而不是纸上谈兵的练习——这需要一种硅谷式的管理上的创新。学术界所发挥的作用不应该是教授艺术的表现或形式的产生，而更应教授的是针对实践所进行的创造性研究。"建筑学不应再对退化的商界和企业思维退避三舍"，他在 2000 年举办于法国的一个会议上指出，"相反，它应该积极寻求它自身以研究为基础的商业转型。"[5] 这样做将逐渐消除学术界和行业之间的界限。像库哈斯的"哈佛城市计划"（Harvard Project on the City）这种智库演练旨在创造这样一种学术研究模式：学生团队在库哈斯的监督下完成论文、图表和统计，而不是各自进行构思和推进设计项目。为了避免出现那些假设隐藏于设计中的潜在的建筑教训，学生需要去发掘形形色色的有关大都市自我膨胀的现象，如拉各斯①、中国的珠江三角洲、罗马帝国②、购物或苏联共产主义的计划经济。这个过程包括调查现有条件，尽可能进行长时间的判断，并从中总结一些利用经济、社会和技术方面的深刻认识来塑造城市的新方法。[6]

这种方法还推动了 OMA 的实践发展，同时也带动了许多荷兰的衍生公司的实践，与此同时借此发表论文和思考也成为专业活动的基本组成部分。事实上，对 OMA 而言，建

---

① 拉各斯（Lagos）是尼日利亚的旧都和最大的港口城市，也是西非第一大城市。——译者注
② 罗马帝国（Roman Empire）是一款快节奏的策略游戏，游戏者将以新恺撒的身份来征服整个欧洲。——译者注

筑事务所本身的结构和角色也将成为研究和创新的一个目标。例如 20 世纪 90 年代中期，OMA 与荷兰一家工程公司签订了商业协议，内容是 OMA 向这家工程公司出售一部分股权并邀请其进入自己的管理团队。库哈斯认为这种联合虽然少了一种进入新市场的可能（尽管这很可能是事实），但却多了一种扩大建筑项目规模的途径——那种超出建筑公司可以独立承担工作的规模。"这种新局面十分有趣，"他在 1996 年和亚历杭德罗·赛拉 – 波洛一起接受采访时提到：

> 这对双方都有明显的好处。我们的合作允许我们的设计覆盖从建筑到基础设施的整个领域，从某些正在亚洲运作的项目来看，这一点似乎特别有吸引力。通常作为建筑师是难以处理好规划师和基础设施工程师之间的关系的。总是有反对的一方。这种方式将使我们的合作达到一种无缝衔接的状态，这是非常诱人的。[7]

那些熟悉库哈斯《癫狂的纽约》的人应该不会对这种煽动人们信奉市场力量的思想感到惊讶，但是话又说回来了，库哈斯从未将自己视为理论家，他认为自己是"一位对理论感兴趣的建筑师，同时也是一位将分析业内的各种具体条件和潜能视为己任的建筑师。"[8]然而，这并非是他能轻易企及或快速达到的一种状态。20 世纪 80 年代中期，库哈斯在巴黎郊区的圣克劳设计了一幢别墅，它距离勒·柯布西耶早期设计的别墅不远。这个设计实际上是对历史风格的模仿，也是勒·柯布西耶"建筑五要点"和莫里斯·拉皮德斯（Morris Lapidus，1902—2001 年）理念的重组。萨伏伊别墅在这里被一分为二，分别覆以粉色和银色的波纹金属板，而后这两个体块在其内部与另一堵混凝土承重墙相撞。在 1986 年由斯坦利·泰格曼组织的建筑研讨会上，库哈斯介绍了这个设计，而出席会议的著名建筑师们均就此表现出困惑与不满。迈克尔·格雷夫斯对这一项目的"怀旧"内容并不很感兴趣，埃森曼也调侃地指责库哈斯试图同时表达认真严谨和超现实主义。而拉斐尔·莫内奥则直指库哈斯在运用经典的现代主义形式方面的愚钝和转变（detournement），并对此作出了最尖锐的反应，他指出："此刻，也许你带着些许傲慢，正独自捍卫着一部分或许值得捍卫的现代性，但它应该受到更强烈的捍卫。"库哈斯反驳说，他的作品并不是在捍卫现代主义，而是"在收集一些遗留于某种集体意识中的残余。"然而莫内奥仍然认为，尽管库哈斯很有才华，但是他通过退到圈内令人费解的有趣创作探索中而将自己置于历史的边缘，他应该让自己学会接受"孤独，非常孤独。"[9]

莫内奥预言库哈斯将在历史的边缘辛苦劳作，这当然是不太准确的，但是到 80 年代后期，库哈斯开始远离历史引用，转而偏好"空间机能"（program）——这表现在两个全新的设计策略上。一个是初期密集的摩天大楼创作，我们可以从 1989 年他的两个设计竞赛方案中看到这一点，它们分别是卡尔斯鲁厄艺术与媒体研究中心（ZKM）设计和泽布勒赫海运码头（the Zeebrugge Ferry Terminal，图 10.2）设计。第二个策略是创

图 10.1　OMA，艺术与媒体研究中心（ZKM），卡尔斯鲁厄（1992 年）。本图由 OMA 提供

图 10.2　泽布勒赫海运码头（the Zeebrugge Ferry Terminal），比利时（1989 年）。本图由 OMA 提供

造一个曼哈顿的缩影——类似于一种基于巨型单体建筑之上的城市密度，正如他首次在海牙市政厅设计竞赛中所展现的那样，或者也许从落成于 1992 年的鹿特丹康索现代艺术中心中也可窥见一斑。这两个策略可以追溯到《癫狂的纽约》一书，尤其在"下城体育俱乐部"（Downtown Athletic Club）这一著名章节中，库哈斯将第一个策略描述为一种垂直的、在"38 层叠加平台"上进行的住宅多样化活动的空间机能的拼贴（programmatic collage），同时还将其描述为"构成主义者的社会凝聚器（Constructivist Social Condenser）：一台产生并加强人际交往的理想形式的机器。"在这个全是男性的俱乐部里，如果说单身汉们可以在第九层楼"赤身裸体带着拳击手套吃牡蛎，"的话，那是因为他们已经被"反自然"的空间机能（program）塑造为一类新型的城市居民——"大都会居民"（Metropolitanite）。[10] 对库哈斯而言，曼哈顿体育俱乐部是迷失的、遍地充斥着摩天大楼的伊甸园的一部分，20 世纪 80 年代后期和 90 年代，他的许多工作都是尝试去重建它——也就是说，库哈斯最后试图在自己的创作中实现早在 20 年前的《癫狂的纽约》中就已宣称的"曼哈顿主义"的潜能释放。他后来称这种回归到他早期主题的思想是"相同概念的二次孕育"。[11] 并且，这将导致他在单体建筑和城市规划方面追求创造性拥挤（creative congestion）的策略，这一点他已在 20 世纪早期的曼哈顿中进行了验证。

181

卡尔斯鲁厄艺术与媒体研究中心的建造时间早于下城体育俱乐部，其有序组织的"自由剖面"将不同的空间机能（program）和空间类型叠放在一个简单的容器中。事实上，同时比较这两个项目的剖面图似乎可以发现，尽管有所推迟，库哈斯却已将他的早期研究转化为其相同理念和技术的直接应用。然而与此同时，库哈斯也给这种引用带来了更为建构的方式，从而可以去探索复杂的表演及展览所需的大跨度结构和辅助空间设计。适于居住的空腹桁架跨越建筑两侧，在高大的无柱空间中创造出了一种交错的垂直节奏，同时在沿着桁架的进深方向、在被视为柱子的桁架垂直构件之中也形成了一个压缩的中间楼层。结构紧凑的棱柱体被巨大的投影屏幕与几组不规则穿孔的开口所围合，再次令人联想起下城体育俱乐部的外部形式与多变的内部空间组织之间的明显冲突。

182

泽布勒赫海运码头项目延续了这一方向的研究，尽管这个模型不像下城体育俱乐部所表现的那样，而更接近于为科尼岛设计的神话般的"地球之塔"（Globe Tower）。这个虚构的项目提出了一种塔形和球体在形式上的融合，并将各种娱乐功能安置在这个交通基础设施的底座上。OMA 设计的泽布勒赫海运码头是一个近似于尘世乐土的塔（功能包括：赌场，游泳池，电影院和酒店），它将锥体和球体相结合，从一个交通枢纽的基地上螺旋升起，从而成为北海海滨的一个神秘标志。如果建成，这个项目将成为 OMA 最独特的形式探索之一。因为库哈斯提出设计一种光洁而神秘的物体，其紧凑的形式和光滑的表面与其说是解构主义设计的碎片化策略，不如说更像菲利普·斯塔克（Phillippe Starck, 1949 年—）① 的产品设计。[12] 事实上，这让人想起他在 1993 年完成的关于 1988 年"解构

---

① 著名的法国设计师，集流行明星、疯狂发明家、浪漫哲人于一身。他的设计从纽约旅馆到法国总统的私人住宅，从座椅、灯具到浴室的牙刷，范围涉猎很广。——译者注

主义建筑"（Deconstructivist Architecture）展文集中所做的尖刻评论，他在这里明确反对那些所谓的同行们的形式主义议题（formalist agenda），谴责他们"幼稚"而"平庸"地将社会裂变与碎片形式的建筑进行类比。库哈斯进一步指出，回归"建筑师的理性立场"是误入歧途，如果仅仅因为那里有工作需要完成："我们享受这一刻的条件之一就是按专业的某种要求来设计外观。对我来说，让这些期待一步步落空，看上去是比较危险的事。"[13]

实际上，就设计方法而言，库哈斯与参加 1988 年展览的其他建筑师之间的差异，在 OMA 获得 1986 年海牙市政厅设计竞赛大奖时就已经表现得非常明显了。该方案在一个建筑单体内布置了三个彼此平行的带状的空间机能，它们被分割并在不同的高度上凸显出来，从而创造出了一种洗练的城市天际线。类似的还有 1992 年完成的鹿特丹康索现代艺术中心

183 设计，OMA 在这一项目中沿着一条连续的内部长廊设置了多种空间类型和空间机能。这座建筑位于架高的城市大道和有一条次要道路穿过场地的公园之间，建筑师们用一个贯穿建筑的公共坡道将两者连接起来，并在贯穿处形成了建筑的主要入口，同时也保留了现有的道路。这些单独的体块中包含有几个展厅和一个餐厅，由一个螺旋的循环通道将库哈斯所说的"一系列矛盾的体验"[14]联系起来。人们还可以由此觉察到库哈斯早年模仿现代主义作品的某些痕迹：新密斯风格的立面正对着林荫大道，其黑色的钢带（steel fascia）与柏林国家美术馆新馆相呼应，另外在靠后的部位还设有一个屋顶桁架。这个桁架涂着交通路标上的那种橙色，其顶端是一个由一匹骆驼和一个穿长袍的行者组成的雕像；或许，这表达的是一种对过去的追忆：1927 年设计的魏森霍夫住宅区当时被人们视为"舶来品"，为了反对这种明显的异质因素，人们将其丑化并制成"阿拉伯村落"明信片四处分发。

摩纳哥阿加迪尔旅馆和会议中心是库哈斯 1990 年的一个项目。他将那些密斯式的手段换做另一种工作模式——柱网和大面积的迂回空间如断断续续的星座，似乎可以从中看到勒·柯布西耶设计的昌迪加尔议会大厦的影子。库哈斯在这里创造了一个巨大而起伏的广场，这个被覆盖的广场面向海滩，几部自动扶梯、一条入口道路以及设置有不同直径圆柱

184 的场地散布于外部空间中。广场下面是一个会议中心，上面是由庭院式公寓组成的酒店区，每座公寓都有一个可以观看海景的小塔楼。由于其空间机能（program）被划分为三个明确的区域，每个区域都具有各自的空间特性，因此阿加迪尔项目将会再次尝试把大都市的多样化体验注入个体建筑中。在 OMA 的城市规划作品中，对曼哈顿的参照有时是非常精准的，他们在 1991 年为巴黎中轴线的延伸设计竞赛所做的方案就是一个明证。在该方案中，库哈斯提议逐步拆除拉德芳斯周围的大片区域，并植入曼哈顿式的网格。这一策略后来再次出现在 OMA 设计的 2008 年迪拜海滨城市总体规划方案中，这个建在人工岛上的项目使库哈斯最终实现了多年来一直追求但却只停留在纸上的理想化的曼哈顿网格设计。

20 世纪 90 年代中期，众多的委托项目接踵而至，令 OMA 事务所应接不暇。我们可以看到在 1995 年库哈斯完成了大量的以《小，中，大，超大》（S，M，L，XL）为标题的一系列著作与项目。通过与平面设计师布鲁斯·毛（Bruce Mau，1959 年—）的合作，这本书成为一部包含众多图片的精美杰作，尤其是整幅图充满页面的广泛使用，字体以

及图示语言的多样性组合，电影场景般的步调与节奏，所有这一切都为建筑文本可能达到的高度设定了一个新的标准。这部巨著近 1400 页，其组织架构在标题中已明确地表现出来，例如方案和文章的排序是按照它们的实际大小进行的，而不是依据建造年代或建筑类型排序。方案旁边分散排列着文章和随意的图示，沿页面边缘则是对文中术语的连续注释。在这本百科辞典般的著作中，其文章均包含了广博的内容，范围从对亚特兰大实地考察的结果到新加坡 [库哈斯称之为 "波坦金大都会"（Potemkin Metropolis）] 城市化的综合历史研究，同时也包含了对全球化和 "普通城市"（Generic City）现象的思考。

尽管在这本涉及面很广的书中，很难找到一个中心思想或纲领性的论点，但《大，或巨大的问题》（Bigness, or the problem of Large）这篇文章则将 OMA 近数十年来一直追求的许多思想巧妙而精炼地压缩进了一个类似宣言的著作中。在《癫狂的纽约》中，库哈斯再次论述了 20 世纪早期的技术创新（电力、电梯、钢结构、空调）为 "大" 创造了条件，它们允许建筑造得很大，并逐渐削弱了传统建筑学的概念，如构图、序列以及建筑外立面与内在组织的关系。最重要的是，他指出当一座建筑达到一定尺度时，它就会脱离原先所属的城市肌理。通常，建筑师只是以 "拆散和分解"（disassembly and dissolution）的策略来回应这种状况，或者通过片段化及蒙太奇的手法将庞大的空间机能（programs）分解为 "独一无二，互不相容的碎片"，而库哈斯则给出了另一种解决办法。他提出了 "完整和真实"，或者是一种可以将不同活动凝聚于一个单独容器中的方法，从而使它们能像 "空间机能的炼金术"（programmatic alchemy）那样自由地相互作用。库哈斯认为，由于它们内在的丰富性和多样性，这些建筑本身就可以变得像城市一样并内化于其中，或许最终还会取代 "传统" 城市。库哈斯预言似的总结道："大" 将产生能从 "推倒重来的（tabula rasa）当今全球化环境" 中唯一幸存下来的建筑，而这些前沿建筑将成为 "后建筑景观（post-architecture landscape）中的地标"。[15]

185

库哈斯指出：一方面，创造性破坏使 "传统" 城市几乎无可救药，同时市场对这种破坏的包容也受到了冷遇；另一方面，面对灾难性的现代化，建筑学的继续发展又势在必行。最后，在为 "大" 而辩护的建筑学宣言中，他将这两方面结合起来。现代主义和形式主义均面临 "枯竭的艺术或意识形态的运动" 这类问题，建筑学新发现的 "手段" 将允许它割裂与这类问题的联系。这在 10 年前会被认为是政治异端的观点，在库哈斯看来却非常令人满意。带着这种具有理想主义同时又无可奈何（resignation）的观点，他指出了建筑学前进的一个方向——它既不依赖于过去的审美设计，也不依赖于那种希望通过转向纯数字和虚拟后获得的彻底释放。

橙色革命

《小，中，大，超大》的出版正逢 20 世纪 90 年代中期荷兰建筑实践的全面复兴。此时新兴公司纷纷成立，其中许多公司吸收了 OMA 的老员工，以便在未来几年有所建树。

在很大程度上，这部著作继续沿着库哈斯质疑形式主义策略，倡导利用现有条件进行创作的思路进行。1999年，在纽约的艺术与建筑临街（Storefront for Art and Architecture）展中，迈克尔·斯皮克斯将当时出现的这种荷兰趋势称为"大软橙"（Big Soft Orange），其原因在于它对大型项目实用性的认可，面对市场需求时所表现出的灵活性，以及斯皮克斯称之为人工制造和商业之间尤其荷兰化的密切关系。[16] 确实，荷兰本身的大部分国土就是通过建造堤坝和填海造地形成的，长久以来它依靠人工制造业而得以发展，与此同时荷兰的经济模式也长期重视贸易和自主创新。再加上荷兰是欧洲人口密度最高的地区之一，这使其成为20世纪初现代主义的一个重要发源地，尤其在20世纪20年代，实验盛行成了当地的特色。

景观设计师阿德里安·高依策（Adriaan Geuze，1960年—）及其公司西八度（West 8）信奉人工制造的理念，并运用这一理念创造出了一系列充满趣味和理性的自然式景观公园、广场和城市规划。例如，在高依策设计的阿姆斯特丹史基普机场（Schiphol Airport）景观中，他在地面铺设和种植物上运用了非常生动的方法：机场周围所有空余的地方都种上了一排排的桦树，路边广场摆满了大型的半球形花盆（用变化的种植物来表现四季）。在高依策设计的位于鹿特丹剧院区中部的舒乌伯格广场（Schouwburgplein）上，仅有的"树"或植物体是一些具有可调节吊颈的照明灯柱，显而易见，它们暗示着这个城市充满活力的港口。西八度最有影响力的作品可能就是位于阿姆斯特丹港口区的博尼奥－斯波伦堡（Borneo-Sporenburg）半岛总体规划了。在这里，高依策将重新诠释阿姆斯特丹基本的城市类型学——狭窄的运河住宅和19世纪街坊式的建筑，在规划中，他将其转化为狭长的稠密网格，其中随网格而旋转的一些规模较大且具有雕塑感的住宅区将几座带有院子的住宅楼打断。一个窄窄的带形公园沿网格的对角线切割，从而缓和了低层高密度住宅墙面造成的连续性。

威尼·马斯（Winy Maas，1958年—）、雅各布·凡·瑞金斯（Jacob van Rijs，1965年—）和娜莎莉·德·弗瑞斯（Nathalie de Vries，1965年—）的事务所（MVRDV）同样也结合了OMA在20世纪90年代的许多观点和形式上的方法。在公司的早期作品中尤其如此，如反复运用了OMA在教育中心（Educatorium）和康索现代艺术中心所采用的暴露的折叠楼板的语汇。MVRDV的设计方案通常以数据映射（mapping of data）及其实证信息的建筑转换为基础，这种方式有时会导出可以直接反映手头数据的建筑。威尼·马斯将这些信息的具体表现称为"数据景象"（datascapes），并且他的公司还经常与研究人口密度及其相关现象的大学合作。公司陆续出版了一系列书刊，其中就包括1999年出版的《容积率最大化：密度中的旅行》（FARMAX：Excursions on Density），这本书建议进一步集中已经密集分布的荷兰人口，以保护城区范围以外的开放空间。[17]

正如阿姆斯特丹郊外的WoZoCo老年公寓（图10.3）那样，有时公司把数据转换为建筑的做法会使建筑形式呈现出一种有趣的，近似于统计图表的卡通形象。在这个设计中，规划条例决定建筑占地面积仅能容纳设计要求中100套房间里的87套。建筑师们并没有

图 10.3　MVRDV，WoZoCo 老年公寓，阿姆斯特丹（1994—1997 年）。本图由丹尼尔·德·费朗西斯科（Daniel de Francisco）提供

将剩下的这 13 个单元在基地中另行安置，而是将它们压缩进一系列庞大的体量中，并悬挑于主要的建筑体量之外——这看上去似乎是不可能的。这种做法使得建筑既保留了邻近的开放空间，同时也遵守了各项规划法规。这种作品中几乎不可避免的苛刻"逻辑"——即设计师必须不惜一切代价保留开放空间，让这座不可思议的建筑看上去合理。

MVRDV 公司为 2000 年汉诺威世博会荷兰馆所做的设计，沿用了创建微观的荷兰生态系统（the Dutch Ecosystem）这一策略，其建筑层层叠加，直接复制了库哈斯在《癫狂的纽约》一书中所描述的堆叠平面之"1909 原理"（1909 Theorem）。这些平台状的楼层有的致力于表现"森林"，有的则表现"雨"或是"农业"，它们直接而未经筛选地将图表转换为建筑，这是库哈斯一直以来没能、也不愿应用于自己作品中的一个策略。实际上，与库哈斯自己相比，在荷兰像 MVRDV 这样年轻一代的公司在设计时也许更加注重库哈斯对于形式主义的反对。然而不管怎样，MVRDV 的设计成果常常会在令人振奋和仅仅图表化之间犹豫不决。

此外，还有另外一个年轻的荷兰公司在 20 世纪 90 年代时崭露头角，这就是由本·凡·贝克尔（Ben Van Berkel，1965 年—）和卡罗琳·博斯（Caroline Bos，1959 年—）创建的 UN 工作室。他们仅耗费了些许时日就以自己厚重的专著——《移动》（Move）来反驳 OMA 在《小，中，大，超大》中的观点。这本书也称得上是一部宣言，它分为三卷，分别冠以红色的醒目标题：想象力、技术和效果（Imagination，Techniques，and Effects），或者也可将这三卷称为建筑学三大"永久的组成要素"。作者用这几个要素来描述建筑师如何转换他们惯用的组织结构，以及他们对于新媒体的运用将如何引领"当代建筑的多

188

种效果"。[18] 为了达到第一个目标——常规做法的转换，凡·贝克尔和博斯提出了一种类似于电影制作的"网络技术"模型，即运用虚拟网络临时组织国际专家队伍合作设计项目，并在完成后解散。事实上，UN 工作室已经以这种方式合作完成了一些大型的基础建设项目，如鹿特丹的伊拉斯谟斯桥和阿姆斯特丹的海因隧道服务设施，它们均在 1996 年竣工。

UN 工作室的合作项目将建筑师重新定义为"研究日常公众信息的专家"——即建筑师以专家身份带领一个团队来处理各种各样的信息，并将其转化为"组织公众生活的设想和意象"。他们认为这种策略的最终结果将使建筑学更加接近于处理并反馈最新流行趋势的时尚产业。他们写道："通过向 CK（Calvin Klein）学习，建筑师将涉足装扮未来世界，推测、期待即将到来的事件，并为世界举起一面镜子。"[19] 如果这种实际的合作模式使建筑师看起来是"装扮未来"的关键人物的话，那么他们对新媒介的开发将最终使他们左右新时尚的内容。

在这种尝试中，主要的一项技术仍然是完全传统的图解（diagram），正如凡·贝克尔和博斯坚决主张的那样，虽然这些传统的图解源于实际工程之外，但它们仍为项目的进展提供了一种既稳定而又相当模糊的蓝图。尽管 OMA 和 MDRDV 也采用了这种工具，而且确实也常常名副其实地将其运用于某一建筑上，但是 UN 工作室更加关注的是将其视为新奇的或引人瞩目的形式发生器来进行研究。因此在凡·贝克尔和博斯看来，建筑师可以运用图解来对抗已建立的类型学，同时还可以用它来寻找原本可能不会出现的解释或解决方法。UN 工作室设计的莫比乌斯住宅（Möbius House，1998 年）便印证了这种方法。这个住宅的图解模型是一个连续的内锁形式的莫比乌斯带，它用一个连续的环将家庭功能的各种要素连接起来。用混凝土和玻璃造的房子经折叠和抬升后，又回归自身，由此 *189* 一个扁平的窄条从平面最终发展为一个立体空间。

UN 工作室运用这种方法所进行的最大胆的尝试就是位于斯图加特的梅赛德斯·奔驰博物馆（Mercedes-Benz Museum，2001—2006 年，图 10.4）的设计。这座建筑以 DNA 的分子模型为基础，用来展示展品的两层以一种持续渐进的方式围绕中央大厅螺旋上升，从而在建筑外立面上产生了一种有趣的横向变化。游客需先乘坐电梯到达顶部，然后再沿着两条可供选择的通道向下，同时通道两边还布置了按时间顺序排列的汽车和卡车展览。这座混凝土建筑与弗兰克·劳埃德·赖特设计的古根海姆博物馆不同，因为在斯图加特的设计中任何两个表面彼此间都是不平行的。如果没有工程师沃纳·索贝克（Werner Sobek）的才干和计算机顾问阿诺德·沃尔兹（Arnold Walz）的几何制图，这些都不可能实现。这一设计格外优雅，人们不但将其视为近十年来最杰出的建筑之一，同时也将其视为具有标志性的时尚制造的终极实践。

与凡·贝克尔和博斯一样，在苏黎世开设事务所的西班牙建筑师和工程师圣地亚哥·卡拉特拉瓦（Santiago Calatrava，1951 年—）更多地致力于桥梁、高架桥、立交桥及火车站 *190* 这些交通基础设施的设计。这些工程不仅是对目前功能需求的回应，同时也是创造更多可能性的催化剂。凡·贝克尔和博斯将自己定位为多学科专家团队的协调员，而卡拉特

图 10.4 UN 工作室，梅赛德斯·奔驰博物馆，斯图加特（2001—2006 年）。本图由蒂姆·布朗提供

拉瓦的角色则是富有灵感且目光敏锐的导演，引导团队完成他那结构上往往极具雕塑感的设想。不同的方式表明了不同的意图。然而，荷兰在基础设施方面的探索主要关注的是组织和筹划由复合功能所产生的空间机能的活力（programmatic energy），而卡拉特拉瓦关注的则是其项目对当下环境的细微影响，以及将结构表现主义和毋庸置疑的永恒的城市特征相结合所产生的美学效果。

卡拉特拉瓦曾在瓦伦西亚学习建筑，后来又在苏黎世联邦理工学院（ETH）攻读土木工程，并于 1981 年获得博士学位。这种综合训练的影响体现在卡拉特拉瓦参加苏黎世施塔德尔霍芬火车站（1983 年）设计竞赛的获奖方案上。该方案以其蜿蜒的肋骨状混凝土和优雅的锥形钢骨骼顶棚形式，建立了卡拉特拉瓦在后来的作品中深入发展的形式语言和材料运用的策略，同时这也是他常在水彩草图中探索的如何将人类或动物形式的进化转变成各种结构上的解决方案。巴克·德·罗达大桥位于巴塞罗那的城市边缘，它横跨一个砂砾中的下沉铁路站场，其设计表现出卡拉特拉瓦作品的另一个关键特征：作为市民启蒙和现代化的象征时所引发的争议性。这个白色的、庞大的弓形结构对于实际所需的适合跨度而言好像显得有些尺度过大，对于它所处的平凡的城市背景而言似乎又显得过分隆重。然而，恰恰正是这种过度，这种城市的壮观姿态才会使那种闪亮的白色桥梁成为塞维利亚、布宜诺斯艾利斯、曼彻斯特和密尔沃基许多正在进行的城市再开发项目的"必要条件"（sine qua non）。

这些类似肢体和紧绷肌肉的桥梁的仿生形式将很快被具有结构表现力的新哥特式所

取代，以下这些建筑委托项目即反映了这种转变：多伦多 BEC 购物广场中覆以玻璃屋顶的廊道、纽约圣约翰大教堂（1992 年）和里斯本东方公交枢纽站（1998 年）。基于结构表现力的仿生形式、尖肋拱顶的哥特情感以及光洁的填充构件紧密结合在一起，这似乎是对维奥莱·勒·杜克（Viollet le Duc, 1814—1897 年）的理想——久远的结构直觉与哥特逻辑概念化的结合——迟到的认识。

191　　　然而在卡拉特拉瓦的作品中，还存在另外一种逆向的趋势，它似乎更接近于让 - 雅克·勒昆（Jean-Jacques Lequeu, 1757—1826 年）[1] 或克劳德·尼古拉斯·勒杜（Claude Nicolas Ledoux, 1736—1806 年）[2] 所指的"会说话的建筑"（architecture parlante）。在毕尔巴鄂的松迪卡机场（1990 年）、里昂机场高铁站（1994 年）或瓦伦西亚天文台和 IMAX 巨幕剧院（Planetarium and IMAX theater in Valencia, 1998 年）这些项目中，卡拉特拉瓦不仅用仿生形式来展现结构荷载的分布，同时也利用这些形式创造了一种极其显而易见的隐喻以暗示（通常是非常直接的）建筑的功能或场地。例如，在瓦伦西亚的剧院设计中，露出水池的建筑就像一个潜望镜，呈现出带有自动玻璃眼睑的眼睛形状。与此类似，坐落于密歇根湖畔的密尔沃基艺术博物馆（1994—2001 年，图 10.5），其鸟状的屋顶结构像

图 10.5　圣地亚哥·卡拉特拉瓦，密尔沃基艺术博物馆，密尔沃基，威斯康星（1994—2001 年）。本图由作者提供

---

① 法国画家、建筑师，主张轻理性重情感的建筑理论。由于大革命爆发，他未获得实践机会，曾写有《民用建筑》（Architecture Civil）一书，书中的建筑插图体现了轮廓鲜明的几何特征。——译者注
② 法国建筑师、城市规划师，新古典主义建筑风格的早期杰出代表之一。——译者注

一只正在筑巢的鸟挥舞着舒展的翅膀，它仿佛是在应对不断变化的光线条件，又仿佛是鸟看到一顿美餐时的样子。通过将人体、鸟类及树木转化为建筑，这些高度隐喻和雕塑般的方法与动态的、流线型的发展愿景相结合，从而使卡拉特拉瓦在千年之交的建筑界独树一帜，成为一位真正受欢迎的建筑师，他将建筑控制在自己独特的设想中，并且其作品被公众广泛地理解和赞赏。从这个意义上看，卡拉特拉瓦的实用主义不仅在于他将建筑的基本结构视为公共领域中的要素，还在于其作品对使用者具有直接的感染力。

192

后批判性

不管怎样，很少会有人否认荷兰的"实用主义"在 20 世纪 90 年代建筑实践的重组中所发挥的巨大作用。通过为普拉达所做的一系列奢侈品店的设计和零售策略的研究，库哈斯于 1996 年建立了与 OMA 类似的"智库"——建筑传媒工作室（AMO），从而为本国带来了全方位的有力的转变。这个智库致力于设计咨询、品牌、媒体、政治（politics）、艺术、展览、出版、平面设计及其他内容并不明确的"研究"。因此，在这个千载难逢的时期内，建筑"业务"扩展为包含一种有别于实际建造的建筑思考模式。正如库哈斯后来这样解释它的使命：

> 建筑学太迟钝了。然而，"建筑学"这个词仍保有（来自专业之外的）某种敬意。它代表了一线希望——或是对希望的一种模糊记忆——那就是造型、形式及一致性（coherence）会给每天冲刷我们大脑的疯狂的信息浪潮带来影响。也许，建筑学根本就不乏味。当建筑学从建造的束缚中解放出来，它可以成为一种对所有事物都行之有效的思维方式，一门描述关系、比例、联系与效果的学科，一种万物的图解。[20]

193

库哈斯在这里强调了理论作为通用的"万物图解"而持续存在的价值，同时也强调了建筑思考从实践中得以"解放"的价值。至少在库哈斯看来，这表明向实用主义转变并非旨在抨击理论，而是以后批判的方法来重新定义理论的一种做法。这一转变是对所发现的世界的思考，而不是通过哲学、语言学和社会学的编码系统对建筑学进行思考的。

当然，并不是所有与建筑学相关的评论家都对这种后批判方法的建议感到满意。1999 年，与埃森曼圈子关系密切的桑福德·昆特将其与朱利安·奔达（Julien Benda，1867—1956 年）[①] 的《知识分子的背叛》（Le Trahison des Clercs）联系起来，也就是将其与"失信"或对知识分子价值的保守的背叛相联系。用他的话来说就是：

———————————

① 法国哲学家和小说家，其代表作是《知识分子的背叛》。——译者注

最近荷兰作品所代表的这种"实用主义"是实用主义中最差的一种，在可能性上有多么丰富，那么在目前的表达中它就会有多么贫乏：这种实用主义和误读的库哈斯主义并无差别，误读的库哈斯主义中增添了一点官僚主义者的强制，通过夸大他或她在历史和审美理想中的徒劳尝试来证明建筑师的无能（"规划是不可能的，市场规则控制一切！"）。[21]

戴夫·希基（Dave Hickey，1940 年—）同样担心"后批判"的世界也将是后理论和后知识分子的世界。"如果出现这种情况，"他感叹道，"我们就迷失了。我们仅仅是学者和商人，从今以后再也没有什么理由把某物称为建筑了。"[22]

其他人认为这种范式的转变是一种不太剧烈的变化。例如罗伯特·苏摩和萨拉·怀汀将后批判界视为"投影"（projective）建筑（而不是"批判的"建筑）可以在其中得到蓬勃发展的地方，处于批判角色的建筑既"酷"又从容，它并没有在其对社会价值的抵抗中成为"流行的"建筑。[23]尽管索莫尔和怀汀很快就注意到一座投影建筑"没有必要向市场力量投降"，显而易见，在许多情况下后批判已经开始把建筑师从之前曾使他们与从市场疏远的很多禁忌中解放出来。在很多方面都存在着这样一个令人愉快的事实：库哈斯似乎授予了建筑师们一种可以有所担当、盈利、参与，并从新的全球经济中学习的许可证。建筑师们似乎终于从为创造深奥的、自主的形式而苦恼的责任中解放出来，他们不再被号召靠停止建造或是将自己的作品嵌入到资本主义变幻莫测的政治意识形态或批评中来勇敢地抵抗资本主义的力量。他们也不再被要求去时髦的理论宝库中筛选那些没有多少人能真正消化或巧妙地应用到他们作品中的理论。事实上，1998 年 K·迈克尔·海斯出版的评论文集《1968 年以来的建筑理论》（Architecture Theory Since 1968）似乎正式标志着理论上的黄金时代的明确终结，这本书同时也承认，对这一明显在衰退的运动进行总结的时间已经到了。但在这个被消极定义的自由内——这种来自历史的、理论的、形式的以及政治责任的自由——仍然存在着一种令人烦恼的疑惑或不安感。1999 年春天，"网络泡沫"的破灭显示出新经济的细节问题是多么变化无常。两年后，世贸中心大楼的摧毁再次提醒建筑师们社会的整体结构有多么脆弱。先前洋溢在 20 世纪 90 年代众多建筑出版物中的兴奋感将不得不面对新的现实。

第 11 章 极简主义

库哈斯及其同事们的作品不仅猛烈抨击了冗繁形式的塑造和建筑学从本学科外寻求帮助的尝试，与此同时，他们还进一步减小了 20 世纪 90 年代同期系列作品的体量。这种方向或方法通常关注比较主要的问题——即新材料的开发及其感官效果，攫取自极端现代主义（high modernism）构造形式的简洁细部，以及建筑体验自身的现象学本质。也许我们只能以一种松散的方式，才得以将这些类似的研究聚集在"极简主义"的旗帜下，因为这么做会为这个更普遍地出现在 20 世纪 60 年代中后期美国雕塑和绘画领域中特定运动的字眼下一个相对灵活的定义。事实上，艺术批评家罗莎琳德·克劳斯曾经宣称将极简主义应用于形式主义艺术或建筑中"完全不恰当"，因为这一说法应该留给那种以观者如何体验或接纳特定语境中的作品为中心的艺术手法。[1]

尽管如此，我们仍觉得这个术语在 20 世纪 90 年代还是有些用处的，因为我们发现此时在许多方面都出现了一种形式上的显著简化：注意力从形式转向表面和细部，从空间机能（programmatic）创新的建筑转向作为中性容器的建筑，从设计者的意图转向使用者体验作品的方式。总而言之，这些极简主义项目通常自成体系（self-contained），其意图比它们之前的更加谦和，且多数均工艺精湛。在某些方面，它们也令人联想到那些几乎被关注语义与句法规则的后现代主义和后结构主义所遮蔽的一种现代主义特性或形式上的简洁。

1990 年，肯尼思·弗兰姆普敦铿锵有力的演说"秩序的召唤：建构案例的研究"（Rappel à l'ordre: The Case for the Tectonic）吹响了这一新方向的嘹亮号角。"秩序的召唤"（call to order）这样一份总结再次发出了 20 世纪 20 年代早期勒·柯布西耶作为"纯粹主义者"的呼吁，这在很多方面是他长期以来反对后现代历史主义的"商品文化"与他的另一条途径——批判的地域主义之间论战的延续。虽然这些毫无歉意的"后卫"般的论调显然是 20 世纪 80 年代少数人的观点，但是现在却引起了更多人的共鸣：

> 与其再度上演先锋派的隐喻或历史主义的模仿，抑或雕塑般形态的过度扩散，所有这些所能达到的程度都既不基于结构也不基于构造，它们任意而为之，我们也许不如回归将结构单元作为建筑形式不可化简的本质。[2]

重返建筑构造及其细部的零点，他在文章中用 19 世纪建筑师如卡尔·波提策尔（Karl Bötucher）和戈特弗里德·森佩尔的理论来支持这一观点，当然这在他更加雄心勃勃的《建构文化研究》（*Studies in Tectonic Culture*，1995 年）的纲要中得到了进一步的详细阐述，在此他以更广泛的历史视角筹划主题。[3] 借助于相关"传统"建筑师的几章内容，诸如弗兰克·劳埃德·赖特、密斯·凡·德·罗、路易斯·康和卡洛·斯卡帕，弗兰姆普敦提供了一个生动的可以替代大部分理论期刊的平台。在该书第一章中，季米特里斯·皮吉奥尼斯（Dimitris Pikionis）的雅典卫城铺路石图片以及日本神道教在破土仪式上用到的祭神仪式的工具图片，对广为流传的理性抽象概念构成了强有力的挑战。一种新的严肃性显然清晰可辨，这甚至可以从 1995 年现代艺术博物馆的"轻型建筑"展中窥见一斑——7 年之后其备受期待的"解构主义"宣言——该展览注意到在近期几个作品中表现出了一种"全新的建筑感性"。[4] 特伦斯·莱利（Terrance Riley）把这种新感性归因于缺乏严格的正统观念、一种新的含蓄和对工艺的重视。在这方面，我们也许会平添一份对返璞归真和避免在形式上或装饰上过度的渴望。

物质性与效果

瑞士建筑师雅克·赫尔佐格（Jacques Herzog）和皮埃尔·德·梅隆（Pierre de Meuron）的作品就代表了其中的一种极简主义，因为通常他们特别乐于带给接触他们建筑物的人们以物质性（materiality）和感官冲击——与此同时又消退成了日常生活中各种活动的一个中性背景。"我们设计的建筑的优点"，赫尔佐格在 1997 年接受采访时如此谈道："在于它们使来访者产生即时的本能反应。对我们来说，这是建筑中至关重要的。我们想让一座建筑带给人们一些感受，而不是体现这样或那样的思想。"[5] 在描述他们与柏林蒂尔加滕区相邻的四个庞大而静谧的街区提案时，赫尔佐格也表示他和德·梅隆"希望发生在它内部的生活会成为其外部的建筑表情"。[6] 在他们的作品中还表现出对于破碎的一种强烈的抵抗，以及对于每个项目都是唯一的一份坚持：在均质立面处理的同时表现出一种基本封闭的且往往呈棱柱状的形态，而不是各种形式要素和材料的拼贴。

从赫尔佐格和德·梅隆这一组合早期的创立与合作中来探索这些指导思想的根源是可行的。赫尔佐格和德·梅隆是儿时好友，也是 1968 年之后 20 世纪 70 年代初的无政府状态期间一起在苏黎世联邦理工学院就读的同学，他们接受了一种专注于规划和政治意识形态的教育——更确切说，一直到 1971 年阿尔瓦·罗西来到了苏黎世联邦理工学院。

"作为学生"，赫尔佐格回忆道，"我们被这个具有超凡魅力的人深深吸引，他告诉我们建筑永远只是建筑，社会学和心理学无法取代它。"这让我们大为震惊，这些年来建筑绘画和"艺术手法"几乎被这些马克思主义学生运动苛刻的守卫者们所阻止。[7]

在这期间，他们从罗西那里获得了对于基本类型学和建筑持久性的鉴赏能力，而他们早期的社会学训练则为他们提供了一个正从实践中大规模消失的视角。经过与约瑟夫·博伊斯（Joseph Beuys）在 1978 年的一次短暂合作，以及与瑞士极简主义画家雷米·佐格（Rémy Zaugg）的长期交往之后，这个感觉主义组合对于材料和感知的细微差别变得更加关注了。佐格文本中的绘画往往把它们自己直接呈现给观者，并隐含着一种存在于观察者和被观察对象之间的动态关系。例如，在他 2002 年题为"论失明"（On Being Blind）的系列作品中，佐格让观者面对完全相同的漆画，每件上面都写着"我，我看见你"（Moi, je te vois），并因此提出质疑到底是谁一直在看着谁。博伊斯喜欢像毡、脂肪、蜡和血液这样的非传统材料，他还着重强调一种在很大程度上可以界定出赫尔佐格和德·梅隆的作品的实验态度。[8]

我们可以从赫尔佐格和德·梅隆的一个早期委托项目中发现这种对物质性的强调，这座于 1980 年完成的蓝色住宅（Blue House）很少发表，它坐落在瑞士的奥伯维尔。这座住宅置于一个陡斜的人字形屋顶下面，罗西对他们的影响从这种方式上就可以一目了然。在山墙的下面，墙体由廉价的混凝土砌块组成，砌块上覆有不规则的受伊夫·克莱因（Yves Klein）启发的群青色涂层。总体而言，这一外观会使人驻足停留，因为带山墙的传统形式却在北侧墙面上产生了略微的弯曲，从而在山墙一侧创造出一种微妙的不对称性。类似的策略也得以运用在他们的胶合板住宅（Plywood House，1984 年）和艺术收藏家住宅（House for Art Collector, 1986 年）的设计中。在这两个项目中，舒适（gemütlich）的山墙形式借助于一种粗糙的、几乎咄咄逼人的物质性而得以提升。

不过，赫尔佐格和德·梅隆的国际生涯的起步在很大程度上应该说是静穆且缺乏尺度感的利可乐仓库（Ricola Storage Building，1986—1987 年）。建筑师用同样简单的体量来应对这个简单的项目（一个干燥草药的仓库）：一个矩形棱柱体的一侧附带有一个小型的装卸码头。在这里，重要的是其立面设计，纤维水泥板被附着在一个木制的支架上，似乎一个水平层叠放在下一层之上。在这些逐渐升高直至楼顶部的面板外面散布着凸出的横向饰带，与建筑体量相分离的顶部饰带成为一个突出的檐口，由一个木格横梁所支撑。只在几处地方，比如门或装卸码头这些切合实际的中断处，才确确实实地使物体的尺度感变得清晰起来。这并不是说细节受到了抑制，因为每个扣件和板材都得以清晰地表现并完全裸露出来。然而，纤维水泥板的宽度却向着抽象的、没有窗户的建筑物顶部逐渐增加，造成建筑物甚至比它实际还要高的错觉，与此同时，为了产生一种压倒一切的物质效果，连续的横向饰带还创造出了一种摒弃典型布局手法的立面（门窗等的巧妙布置）。相比勒·柯布西耶的基准线（regulating line，尽管根据黄金分割，有些木板要被切断）、文丘里的构成小屋，或者库哈斯同时期一些作品所表现出的室内功能的直接表达，这种奇怪的立面倒是与格哈德·里希特（Gerhard Richter）涂绘刮擦的帆布画有着更多的共同点。

1995 年落成的巴塞尔沃尔夫第 4 信号楼（Auf Dem Wolf Signal Box 4，图 11.1）中继续沿用了类似的策略。这座六层的建筑物主要布满了火车机车库房的电信设备，它由装饰有铜条的混凝土外壳组成，铜条不仅可以阻止来自外界的静电电荷，而且还可以形成

198 一种统一的外表皮。与利可乐仓库一样，这些铜制的饰带被安装在保护后面封闭的建筑体的子骨架上面，但是这里的饰带为了接纳阳光而在某些地方被逐步扭转。铜制覆盖物背后的窗户由此产生了半透明的模糊区域——一种让阳光进入室内的独特方式，而没有显示出建筑物的真实尺度。因此，这种真铜的表面处理在锈蚀的工业环境中显得惬意舒适，但同时又似乎是一个厚重的入侵者。随着位于纳帕谷的多米纳斯葡萄酒厂（图 11.2）在

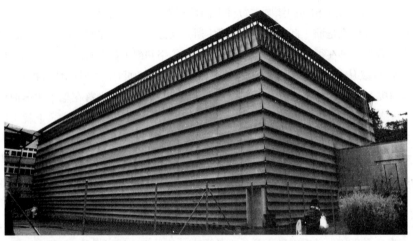

图 11.1　赫尔佐格和德·梅隆，利可乐仓库，瑞士乐芬（1986—1987 年），本图由埃文·查克洛夫（Evan Chakroff）提供

图 11.2　赫尔佐格和德·梅隆，多米纳斯葡萄酒厂（1995—1997 年），加利福尼亚杨特维尔，本图由作者提供

1997 年的落成，这种物质性的效果达到了它们戏剧性的高潮（从表面到实质内容）。建筑师们再次运用简单的矩形体块（445 英尺长，80 英尺宽，26 英尺高）来容纳这个以实用性为主的工厂，但是现在已完全省去了室外装饰层，从而使镀锌钢丝笼组成的开放式墙体系统成为可能，钢丝笼内装满了从附近采石场采集来的变质玄武岩。实际上，这样做的意图是要将酒厂隐匿在其壮丽的葡萄园和山麓景观中，的确在阴天，当人们沿着纳帕的主要南北干线驱车前行的时候，就会很容易完全错过这个大型的建筑物。此外，这一设计的逻辑性和复杂性存在于细节之中。较小的岩石（这样可以填塞得更致密）用于那些温度控制相对重要的地方（酒窖、仓库和发酵区域），而在建筑物的其他部位则用了较大的岩石（如在退后的装有玻璃的办公室周围），从而确保了建筑内的自然通风，最大限度地减少了空调的使用。在这里，嶙峋突兀的岩石所具有的粗糙的物质性与平面图的矩形几何形状，横跨酒厂中心轴的建筑物中规中矩的、甚至经典的设置形成对比。　　　　199

　　到 20 世纪 90 年代末，赫尔佐格和德·梅隆事务所成了世界上最忙碌的事务所之一，它承担的委托项目有：伦敦的泰特现代美术馆、东京的普拉达精品店、旧金山的迪洋美术馆以及倍受瞩目的 2008 年北京奥运会的体育场"鸟巢"。他们在新世纪的作品中采用了就算不至于极其丰富，但也更加灵活多变的构成策略，东京普拉达专卖店由许多的面构成的微型塔楼或者勃兰登堡科技大学图书馆的弯曲形式都会让人们回想起 1922 年密斯·凡·德·罗的玻璃摩天大楼的设计。这种对密斯有意或无意的参照本身就能说明问题，因为这位现代大师的作品——通过 K·迈克尔·海斯、何塞普·克格拉斯（Josep Quetg Las）、伊格纳西·德·索拉 – 莫拉莱斯的著作——在 20 世纪 90 年代同样受到了推崇，这其中并不主要是因为他的几何纯净度或经典的普适性，更多的是因为他捕捉光线变幻效果的能力。[9] 简而言之，密斯很少被人理解为一位新古典主义者，更多的人认为他是一位与索尔·勒维特（Sol LeWitt）和理查德·塞拉类似的极简主义者。

　　法国建筑师让·努韦尔（Jean Nouvel）的作品也探讨了感知和视觉效果的问题。虽　　　　200
然，很难将像努韦尔这样多产又多变的建筑师清晰归类，但他的几个项目——具有光滑的、抛光的表面和多层玻璃幕墙以及复杂的视觉效果——在童心未泯中又处处彰显着现象学的观念。他在 1991 年的作品"无尽之塔"（Tour Sans Fins）——在巴黎的拉德芳斯区提议建造的一座 350 米高的圆柱形摩天大楼——其意图是与约翰·奥托·冯·施普雷克尔森（Johann Otto von Spreckelsen）设计的新凯旋门的立方体体块形成有趣的对比，这座建筑物标志着源自卢浮宫中心庭院的巴黎轴线的结束。努韦尔描述了他所提议的体量，一个看起来"无止境的"的塔楼，如同耍了一个精心设计的花招，产生出一种塔楼消失在云层中的幻觉：

　　　　在巴黎的气候下，这座塔楼多半难以辨认。从西面看，逆着光，它看起来
　　好像是一个幻影，转瞬即逝，飘忽无形。尽管从杜乐丽花园（Tuilleries）可以看
　　到它，但是，值得注意的是它将与方尖碑产生共鸣。简洁而修长的形式，在材

料（matter）上逐渐变化，从坚固的黑色花岗石开始，通过灰色花岗石的渐变色调，变得越来越浅且附带着栅格的微妙变化，然后变成为铝材，更富有光泽，直到它变为覆盖了几层楼的丝网印刷玻璃，到顶部时则变得完全透明。[10]

尽管这个"幻影"大楼的想法不可能实现，但是努韦尔仍将这个总体策略运用在了2005 年建成的巴塞罗那阿格巴大厦（Agbar Tower）上。在这个圆锥形曲面的混凝土塔楼外面覆盖有多彩的波纹金属板，同时它的外面还悬浮着由半透明玻璃组成的第二层外立面。在塔楼的顶端，混凝土的底层结构由一个玻璃穹顶所取代，这样建筑至少向世界昭示了它自身的非物质化，好像与天空交汇一般。到了夜晚，一连串彩色的灯光照亮了双层立面之间的空间，在标志性的巴塞罗那天际线上创造出了一个生动鲜明的标记，同时也表达了对高迪的圣家族大教堂那抛物线般的塔的敬意。

努韦尔为巴黎的卡地亚基金会（Cartier Foundation，1994 年）所做的设计追求的是更加内敛严谨的效果，在这个作品中精致的玻璃网格延伸至建筑物体量的界限之外，借助悬臂梁就地悬浮。这座建筑物包含有一家艺术博物馆和公共机构的办公室，它坐落在一片现有的树林中，实际上是在两个延长的立面之间来回滑动。这在受制约的空间内创造出了一种视觉上的模糊性，外部空间包含在建筑物中，只是被困在延伸的立面之间。其结果是使处于不断变化的光线条件下的建筑体量变得模糊不清，有时会弄不清楚建筑物从哪里开始到哪里结束。努韦尔在这里创造了一种反射和错觉的游戏，身处其中的观众和时刻变化着的环境光都被认为起着关键作用。

在日本建筑师伊东丰雄的作品中也可以找到一种对轻盈和透明度的类似追求。他从 20 世纪 70 年代起开始探索感官效果的构造、瞬息性和控制。1992 年，伊东丰雄将他的建筑描述为"现象学"（phenomenalism），也就是说其建筑是"一种在气流、风、光和声中制造漩涡的行为"。[11] 此时，他已经为自己电子化且变色的"风之塔"（Tower of the Winds）和"风之蛋"（Egg of the Winds）进行庆祝。前者是一个发光的建筑物，是为了掩饰横滨地下购物商场而设计的一个服务性的塔。它被镜像屏幕和铝板所覆盖，并由放置在两层之间的单灯打出背光。白天，这座塔在繁忙的十字路口旁像是一个无声无息、沉闷乏味的灰色筒仓；到了晚上，电脑编程的灯光任凭风和附近的噪音来"演奏"照明系统，好像是一件高度灵敏的乐器一样。类似的策略再次出现在"风之蛋"中，在这里他设计了一个悬浮的卵形体，到晚上它会成为服务附近居民的数字公告板。

这两个项目成为全面实验仙台市媒体中心（图 11.3）的一个试验场，一个引人注目的多媒体中心，它们为 20 世纪 90 年代中期的一项竞赛而设计，并于 2000 年建成。在这里，伊东和他的工程师佐佐木睦朗（Mutsuro Sasaki）探索出一种新的"原型"（archetype），并且宣称不会创造接合点、梁、墙体、房间或者建筑；相反，他们将问题简单化为板材（复合楼板和天花板）和管材（圆柱），以及覆盖的双层超透明玻璃。正如建筑师本人所指出的那样，其概念的一个首要隐喻就是水族馆，因此这里创造的旋涡不仅是似鱼"流动"般的人类运动与活动的透明性，而且也是一种现实情况：即它通过围绕 13 个敞开的、非线性的一系列"柱子"而实现。非线性的"柱子"用钢管建造，且形成奇特的倾斜角度（出于抗震的目的），好像它们是从一个楼层进入到下一个楼层。伊东将这个调整定义为一种对"差异化空间性"（differentiated spatialities）的探索，而且在 1999 年的展览中，他甚至将其称为一座"模糊的建筑"——从"不同空间机能之间的相互渗透"这一意义上说是模糊的。[12] 到了晚上，借助于随不同故事情节而发生戏剧性变化的照明方案和调色板，建筑物变得栩栩如生。伊东用精致的细节完成了这一设想。

图 11.3　伊东丰雄，仙台媒体中心（1995—2001 年），日本仙台市。本图由卡·路库坦达（Chie Rokutanda）提供

通过金属和玻璃的风量与光量，同时结合特别薄且精致的细部设计，妹岛和世（Kazuyo Sejima）和西泽立卫（Ryue Nishizawa）的合作项目追求着与此相似的目标。当然，妹岛和世曾经在伊东丰雄的事务所里工作过，并且参与过一些工程，像长野的博物馆工程（1999 年）、圆形的石川县 21 世纪当代艺术馆（2004 年），以及托莱多艺术博物馆的玻璃展馆（2006 年），凭借着在玻璃壳体内布置透明的空间壳体，她和她的合伙人几乎把伊东丰雄的现象学哲学思想发挥到了极致。在托莱多博物馆内，这些弧形的彼此独立的玻璃体之间都留有空间，参观者可以在一种透明的 poché 中透过几个不同的围合空间从建筑物的一端看到另一端，由于博物馆的其他参观者看起来好像被困在远处的窗格玻璃之间，因此玻璃的反射和扭曲在此创造出了一种令人眼花缭乱，同时又极富感染力的感官体验。相比之下，包伟利街的新博物馆（the New Museum in the Bowery）则以另一种极简主义逻辑的策略，用不对称的方式简单地堆叠起六个铝网盒子——所有的一切都是对区域规划条例中所建议的避免单一形式的回应。

最后，在物质性的主题下，我们也许还会想到拉斐尔·莫内奥在圣塞瓦斯蒂安的库赛尔音乐厅与会议中心（Kursaal Auditorium and Congress Center），这是 1989—1999 年间，在比斯开海湾上构思和建造的一个综合体。与让·努韦尔一样，有时很难给莫内奥的作品下一个总的定义，因为每个项目都完全受制于独特的网络。可能有人会认为，其实，这些独特性已成为辨别他作品的典型特征。在库赛尔，我们面临着与这一章提及的其他建筑作品相类似的形式：一对倾斜的由凹下去且带沟槽的半透明玻璃板所包覆的观众厅。这两个难以捉摸的体块建造在覆盖着预制混凝土板的基座顶上，同时这些预制混凝土板的表面还镶嵌有粗糙的石板碎片。就像放置在盒子里的乐器一样，这个镶有木板的大厅

202

203

图 11.4　拉斐尔·莫内奥，库赛尔音乐厅和会议中心，圣塞巴斯蒂安（1989—1999 年）。本图由罗米纳·坎纳提供

自由地飘浮在玻璃体块中，并通过一套悬挂着的楼梯和平台系统而进入。这些体块充当了建筑物内的建筑物，犹如使用者在双层半透明的外表皮和内部不透明的体块之间的空间中遨游。在这里，最初的感官印象是个朦胧而神秘的发光体，它通过一个轻薄透明的过滤器来传递外部条件，尽管建筑选址在海滩上，游客却仅能通过一连串刻意安排的小开口才能直接看到大海的景致，这座建筑便利用这每一个开口框出了戏剧性场地的如明信片般的美景。

204　　　　然而，与创造效果相比，还有更多的工作要做。从外观上看，这两个神秘体块中的一个要大过另一个，它们巧妙地前倾，好像将要漂向大海一般。这是一种有意而为之的对自然现象的影射。在 1989 年竞赛报名附随的文本中，莫内奥指出：这块位于乌鲁梅阿河和比斯开湾交汇处的与众不同的建筑用地，不应该仅仅被视为又一个城市街区。"今天的库赛尔地区正在经历一次地质上的突变，"莫内奥写道："在我看来，让它仍然保留原样是至关重要的。当这块用地成为城市并失去它一直保留下来的自然属性时，这种状况也决不能消失。"莫内奥接着说道，他的设计将会是一种与城市肌理的决裂——根本不是一座建筑物，而应该是一场大的地质活动，它将这一用地更多地归为海岸景观，而不是归为城市景观。莫内奥甚至将这个双胞胎体块称为"搁浅在河口的两块巨大岩石"。一旦以如此明确的词语来描述，要想再把它们看作是任何别的东西就很难了。[13]

　　　　但正是他解决这些预期效果的方式使得这一作品看上去特别有趣。嵌入了"岩石"的石头基座（那里是展览、会议室、办公室和餐厅）形成了一堵沿城市边缘的连续矮墙，一个恭顺又明确的立面。然而，在基座顶上的三角形广场和这处要求沿河保留下来的空间（音乐厅体块经旋转后而产生的空间）让人感到这座建筑物仅仅是一对无依无靠的物体。因此，在抽象的巨大物体和连接它们的城市基座之间存在着一种富有成效的张力。[14] 可是这个碎片并没有挑战这两个带电体块的重要地位；的确，基座和成双的旋转物体的整体形态策略与其说和解构主义的破碎有关，不如说和约翰·伍重的悉尼歌剧院的整体处理的方法有关，20 世纪 60 年代，莫内奥在伍重事务所工作时曾经参与过这个项目。这座建筑有着和圣塞瓦斯蒂安的综合体同样戏剧性的用地，通过诗意的隐喻以及基座和旋转物体的形态策略，莫内奥重温了一些伍重的基本做法，并使其适应一种不同而且在某些方面更为复杂的城市状况。总之，库塞尔音乐厅与会议中心是一个难以归类的建筑物，但是，它肯定是莫内奥最好的作品之一，集中了对现象学以及城市和诗意的思考。

与库赛尔的诗情画意差不多的就是伦佐·皮亚诺频繁运用航海的隐喻。作为 20 世纪 70 年代中期蓬皮杜艺术中心与理查德·罗杰斯合作的设计师，皮亚诺最初因为被视为一名引发争议且令人不安的杰出建筑师而声名鹊起，但是这个称谓决不真正地适合他。对于细部的感觉在他那儿显然是正确的，但是，正如其成功之作——休斯敦的梅尼尔收藏馆（1982—1987 年）所显示的那样，皮亚诺是一个喜欢沉思和宁静环境的人，这也可以从他顺着山坡急剧倾泻向地中海的玻璃材质的热那亚工作室的设计中清楚看出。在梅尼尔的设计中，暗灰色的雪松覆层是他所采用的衬底，它们紧靠着屋顶的弧形百叶窗和调节采光与通风的构造结构。不出所料，在他的许多博物馆建筑及其附属用房中，对光的控制是反复出现的主题。有时，一个可以用来形容皮亚诺的很好的比喻就是：他像是一个精密工具的制造者，或更确切地说，他像是一把斯特拉迪瓦里琴，寻求极简功能主义的特定材料从而使其具有船舶的轻盈。在其他时候，他无疑是一个唯物主义者，喜欢金属、石材和陶土的丰富色调所具有的广泛的表现力。在他设计的幻想般的新喀里多尼亚文化中心中，他选择的材料是称为"伊罗科木"的木材，他将这种木材用于层压支柱、玻璃板、铝板以及不锈钢板。从海上看——如果一个人敢去航行的话——他也许会认为那是在富有异国情调的大地上若隐若现的十个主题头饰，这一戏剧性的壮丽景象似乎在所有 20 世纪的建筑中显得无与伦比。

新现代主义

极简主义设计的第二条轨迹出现在 20 世纪 90 年代——对后现代时期的再次回应——可能仅仅被描述为新现代主义。这些项目关注的是建筑最基本的元素，在这个意义上，它们比上述提到的一些其他项目更立足于建筑学的传统学科。另一个不同点是一些建筑师回归到现代建筑语汇的纯粹主义形式的追求上，事实上这令人想起 20 世纪 60 年代末的新现代主义运动。在某些情况下，这表现为对后现代主义中形式主义的夸张手法所存在的争议，而在其他情况下，它的出现是因为现代主义形式的传承从未完全消失过。

瑞士的迪纳父子组合（Marcus & Roger Diener）的简朴作品就代表了后一种情况。在苏黎世联邦理工学院学习之后，罗杰·迪纳便进入了他父亲于 20 世纪 40 年代初成立的工作室。青年时期，迪纳的教育在一定程度上受到提契诺理性主义（Ticinese Rationalist）建筑师和教育家路易吉·斯诺奇（Luigi Snozzi）的影响，斯诺奇的教学方法"二十四条戒律"将锋芒毕露的现代主义语汇和对必要的类型学条件的寻找结合起来。[15] 迪纳建筑师事务所还包括建筑师沃尔夫冈·谢特（Wolfgang Schett）和迪特·莱赫提（Dieter Righetti），这个事务所在巴塞尔设计过一系列的项目，它们似乎是用从早期现代主义运动中找到的碎片而拼凑到一起的城市拼贴画。例如，在里恩住宅和办公楼综合体（Riehenring Housing and Office Complex，1985 年）中，U 形单元三个面的两侧均排列着连续的低层建筑带，其中每条边的建筑处理都有着细微的差别。有的由连续的突出阳台组成，其余的则使用了带型窗或影射了埃里希·门德尔松（Erich Mendelsohn）。[16] 这里甚至出现了暗指造船工程的现代主义比喻，这是由于其内部庭院的立面炫耀着舷窗的格栅、管状的栏杆扶手，以及一个通往屋顶的船上用的舷梯。相比之下，该事务所为新古典主义的瑞士驻柏林大使馆（2000 年）设计的光秃秃的带有朴素的连排窗户的立方体扩建部分则追求一种配得上朱塞佩·特拉尼的静谧。与此同时，应用于旧建筑西边的系列百叶窗却以一种古怪的方式唤起了劳伦齐阿纳图书馆门厅内米开朗琪罗设计的壁龛和后退部分那种不朽的简朴性。

像迪纳父子一样，西班牙建筑师阿尔伯托·坎波·巴埃萨（Alberto Campo Baeza）延续了西班牙即使在佛朗哥独裁统治的帝国野心下也一直坚持的这一早期现代主义传统。在自主创业之前，巴埃萨曾给胡利奥·卡诺·拉索（Julio Cano Lasso）当过学徒，拉索因将严谨的体块策略与传统的砖石结构和对地域建筑传统巧妙的重新诠释相结合而著称。坎波·巴埃萨的作品延续了这种庞大形体的设计倾向，但是现在往往减小到用较少细节的抹灰体块和巨大的无框玻璃窗。例如，在加的斯附近的加斯帕住宅（Gaspar House near Cádiz，1992 年）中，人们除了看到在立面上有出入口和车库门的一个空空如也的白色体块之外看不到任何东西。这面静谧的外墙构成了一个完美的广场，巴埃萨还在那儿还嵌入了一个稍微高一点的矩形体块。住宅的所有功能都包含在这个体块内，其余的空间留给了种有四株颇具仪式感的柠檬树的内部庭院——这是对传统的安达卢西亚庭院住宅（Andalusian patio house）的一次重新解读。通过彻底抑制各种交接和任何物质性的暗示，细节自始至终都保持着抽象性。凭借着折中主义和被南方阳光洗去的鲜亮颜色，庭院、开口、水以及植被的抽象构成让人想起路易斯·巴拉甘在墨西哥城的自宅。

不过，坎波·巴埃萨的现代主义来源更为深远。在他备受瞩目的德布拉斯住宅（De Blas House，2001 年）中，他将 20 世纪 50 年代初菲利普·约翰逊用在威利住宅（Wiley House）中的设计策略进行了更新。安置了所有私人空间的石头基础在这里变成了一个粗糙的、现浇混凝土基座，如今在其顶部搁置着一个白色的由钢和玻璃组成的框架，它限定出了一个小型的具有仪式感（ceremonial）生活空间。例如，在这座建筑的非构造特性中，*207* 其金属的上部结构与密斯的范斯沃斯住宅（Farnsworth House）有所不同，如柱子和屋顶被联结成一个水平和垂直方向厚度均一致的整体框架。事实上，与密斯式的建筑外部骨

架相比，这一形态最终呈现出了与索尔·勒
维特的那些白色几何雕塑更多的相似之处。
在他的格拉纳达储蓄银行总部（2001 年，
图 11.5）设计中，坎波·巴埃萨的几何纯
净性和遮阳板（brise-soleils）形式似乎同时
借鉴了贝聿铭和勒·柯布西耶。其中一个
区别——而且是令人难忘的区别——就是
建筑中庭对光的超凡处理（坎波·巴埃萨
称之为"蓄光池"）。直接光源和间接光源
巧妙组合成一曲弦乐，洒落在雪花石膏制
成的墙壁和地板上，赋予周围的办公空间
以朦胧的光辉，正像莫内奥设计的库赛尔
音乐厅与会议中心里所表现出的那样。如
果有人想用路易斯·康曾用过的术语来描
述它的话，那么现在材料本身已被转化为
失去效能的光（spentlight）了。

图 11.5　阿尔伯托·坎波·巴埃萨，格拉纳达储蓄银
行总部，格拉纳达（1992—2001 年）。杜乔·马拉
（Duccio Malagamba）摄影。本图由坎普·巴埃萨建
筑师事务所提供

208

　　同样，在诸如英国建筑师戴维·齐普
菲尔德（David Chipperfield）和约翰·帕森
（John Pawson）的作品中也可以找到现代极简主义，后者尤其受到了唐纳德·贾德（Danald
Judd）的影响。帕森的著作《极简主义》（Minimum，1996 年），有着白底白字的封面，它
的装订简单明了，书中格言式的文章还配有"极简主义"建筑的照片和他自己作品的细节。
虽然还没有将其升华到工作宣言的级别，但是这显然是一套信奉光、结构、仪式、景观、
秩序、重复和质朴等价值观的职业道德准则。对帕森而言，极简主义是对"空间的思维
方式——它的比例、界面及其接纳光的方式"考虑得较少的一种形式风格，他将极简主
义定义为："当一件人工制品达到不再有可能通过减法来改善它时的那种完美境地"。[17]尽
管如此，从他的作品中显然还是可以找到一种形式和材料语言的一致性。这可以从 20 世
纪 80 年代末至 90 年代初一系列建造于伦敦的精致的室内设计中看到，它们包括：1999
年设计的法乔纳托公寓（Faggionato Apartment）和帕森分别在 1994 年和 1999 年设计的自宅。
它有点类似于古典主义，又有点类似于现代主义，但是却突然间又成为帕森为纽约、巴黎、
东京和首尔设计的卡尔文·克莱因商店（Calvin Klein store）中的时尚语言。的确，现代
极简主义不仅仅出现在商业设计上，它还曾在 20 世纪 90 年代成为某种文化修养和好品
味的象征。帕森为 2004 年落成的捷克共和国西多会度尔圣母修道院（Cistercian Monastery
of Our Lady of Novy Dvur）所做的极简主义设计表现出的不仅仅是少，更是蕴含在其巴洛
克形式内的强烈的精神感受。该项目表明总是拒绝奢华外表或装饰乐趣的建筑师语言表
面上换来了对其所含空间的一种更深层次的关注，其实一直都是修道院式的（monastic）。

自学成才的日本建筑师安藤忠雄（Tadao Ando）于 1969 年开始独立执业，他也因类似的基于精神之上的立场而闻名于世，正如我们在他的标志性设计——即北海道的水之教堂（Church on the Water，1988 年）和大阪的光之教堂（Church of the Light，1989 年）中所看到的那样。这两个项目——事实上几乎安藤的所有作品都运用了相似的表现手法：温和而光滑的现浇混凝土、玻璃、水以及尤为特别的光，它们同时又融合了他早期职业生涯从路易斯·康和勒·柯布西耶作品中所汲取的极简主义几何形状和听觉共鸣。安藤也因他对环境的敏感而著称，他在这方面的努力在其设计的石山中心（Stone Hill Center）——马萨诸塞州威廉姆斯镇克拉克艺术学院（Clark Art Institute in Williamstown）的画廊扩建和保护中心（2008 年）中得到了充分的展示。该建筑被明智地放置在一个树木茂盛的山坡上，一条缓和而又精心设计的上坡步行道从这座古老的新古典主义结构的建筑物中引出，建筑中收藏有世界上最负盛名的印象派藏品。正如他的许多其他建筑一样，安藤采用了悬臂墙来筹划临近其建筑入口处的体验，并且在这种情况下，它也确保使用者可以从大厅看到伯克希尔山麓的景色。在这里，物质性和细部处处都表现得相当精湛。

乍一看，葡萄牙建筑师阿尔瓦罗·西扎的作品似乎非常符合我们到现在为止所说的现代极简主义的要点——也就是说，如果我们回顾他早期的许多作品的话。尽管如此，我们也不能轻易地将西扎多样而强烈的个性化作品的根源描述为其设计通常是多种传统手法的融合：葡萄牙阿连特茹地区的地方风格结合上他长期对各种早期现代主义大师——勒·柯布西耶、沃尔特·格罗皮乌斯、阿道夫·路斯和阿尔瓦·阿尔托作品的钟爱。各种影响的混合明显地表现在他为波尔图建筑学院（图 11.6）所做的校园设计中。西扎在

图 11.6　阿尔瓦罗·西扎，波尔图建筑学院，葡萄牙（1985—1993 年），本图由罗米纳·坎纳提供

这个项目初始阶段的作品是 1985 年的卡洛斯·拉莫斯馆（Carlos Ramos Pavilion）设计——一个最初作为学院附属用房的小型 U 形建筑。该建筑包含一个带落地玻璃窗的内部庭院，西扎设计的三面回廊在涂有白色灰泥的建筑物外墙面之间造成了明显的差异。

这座建筑建成后不久，西扎接受委托为这个学院设计一座全新的综合体楼——为此，在接下来的十多年中，他建造了一个由几座独立的工作室所组成的微型城市，同时他还建造了一个包括礼堂、几间行政办公室和一个图书馆的建筑中心。这个由相互啮合的体块构成的综合体在地下经廊道网络而连接在一起，形成了一个由一座座白色粉刷的建筑所组成的不拘形式的卫城，有点让人联想到魏森霍夫建筑展。尽管每一个独立体块都提供了一种和穿孔开口及眉毛一样的雨棚有关的主题变化，也正是基于此，西扎开始了最初的展馆设计，但是在这里他也尝试了微妙的错觉、倾斜的窗户以及细节夸张的设计手法。举例来说，通过将建筑体沿主轴向外移动一定角度，他塑造了一种精心设计的强加的视角。他利用倾斜屋面和长长的带形窗也创造了一种错觉，使人们感到这些建筑物与它们的实际大小相比显得有时大有时小，这取决于人们如何靠近它们。这些都是现代主义的运用，但总伴随着一种历史的变形。随着他频繁地将各种先例和更多个人（而且有时感性）的探索相融合，西扎追求着一种超越仅仅是有品位的或纯正的极简主义。在其他时候，他的作品披着貌似早期现代主义的洁白外衣在一种地域主义或甚至超现实主义的背景下展现给世人。两者的根本解释都是转向更稳定的形式并为建筑师提供理论上简化的（或者甚至是空间机能的）议题。"我是一个保守的传统主义者"，西扎曾经在反思他的作品时说道："也就是说，我游走于冲突、妥协、混杂和转型之间。"[18] 这样的观点是存在于其最为光洁的形式中的一种实用主义理论。

现象学的建筑

210

本章中大部分关于建筑风格的讨论，有时也被描述成是"现象学的"（phenomenological），但是这是一个需要作一些澄清的术语。在之前的章节中，我们已经讨论过由诸如肯尼思·弗兰姆普敦、克里斯蒂安·诺伯格－舒尔茨以及尤哈尼·帕拉斯玛这些建筑师所提到的现象学，但是这种讨论一般来说多少有点孤立于其他更流行的种种理论。就在现象学的影响依然在不断增加的时候，这种情况于 20 世纪 90 年代开始有所改变，并就主导趋势向建筑师们提出了严肃的批评。作为一个哲学学科，现象学是明确定义为用来考虑人类意识或经验的"现象"的一种方法，最近借助于引导大脑研究的新扫描技术，它已演变到诸如神经现象学这样深奥的领域——也就是说现象学在很大程度上已经被生物科学的深刻见解及其学科所加强。作为一个建筑学的术语，它从未被如此精确地界定过，但是作为一种批判性的视角，它仍然会提供给建筑师一些与众不同的东西。如果说在 20 世纪最后 25 年的大部分时期内，建筑理论侧重于政治斗争、意义和建筑的形式主义构成的话，那么现象学则将关注点带回到人类的体验中去——即我们如何感知或理解建成环境。作为一种设计方法，它以这种方式很自然地与一种可转译成建筑术语的基于体验的观点取得一致。

斯蒂文·霍尔（Steven Holl）的作品便是与此相关的一个有趣案例。在他早期的简单命名为《锚定》（Anchoring，1989 年）的专著中，他呈现给读者很多用现象学描述的语言而没有明确使用这个词。他为一座建筑物的物质性与其场所的相互影响做了激烈的辩护：建筑师需要考虑选用与当地光照条件、历史记忆和场所特点相关的材料。[19] 在出版于 1996 年的该专著的第二卷中，霍尔此刻用明确的现象学术语来阐述，他通过用隐喻的方法 [追随莫里斯·梅洛 – 庞蒂（Maurice Merleau-Ponty）] 将建筑处理为 "结构、材料、空间、色彩、光线和阴影" 的 "交织"，其中最耐人寻味的也许是 "光之形而上学"（metaphysics of light）。[20] 处于这两项研究之间的是 "感知的问题：建筑现象学"（Questions of Perception：Phenomenology of Architecture），这是日本杂志《a+u》在 1994 年的一期特刊，由霍尔与尤哈尼·帕拉斯玛以及阿尔贝托·佩雷斯 – 戈麦斯（Alberto Pérez-Gómez）编辑。[21]

这期杂志后来以书的形式再版，它在许多方面是把现象学带给更广大受众的一个转折点。它始于佩雷斯 – 戈麦斯所写的一篇富有思想的文章，其标题为《存在和再现的意义》（Meaning as Presence and Representation），这篇文章强调了建筑学必要的隐喻价值。霍尔接着围绕 "现象学领域" 或诸如设计中的空间性、色彩、光、时间、水、声音、触觉性、比例、尺度以及感知这些方面的艺术影响进行了一系列的思考。在文章《建筑七感》（An Architecture of the Seven Senses）中，帕拉斯玛强调了最近建筑可塑性的丧失，在他看来，当代建筑师赋予视觉的特权要胜过其他感觉，这种方式造成的主要后果是：

> 每一次感人的建筑体验都是多感官的；由眼、耳、鼻、肤、舌、骨骼和肌肉均等地估量出事物、空间和尺度的特性。建筑涉及彼此作用和互相启发的感官体验的七种领域。[22]

帕拉斯玛不仅强调我们触摸、嗅闻、倾听和本能地感受我们所居住的空间这一事实，而且还强调我们通过我们自己的身体来解释它们——即他所说的肌肉和骨骼的印象及亲自辨识。对于帕拉斯玛而言，正如在他后来的著作中所明确地指出的那样，建筑及其工匠般的制作行为是塑造我们与世界之间的联系以及我们集体过去的一种深厚的文化仪式，而从中调解的媒介主要是我们的知觉体验及其重新激发的神经感觉中的种种记忆。我们借助于自己的身体，用比我们通常所想象还要多的方式去评判建筑；正如他所指出的（就像现在的大脑扫描所证明的那样）视觉的感知离不开触觉感受。他还强调——在本能和肉体上——我们的情绪和感受如何互动，并给我们的知觉体验带来积极和消极的价值观。这样一来，感知不仅是一种思维方式，而恰恰是思考这一行为本身。最后，帕拉斯玛为建立在理查德·诺伊特拉和斯坦·埃勒·拉斯穆森（Steen Eiler Rasmussen）早期成果基础上的建筑设计制定了一个心理和生理的框架。[23]

霍尔也是第一批在实践中以现象学视角进行探索的建筑师之一，就像我们在他 1997

年完工的位于西雅图大学校园的圣依纳爵教堂（Chapel of St Ignatius）中所发现的那样。在他早期为这个项目所绘制的其中一张草图中，一系列明显带有勒·柯布西耶朗香教堂意味的彩色且扭曲的"瓶子"被设置在一个砌体框架内——每一个瓶子代表着天主教所崇拜的一个方面。事实上，这个想法通过一系列带有色高侧窗的屋顶实现——因为它们能将彩色光的片段零星地洒落在室内墙壁上。通过非常明确且有质感的天花板，这座礼拜堂的单一空间被细分为若干更小的区域，同时天花板在空间宽度不同之处微微地弯曲。

除了克莱布鲁克科学研究所（Cranbrook Institute of Science，1998 年）之外，霍尔均在设计中清楚地表达了带有一个他称之为"光的实验室"的建筑的入口，从本质上说这些是不同玻璃种类的样板：有的清澈，有的反射，有的弯曲，有的半透明。这些玻璃窗再次在室内墙面上留下一天内不同的反射、阴影以及纹理。因此，这个作品与本章前面所描述的那些建筑师最明显的共同之处就是设法利用感官效果——在多数情况下，霍尔首先在他娴熟的水彩草图中表现这些效果。

他还喜欢进行空间体验的研究。在霍尔为赫尔辛基奇亚斯玛当代艺术博物馆（Kiasma Museum of Contemporary Art，1998 年）所做的现代设计中，他设法找出建筑物内"交织在一起"的两条现有轴线：一条轴线连接着该基地与附近阿尔瓦·阿尔托的芬兰会馆（Finlandia Hall）；另一条则由与基地相关的附近的托洛湾（Töölö Bay）来定义。霍尔利用这些想象中的轴线构建出了一系列极其明亮的内部空间，在那里建筑物成片成片的弧形金属屋面被切开以便接收就地理而言稀疏、微弱的北欧光线。该建筑中央大厅的空间最为明亮，这里有带纹理的墙面和弯曲的坡道，正如他在一张草图中所允诺的那样，人们可以在此看到建筑本身的这种折叠。

另一位建筑师彼得·卒姆托（Peter Zumthor）的作品也经常被描述为现象学的建筑。他因两个 20 世纪 90 年代中期的戏剧性作品而蜚声国际：一个是有精美细节的布雷根茨美术馆；另一个是奏响了材料和感觉赞歌的瓦尔斯温泉浴场。卒姆托经常用追忆童年的种种感觉来描述其作品，这些感觉涉及嗅觉、触觉和听觉的最初体验： *213*

> 当我做一个设计的时候，我允许自己被记忆中的图像和情绪所引导并将这些与我正寻找着的那类建筑相关联。大多数浮现在脑海中的图像来源于我的主观体验，只有很少的建筑评论伴随其中。当我设计的时候，我试图寻找出这些图像的意义，这样我就可以知道如何来创造丰富的视觉形式和氛围。[24]

此外，卒姆托的工作模式就是寻找各种建筑手段来创造萦绕在人记忆中的强烈感觉或"情绪"。然而，这些感觉以及产生这些感觉的建筑物并不意味着转瞬即逝的体验。卒姆托旨在构建"及时的，自然成长为当地形式和历史的一部分的建筑物，"为此，他不仅高度重视对所选材料的处理，而且还想寻求某种永恒的、根深蒂固以及对建筑场地的依恋。[25] *214*

1996 年落成的瓦尔斯温泉浴场就是这种方法的典型代表，因为在这里，卒姆托以他

图 11.7 彼特·卒姆托，瓦尔斯温泉浴场，瑞士（1990—1996 年），本图由蒂姆·布朗提供

对"山、岩石和水"的思考开始了自己的设计。[26] 这座建筑由经过精确切割的当地产的片麻岩横向板建造而成，严谨的矩形建筑体块从倾斜的建筑基地中迸发而出，就像一个天然裸露的岩层，而种植屋面则协调了上面的建筑物与下面田园般的山谷景观。建筑内部的色彩极少，人们看到的是薄的岩层、水和光。穿过建筑的过程引导人们从明亮到幽暗，从炙热到寒冷，从被保护到暴露在外部环境中。一系列带有彩色灯光的洞穴般的房间创造出了一连串强烈的感官体验。冰蓝色的灯光渗透到昏暗房间内最冷的浴池中，同时还提供给游客一个金属杯来尝试浴疗用的水。其他房间备有热水浴池和茉莉花香味的水以供游客思考所谓的存在的原生条件。整个建筑物的天花板被分成段以便吸纳布满石墙面的从缝隙射入的光线，同时也凸显了它们细致的纹理和色彩变化。自始至终整个建筑的工艺精准而克制，给人的总体印象是一个坚不可摧的石头堆。

卒姆托在此类项目中想要继续探索堆叠的基本操作，如 2000 年汉诺威世博会的瑞士馆（Swiss Pavilion for the 2000 Expo），在这个建筑内，他用钢绑住厚木板（令人想起干燥架上新砍伐的板材）以形成一个临时的围合物。卒姆托的作品——与格伦·马库特（Glenn Murcutt）、托德·威廉姆斯（Tod Williams）和比利·钱（Billie Tsien）以及帕特里夏（Patricia）和约翰·帕特考（John Patkau）富有思想的探索一样——不仅强调感觉的首要地位，而且强调简朴工艺的永恒意义。这些建筑师并没有参考早期的建筑语言，因为他们带给敏感居住者的这些"弦外之音"似乎要早于那些通过挖掘庇护所和避难所的基本暗示而得到的语言。这些建筑给人的感受是模糊而本能的，而不是有意识或有明确目标的，这种情形让他们的作品明显有别于许多其他同时代的作品。

第 12 章　可持续与超越

　　我们在 20 世纪 90 年代所见证的，向更加关注实用主义的转变不仅仅是一次对后结构主义理论抽象概念的回应，也不仅仅是对后现代主义感性瓦解的回应。这也并不是简单地反映出经济状况的增强将掀起一场全球性的建设热潮。可以这么说，自下而上地推动其发展是对许多社会和文化问题的行业反馈——借助于行业过去的自治主张——自 20世纪 60 年代的激进主义以来，这些社会和文化问题在未被注意的情况下已基本消失。然而，重要的是要注意到各种迥然不同的语境，在不同的语境中这些问题会再次呈现。

　　例如建筑学对于贫困这样的全球性问题的回应仍然是 21 世纪的一个议题，除了完全不同的 21 世纪最初十年的世界之外，这种回应与其在 20 世纪 60 年代时非常相似，甚至比那时更为丰富。20 世纪 80 年代，随着东欧剧变以及普遍转型进入以市场为基础的经济和更自由的全球贸易，许多亚洲、南美洲、阿拉伯半岛和东欧的国家开始经历显著的经济增长；事实上，很多国家已经达到了可与传统经济强国相匹敌的生活水平。尽管先进技术随着这些经济趋势也得以发展，但是贫困并没有完全消失。它只是把自身转变为了一个议题，就像如何养活全世界不断增长的人口这样一度尖锐的问题演变成如何（在物质上和经济上）安置那些正从农村向城市中心迁居的人口的问题。一方面，这种趋势导致了全世界很多首都出现了人口惊人增长、建设高潮以及城市过度扩张的问题，以至于常常造成污染和生活质量方面的严重后果。另一方面，政府也被迫采取有力的措施来解决住房问题，建造全新的城市和全新的经济体系以安置农村的移民流。自千禧之交后，像奥运会这样规模的国际赛事大幅增加，从而致使主办国在基础建设的开支上明显增长，也有助于大型建筑和规划事业的发展。

　　当然，我们在这里所讨论的是全球化现象，它带来的后果不计其数，充满建筑意味。我们只是不再生活在那种政治和经济上分裂的冷战时期，而且全球经济及各国文化正变得越来越紧密。如果互联网以及它带给人们相互交流的那份轻松倾向于让艺术品味与时尚趋于全球一致的话，那么这也就迫使在行业内部做出改变。很简单，21 世纪的建筑已经成为一种跨越国界的全球性活动，而文化或国家的限制相对较少。这一趋势无疑将会继续，并且许多建筑事务所已经进行了必要的重新定位。正如雷姆·库哈斯几年前提出的 "大" 已经成为新的 "常态"，一座建筑应该是什么样的也许会由来自两三个大洲的不同专家在一起集思广益而成，这不再是一种不寻常的现象。事实上，现在许多学生至少会去参加部分课程的国际培训，这当然也助长了全球文化趋同的意识。

与此同时，还有另外一个重要的社会因素改变了近年来的建筑实践：行业本身的人口统计数据——也就是从事建筑实践的少数民族和女性的人数。就第一方面而言，这可以追溯到一本由达雷尔·菲尔兹（Darell Fields）、米尔顿·库利（Milton Curry）和凯文·富勒（Kevin Fuller）创立于 1993 年的先锋杂志《附加 X》（APPEND-X）。然而，这本杂志主要处理的是非洲裔美国人的认同和建筑的问题，其既定目标是要拓宽学科内的话语权和关注范围，而不是仅仅处理那些种族问题。

女权主义者的声音也在 20 世纪 90 年代初变得尤为突出，首先是比阿特丽斯·科洛米娜（Beatriz Colomina）的《性与空间》（Sexuality and Space，1992 年）和《私密性与公共性：作为大众媒体的现代建筑》（Privacy and Publicity: Modern Architecture as Mass Media，1996 年）。同样值得注意的还有由黛安娜·阿格雷斯特、帕特里夏·康威（Patricia Conway）和莱斯利·凯恩·威斯曼（Leslie Kanes Weisman）于 1996 年出版的《建筑的性别》（The Sex of Architecture）。当然作为一场运动，女权主义在 20 世纪的不同时期重新出现，众所周知的大概是 20 世纪 60 年代的街头示威，不过千禧之交发生的那次侵袭活动相当激动人心。如果说 20 世纪 60 年代，建筑学院的女生人数通常不到学生总数的 5% 的话，那么到了 2010 年，在很多国家其数目已经接近或完全与男生人数相等。然而，转型的全面影响只有在未来几年后才会显现出来，那时的女性将进入这一行业的更高级别，她们在设计上潜在的崭新而迥异的视角将会表现出来。

绿色运动

建筑业目睹了自 21 世纪初期以来最重要的一个变化，这就是环境问题的复苏以及相应的对清洁能源有效利用的需求。[1] 可以肯定这个问题——全球资源及其理智的节约利用之间的相互关系——自 20 世纪 60 年代进入到主流意识以来从未完全消失过。为了应对早期问题，许多国家政府，尤其是欧美国家制定了一系列的法规，同时也进行了一系列的条例改革，开始逐渐改变设计实践。即使变化的步伐有时缓慢得令人沮丧，世界上许多工业化国家仍然取得了重大进展。正当这个问题开始在世界其他地区加剧恶化的时候，2010 年欧洲和北美大多数城市中心的空气质量与几年前的状况相比已有了显著的改善。

虽然取得了不同程度的成功，但一些国际机构也已经开始着手处理这一问题。1987年，联合国创办了"世界环境与发展委员会"（World Commission on Environment and Development），并要求由其"布伦特兰委员会"（Brundtland Commission）发布一份报告，这份报告也已经以《我们共同的未来》（Our Common Future，1987 年）一书的形式出版，广泛呼吁全球协作来保护自然环境，它将可持续发展定义为"既满足当代人的需求，也不对子孙后代满足其自身需求的能力构成危害"的发展模式。该报告还指出，未来几十年对人类进程将具有决定性："打破旧有模式的时机已经到来。试图用发展和环境保护的老方法来保持社会和生态的平衡将会增加不稳定性。必须通过改变来寻求稳妥。"[2]

布伦特兰委员会促使许多国际会议来考虑解决途径，它们主要由联合国资助。紧接着的是 1992 年在里约热内卢召开的环境与发展会议——第一次"地球峰会"（Earth Summit），会议产生了具有一定深远影响的文件，被称为《21 世纪议程》（Agenda 21）。后来的峰会，如 1997 年的京都会议、2002 年的约翰内斯堡首脑会议和 2007 年的巴厘岛会议，尽管都获得了不错的成功，但仍是这个进程的延续。其原因是多方面的，例如，京都议定书（The Kyoto Accords）承诺工业化国家缩减四种温室气体的排放量，达到比 1990 年降低 5.2% 的水平——一些国家已经在 2010 年或者在不久的未来有可能实现这一目标。此外，它将许多大的发展中国家排除在外，这些国家的空气污染问题往往最为严重。同样，一些国家的政治现实也已经延迟或者阻碍了对它的正式批准，比如美国。如果这些问题还不够糟糕的话，那么某些研究的科学前提因为被指责夸大了气候变化及其影响而受到质问。

从生态学角度看，更为有效的是扩大针对绿色建筑和规划的国家和地方建筑法规网络。2003 年，欧盟通过了其建筑能效指令（Energy Performance of Buildings Directive，EPBD），这一能效指令促成了绿色建筑计划（Green Building Programme）的诞生。在其他许多国家，这些尝试与倡议相一致甚至先行，比如英国的环境评价法（BREEAM）、澳大利亚的绿色之星（Green Star）、日本的建筑物综合环境性能评价体系（CASBEE）以及美国的能源与环境设计先锋奖（Leadership in Energy and Environmental Design，LEED）。随着政治举措的实施，针对这些尝试从问题的两方面引发了很多批评。一种反对意见是它们对单体建筑物以狭义的标准来进行限制，如能源消耗或者室内空气质量，而忽视了更大的系统性、规划或区域性的问题。不过，这样的法规和指导方针在建筑师、客户和广大公众所提出的建筑环境影响的问题方面已经相当奏效。许多大型建筑事务所在过去几年也纷纷编写了自己用于评估一座建筑物绿色程度的专用体系。在这方面，值得注意的是阿鲁普公司的四象限可持续项目评估常规矩阵（Sustainable Project Appraisal Routine matrix，SPeAR），它供内部使用以评估项目的环境性能，其规模涵盖从单体建筑到整个城市规划。

麦克多诺和杨经文

20 世纪 90 年代，由于国际上对环境问题再度关注，因此许多有个性的建筑师、景观建筑师和规划师也步入了这一研究领域的最前列。例如在 1995 年，长期以来一直关注生态设计、贫困及其与社会变革之联系的维克多·帕帕奈克（Victor Papanek）就借助《绿色律令》（The Green Imperative）修正了自己的早期设计原则，《绿色律令》以明确的语言重新阐释了设计师的任务（并且在文章中对这之前的 20 年进行了强烈的批判）：

这种令人沮丧的视觉污染预示着一种新的审美即将出现，大多数设计师和建筑师将会对此欣然接受，在经历了现代主义、孟菲斯、后现代主义、解构主义、新古典主义、对象－符号学和后解构主义之后，一种新的方向——超越怪癖、潮流或时尚的造型——姗姗来迟。设计和建筑的新方向不会偶然出现，但总是起因于社会、文化和观念上的真实变化。[3]

就在这本书出版的同一年，诺曼·福斯特在法兰克福的 53 层商业银行（Commerzbank in Frankfurt，1991—1997 年）项目正在逐步推进。借助于其中庭、自然采光、通风以及 10 个补充氧气的空中花园，福斯特提出了一种可以用来阐释可持续概念的高科技示范楼，即使以企业的规模，它也能够贯彻能源效率或环境保护的精神。同样在这十年中，我们还看到了一场发生在景观设计领域的真正革命，因为这个行业开始将其重点从审美转向生态问题。例如，在 20 世纪 90 年代中期，马里奥·谢特兰（Mario Schjetnan）及其跨学科的城市设计小组（Grupo de Diseño Urbano）完成了备受推崇的墨西哥城索奇米尔科生态公园（Xochimilco Ecological Park）的设计。通过使用适当的材料和执行低预算，他用非常生动的语言说明了景观建筑学和城市规划——他称之为"大都市生态学"（metropolitan ecology）——可以有助于城市生态平衡的修复。

当然，近年来针对生态问题更加善于表达的其中一位拥护者就是威廉·麦克多诺（William McDonough）。这不仅是因为他一贯主张"从摇篮到摇篮"的设计，而且他还长期主张可持续的理念应当包含一种更加综合全面的方法，而不是简单地限制它自身对环境的破坏。这种说法反映了他的信念，即人类活动可以卓有成效、完美地融入自然过程，即自然与人工之间的理想关系将是像自然本身那般浑然天成，富饶多产，相辅相成，而不仅仅是可持续。

1992 年，麦克多诺撰写了《汉诺威原则》（Hannover Principles），这一文件的短期目的是为 2000 年汉诺威世博会提供一套可持续发展的操作指南。这些原则涉及"人类与自然共存的权利"，自然与人造世界"相互依存"的观念，以及物质生产和精神福祉之间的

关系。这个含有七则信条的简表还另外详细说明了如何处理好地球、空气、水、能源与也许是最主观的人类精神的最佳方法。在描述最后这点时，麦克多诺将可持续的精神层面——"最可表达的元素"——与我们对自己在地球上所处位置的深刻理解等同起来。"对可持续的关注要大大超出关于遵守工业规章或环境影响分析的问题，"他写道："它包括承诺将设计作品视为更广阔的时空背景下的一部分。"[4]

1996 年，麦克多诺在他发表于麻省理工学院（MIT）一场研讨会上的论文《相互依存的声明》（Declaration of Interdependence）中拓展了他的这条推理思路。在这里，他认为：到目前为止，可持续已经和"一个需要维护的代码"没什么差别了，现在所需要的就是为建筑和城市化提出一项真正的"修复性议程"，而其中的一项就是建成环境其实会净化土壤和水，并扮演一个真实的能源生产者的角色，从而将某些东西回馈给生态系统。[5]这

个议程是对"废物等于食物"这一原则最直接的阐释，是一个把建筑和城市放在能源消耗与再吸收的代谢链中的声明。麦克多诺最终将他这种联系起生产、消耗与再使用的方式称为"从摇篮到摇篮"的策略，同时这也成为了他 2002 年畅销书的书名，该书由他与化学家迈克尔·布朗加特（Michael Braungart）合著完成。在此，作者并不主张放弃工业化进程，而是主张对技术的创新性应用，主张一种"工业再进化"，即要在建成环境与自然环境之间创造一种功能性的链接：

> 自然系统取自其环境，但是它们也有回报。樱桃树在进行水循环和制造氧气时落下花和叶；蚂蚁群重新分配整块土壤的养分。我们可以遵循它们所提供的线索来创造一个更加鼓舞人心的约定——一种与自然的伙伴关系。[6]

这样一种说法背后的基本观念就是人造环境的设计可以模仿自然生态系统的逻辑（"废物等于食物"），因此两者之间就出现了富有成效的互动。于是麦克多诺将受生态学驱动的建筑师的角色定义为一种具有创造性的角色；建筑师既是个体产品的设计者，又是这一产品及其物理环境之间生产关系的设计者。

麦克多诺还在他的许多工业产品设计、建筑设计以及总体规划中贯彻了这些原则。例如，他在密歇根州荷兰镇的"温室"（GreenHouse，1995 年，图 12.1）办公室及制造工厂的设计中就结合了亲近生物（biophilic）和"系统发育"（phylogenetic）的方法。他修

221

图 12.1　威廉·麦克多诺及合伙人，赫尔曼·米勒（Herman Miller）设计的"温室"办公室及制造设备，密歇根州荷兰镇（1995 年）。本图由赫尔曼·米勒公司提供

复了周围的草原和湿地，并且充分赋予室内以大量的自然光和花园与水景带来的感官丰富性。他还在这座复杂的综合体内创造了定位装置和与社会互动的装置，同时也设计了一些旨在为其居住者建立具有再生功能的空间，就像这座建筑本身的目的在于尊重它眼前的物质环境。另一个实现"修复性"建筑概念的措施被奥伯林学院（Oberlin College）的亚当·约瑟夫·刘易斯环境研究中心（Adam Joseph Lewis Center for Environmental，2001年）所采取，这座建筑物吸收来自太阳的大量能量，利用地热系统来供热和制冷，并且通过湿地这一封闭温室的"生活机器"来过滤废水，从而为卫生间和景观提供重复再利用。近来，这座建筑物已经成为校园里其他建筑的基本能源输出口。

然而，除了这些功效之外，麦克多诺认为在保护与再生方面所做努力中一个更重要的好处其实就是它们的教育意义。从这个观点来看，当一座建筑物为如何做到这一点提供了一个启发性的案例时，这座建筑在其有限的基地内也许会实现节约资源与再生资源的双重功能。莱昂·凡·斯海克（Leon van Schaik）是建筑师和墨尔本皇家理工学院（Royal Melbourne Institute of Technology）建筑系的教授，他在评论像麦克多诺这类建筑作品的表现力时，曾经表达过类似的观点，他认为："当一个政府或公司希望让人们知道有些事情的确正在进行时"，这些建筑针对敏感环境的策略和技术的公开展示是有用的。[7] 那么，对于凡·斯海克来说，一座可持续建筑的审美需求或表现力方面的需求要么从允许建筑高效节能的恰当形式和策略中有机地表现出来，要么就是这座可持续建筑的设计可能反而在一定程度上促进了可持续性的观念。凡·斯海克指出，从后一种意义上说，在一些更富有表现力的可持续作品中所使用的策略，像 20 世纪 20 年代康斯坦丁·梅尔尼科夫（Konstantin Melnikov）的构成主义建筑——"情感 - 激活"（emotion-activating），虽然苏联的工业基础薄弱，但是在这个作品中，一种夸张的工业高度发展的形式风格被升华为象征苏联对工业化的渴望。在这种情况下，这种夸张的手法显然会激励人们去创造不断发展的关于可持续建筑的思想，直到它成为常规而不是例外。

和麦克多诺一样，马来西亚建筑师杨经文（Ken Yeang）自 20 世纪 70 年代以来一直在从事可持续思想的研究工作。他曾经是宾夕法尼亚大学伊恩·麦克哈格的学生，他以生态设计和规划为主题的论文获得了剑桥大学的博士学位。[8] 在他的实践和论著中，杨经文已经把大量的注意力集中在高层建筑的可持续发展上，他认为这是一个有必要去探索的领域，因为摩天大楼虽然普遍存在，而且对于我们的城市发展来说也有必要，但是其本质上却是"非生态"的，因为为了确保高层建筑正常运作，需要增加额外的能量和材料。在他的《生态摩天大楼》（Eco Skyscrapers，1994 年）一书中，杨经文反驳了许多环保人士对高层建筑的敌对情绪，他的观点是建筑师的目标应该是"减轻"摩天大楼对环境的负面影响，为用户创造"人性化和令人愉悦"的室内环境。[9]

因此，杨经文多少比麦克多诺更加务实，虽然他也认同自然和建成环境之间的共生关系——一种他称之为"良性且完美的生物整合"的关系。[10] 对于杨经文来说，实现这种关系的最好方法不一定是通过新技术的运用，而是通过被动的或者"生物气候学"的方法，

这也是他应用于恰好位于赤道以北的吉隆坡 IBM 塔（1992 年）中的一种设计策略。借助 *223*
于通透的外立面，沿着塔的高度螺旋而上的"空中景观庭院"，以及可以遮阳且具有自然
通风的电梯大堂，这座塔楼在建筑应对环境时所表现出的灵活性方面，上演了一堂回归
被动式环境策略（关注太阳方位、深悬挑等）的实物教学课。然而，这种建筑在向马来
西亚本土建筑致敬的同时也结合了高科技的语汇。实际上，这种对可持续建筑的探索直
接指向重新建立一种基于对当地气候的回应之上的地域类型学。从这个意义上来看，这
是批判的地域主义思想的演变，其目的是在一座建筑物的特定生物系统内有机合成它的
形式和功能。事实上，杨经文始终认为：这种方法类似于外科修复术的发展；建筑物像
假肢一样，必须在其主体系统内进行"机械且有机的"整合，以免造成假体"错位"或
者受到主体排斥。[11]

杨经文的作品既有其支持者也有其批评者。他的主要设计宣传册《生态设计》
（Ecodesign，2006 年）仍然是对可持续设计所做的最全面的指导之一，同时这也是对绿
色设计模式语言的思想所进行的一次睿智（甚至是无价的）阐释，因为它既翔实又有益，
而且也没有过于呆板。与此同时，在他最近的研究《生态总体规划》（EcoMasterplanning，
2009 年）中，他针对城市空间的社会活力而提出的设计建议却不那么令人信服。这一观
点反映了一种更广泛的共识——即现在涌现出的"绿色建筑"，正如近年来对它所下的定
义那样，它对于真正可持续的建成环境下的人类动力学太不重视了。简而言之，人们需
要以更广阔的人类语言对生态学进行改造。

绿色城市主义

城市规划师就像他们在建筑和景观设计领域中的同行一样，已经目睹了他们的行业
自 20 世纪 80 年代以来所经历的一场革命。尤其是欧洲城市一直一路领先——不仅保护
它们的历史中心，而且还启动了多个"生态"规划模式试图复兴这些城市。例如，像赫
尔辛基和哥本哈根这样的城市，不仅完好地保存了历史上已经深深地渗透到市中心地区
的森林地带，而且为了增强对森林地带的保护并提高其可达性，还在许多实例中扩大了
森林地带的范围，并对其未来的进一步发展进行了规划。以哥本哈根为例，20 世纪 70 年
代首次提出了城市的"五指"总体规划，这个规划把所有的郊区发展限定为从市中心向
各个"手指"的辐射，并沿着公共交通的干道将这些"手指"组织起来。手指之间的地
带一直受到保护，它们不仅是乡村景观，而且也是城镇居民极为接近的林木茂盛之地，
城镇居民可以利用它们来进行休闲娱乐。同样，赫尔辛基在 1978 年和 2002 年所颁布的 *224*
两项总体规划，不仅仅保护其中央公园范围内的部分，而且还扩展到连接起公园与水道
的更大一片地理区域，这片区域目前包括整个托洛湾。[12] 这样做意义重大，因为自从 20
世纪 80 年代以来，规划理论家和心理学家一直在收集有关紧邻城市居民的自然环境有助
于减缓压力并起到修复作用的证据。在这个过程中，就许多规划师所说的"绿色空间"

概念这方面而言，已经具有了一种更好的但又更平实的解释。

欧洲的许多示范性住宅项目也常常以可持续为主题。其中一个比较突出的项目就是德国汉诺威以外的康斯伯格新社区。该项目占地 1200 公顷，预计其非独立式单元内可容纳 15000 名居民，这是为 2000 年世博会而制订的生态发展规划，它将一些特色结合起来，例如实行一种严格的包含有生态农场、绿色学校和街道系统的土地管理规划，以此最大限度减少机动车的使用。这个小镇主要由一些风力涡轮机、一套大范围的太阳能电池板系统和若干热回收技术来驱动。城镇规划还包括周边的乡村和林地，污水通过一系列的回收功能和景色优美的池塘而得以循环再利用。住宅单元按照最严格的自然光、被动式设计和能源效率的标准来建造，在规模上和风格上都令人回想起 20 世纪 20 年代的《住区》（Siedlungen）。

除了德国以外，荷兰和英国一直都走在大规模的可持续设计和实验的前沿。荷兰的一个新示范社区是阿默斯福特的新郊区，这里利用太阳能集成系统产生的整整 1 兆瓦功率来供电。所有的社区设施都布置在步行距离内，池塘再度成为这里的一个显著特征。英格兰也建成了若干生态社区，比如格林尼治的千年村和贝丁顿的零能耗发展项目，这两个项目都在伦敦。后者的高档社区由建筑师比尔·邓斯特（Bill Dunster）设计了许多独特之处：使用彩色的屋顶风帽来给住宅单元通风，阻拦非电动汽车，而事实上，这个零能耗发展项目的大多数建筑材料是通过就地取材而获得的。

就地区层面而言，温哥华——位于不列颠哥伦比亚省，且自然风景秀丽的城市——在其可持续政策上已经成为典范。土地法令已落实到位，即保留农田，将大部分绿地整合到大都市区域中，并且引导所有建筑都向紧凑型社区（城市人口的 62%）发展，住宅面向街道以加强城市活力。因此，一个拥有 200 万人口的城市已经成为一个由一些小城镇通过高架铁路系统相互连接而构成的城市的一部分。甚至连为道路和停车场所做的不透水地面这类设计元素也被精心地限定。因此步行、骑自行车以及公共交通在当地颇为盛行。

渐渐地，这样的政策产生了一种重要的全球影响。中国最初大量地使用燃煤电厂为其新的和现有城市中心的扩张供电，到 20 世纪 90 年代末时则考虑建设其首个生态城市——崇明岛东滩。这座预计将包含 50 万人口的城市由阿鲁普公司设计完成，该设计有着极佳的构想：保护当地的农业区、野生动物的栖息地和生物的多样性，实现零碳排放、水循环利用和零废弃。阿鲁普公司甚至为这个地处长江口的小镇设计了一辆电动汽车。尽管，现在以其原有形式来建设这座城市是不太可能了，但是有关它的宣传已经传遍全国的政府机构，这无疑将会对未来的规划产生重大影响。同样，2008 年奥运会在北京举办，而首都依旧被严重的空气质量问题所困扰，这使公众和政府官员极为深刻地认识到空气污染已经到了无法接受的不健康的程度。

可持续城市这一冒险事业的黄金标准是马斯达尔（图 12.2）这座新城，目前它正在阿布扎比市郊建造。这座有城墙的独立式城市由福斯特事务所（Foster + Partners）设计，它的宏伟目标是将来成为第一座零碳和零废弃物的城市，但与众不同的是规划师实现这

图 12.2　福斯特事务所，马斯达尔拟建城市的居住区街道。本图由福斯特事务所 / 马斯达尔提供

一目标的方法。这是一个有着 5 万人口的高密度、区域混合的城市，它包含有一所大学和能源开发研究园区，但与此同时，它的很多功能又表现出非常低的技术含量。它主要由一个太阳能农场供电，从波斯湾中获取淡化水，并且由当地农业支持。然而，建设规模（建筑物不超过 6 层）以及在塑造邻里关系时所考虑的文化敏感性使得这座城市看起来更有点像一个历史悠久的阿拉伯城镇的更新版本。该城市完全禁止汽车通行，取而代之的是电车路线和私人的快速交通系统；步行街道狭窄且排列成行，这样可以保证一天最热的时段能够留有阴影，较大的城市广场有一部分被由百叶窗板做成的隔板所遮蔽，以阻挡沙漠中的烈日。水及其蒸发冷却的效应是这里的一个显著特征。这一设计仔细地考虑了空气的流动模式，采用两条狭长的绿地将西北向的墙面打破以便让微风从附近的海湾进入到小镇里；单体建筑物的凹入处和内部庭院利用简单的对流使风穿过单元。该城市的密度类似于威尼斯，它本身仍是一种无汽车小城镇的可行模式。总之，马斯达尔城是新与旧之间的精湛斡旋，无疑将会受到广泛的研究。

226

亲近生物的设计

针对环境运动而发出的批判之声与日俱增，这表现在那些构成可持续设计的理念建立得太过狭窄。当然，建筑师有责任去理智地使用资源，而不是轻视这些子孙后代未来将赖以生存的地球生物，但是在探讨合理的生态设计时有一个问题经常被忽略，那就是人们如何应对建成环境。更具体地说，这是一个关于建成环境是有助于还是有损于居住者们的健康和福祉的问题。这种迟疑大部分源于过去的理论模型。正如我们所看到的那样，随着 20 世纪 60 年代末晚期现代主义者世界观的衰落，建筑师能够用任何有意义的方式来改善人类状况的信念也瓦解了。这也不能全怪建筑师。在 20 世纪 60 年代的建筑师教育中，如果社会学、人类学和心理学课程能占据一大部分的话，那么许多社会科学所依据的前提将会缺乏任何真正的科学基础。导致世界各地的城市更新项目在这十年间惨败的社会学假设以一种令人信服的方式揭示了当规划和建筑决策基于虚假或残缺的前提时，悲惨境遇会接踵而至的道理。

但是，正如许多建筑师开始意识到的那样，在 21 世纪，我们所尽职责的科学背景千差万别。如今，建筑师已经在他或她的掌控下对人类机体的心理和生理特征产生了许多新的见解——这是自 20 世纪 80 年代以来，从生物学和微生物学来认识我们的遗传密码，从而在认知科学领域取得的巨大进步。例如进化心理学和神经系统科学这类全新的领域，在此刻创造出了引人注目的关于我们如何感知和体验世界的实证模型，这对于建筑师的影响是多方面的。像拉兹洛·莫霍伊 – 纳吉（Lázló Moholy-Nagy）、理查德·诺伊特拉和克里斯托弗·亚历山大这些早期人物的设计兴趣在兜了一圈后又回到原地，恰好得到一个崭新的生物平台的支持。

自世纪之交以来，其中的一个全新领域获得了发展的动力，这就是亲近生物的设计（biophilic design），它也与以实证研究为基础的设计相关。这一领域由进化心理学家和生物学家的见解而产生——这种让我们用基因结构来回应世界的认识更加古老，事实上，它比我们在过去一万年所塑造的建筑环境还要早数百万年以上。[13] 简而言之，人类行为不仅是意志或文化培养的一种现象，而且也是与我们人类祖先的种种遗传倾向和行为长期相伴的一种现象。我们不是天生就有一块"白板"，20 世纪 60 年代的许多社会科学都基于一个前提，但是对于如何建造这个世界，我们有不同的喜好。

与这一认识相并行的是众多栖息地选择（habitatselection）理论的涌现，这些理论表明我们对在进化意义上有利于我们生物生存的环境条件会尤为喜爱。[14] 正如我们现在所知道的那样，假如我们已经进化了数百万年，从特定的原始人类开始就在非洲东部和南部的热带大草原上充满活力地繁衍生息，我们能不对这样的景观有遗传的偏爱吗？这些景观的特点是什么呢？首先，它们提供了"可能性"（为猎人提供具有保护性的可见距离）和"庇护所"（在受到追赶后可以为其提供保护）。非洲大草原的特点还在于它的空间开放性、显而易见的地面肌理、成熟的树丛以及水——就像我们在风景如画的花园、城市公园或者甚至许多郊区的后院中所发现的那样。

从 20 世纪 80 代起，这些假设开始接受实证检验，其结果自此以后变得相当确凿可靠。我们即使短暂地暴露于自然景观中也会产生各种显著的有益健康之处，其中包括压力减小、血压降低，专注力提高，这些确实给我们的生活带来一个更光明的前景。[15]1984 年，社会生物学家爱德华·O·威尔逊（Edward O.Wilson）将我们生物构成的这种组成部分定义为"亲近生物的本能"（biophilia）。[16] 而在 20 世纪 80 年代中期的一项经典研究中，心理学家罗杰·S·乌尔里希（Roger S. Ulrich）强调了其建筑学的寓意。在研究了 46 例曾经经历过胆囊手术的患者的记录中，他发现那些在一间可以看到一些树的病房中康复的患者更少抱怨，需要较少的药物治疗，并且要比有类似情况但其所住病房只能看到邻近砖墙的患者要早一天出院。[17]认识到这一点之后，医院设计领域在运用实证设计方面变得越来越专业。

在城市规模上，亲近生物的本能说明赫尔辛基或纽约的中央公园不仅仅是城市的"肺"；它们还为人们提供了一种放松和舒缓城市生活压力的有效途径。正如蒂莫西·比特利（Timothy Beatley）所指出的那样：这也表明如果可持续的问题意味着较高的城市密度的话，那么这些密度应该配以相应增加的易于到达的草地或树木繁茂的景观。[18] 如果我们认为世界各地的城市或许保留了自己早期工业时代遗留的"铁锈地带"的话，那么亲近生物的本能则不仅意味着机遇，而且也意味着一种用更加人性化的方式来重建和再造森林的战略。

在过去的几年中，亲近生物的设计理念也已经扩展到建筑学，它更加强调诸如水、清新空气、阳光、植物和自然景色这些特点——简直就是一座名副其实的绿色建筑。这种策略显然可以应用在医疗设施、学校和工作场所的设计中，但是由于建筑学在其整个历史中一再反复论证，因此这些原则不是全新的，它可以应用到设计的各个领域。同时，日趋明显的是亲近生物的设计理念已扩展到考虑如建筑规模、比例、材料、装饰，或更通常地人们对于建成环境的反应等方面。[19] 但是在这里，亲近生物的设计还跨越了另一个也是正处在形成的早期阶段的新领域。

229

神经美学

如果说最近几年，我们已经在人类基因组的分子认识和排序上取得了巨大进步的话，那么这些进展通过人类大脑的神经认识已经配置在许多方面。借助于新的扫描技术——比如 fMRIs、PETs、EEGs、MEGs——我们现在能获得（也变得越来越精确）大脑工作时的实时图像，并且自 20 世纪 80 年代以来我们在大脑是如何活动的这方面所增长的知识可能比整个人类历史进程中所知道的还要多。除了我们对进化了的神经中枢那惊人的复杂性的欣赏外，其中已变得显而易见的事情之一就是大脑积极地接触或感知世界的过程。我们不仅开始理解这一原来难以捉摸的现象，比如记忆的形成和意识，而且也了解了方法，人们利用这种方法既可以进行创造性地思考，而且还可以富有艺术性地评价这个世界。[20]

后一领域被称为"神经美学"（neuroaesthetics），人们将其定义为"涉及人体艺术行为的神经过程"的神经学研究。[21] 事实上，神经美学在许多影响审美判断的可变因素作用下变得极其复杂，比如我们接受的视觉训练、我们的性别、对象的意义、情感因素、当然还有诸如文化和不断变化着的时尚等。因此，虽然仍然是一个年轻的研究领域，但是它已经萌生出了几个不同的分支。一些研究者正在尝试定义审美体验的神经阶段——也就是说，我们如何感知、牵涉和整合记忆，如何分类、从认知上掌握和评价艺术作品与建筑物。[22] 其他人则正在试图定义当我们判断美的时候，这一活动发生在大脑中的位置或路径。[23] 还有另一个学派从行为学的角度开展研究，他们并没有专门把艺术作品看作是一种审美活动，而将其视为根植于未必关注美的遗传结构中的一种本能；它随我们的情绪反应而出现，因此与诸如结合和礼仪这样的公共活动相联系。[24]

当然此刻很难回答所有这些活动将会把发展趋势导向哪里。一些神经学专家，如赛米尔·泽奇（Semir Zeki）认为"不以神经生物学为基础就不可能产生令人满意的美学理论"，他的这段话意味着如果大脑具有达尔文式的任务——获取有关世界的知识以确保我们生存，那么艺术必须支持这项任务。[25] 而如果大脑的作用已逐渐进化为寻找物体和表面的那些持久特性的话，那么艺术必须是这些神经系统处理过程的一种延伸——也就是艺术开发，用他的话说就是："大脑平行 - 处理感知系统的特征"。[26] 从这一视角来看，在主题的复杂性和模糊性这些事情上，艺术得以蓬勃发展，而后者被定义为几种可能的解释的确定，所有这一切都同样具有吸引力。

无论这些方向将会导向何方，通过这些模型，有一件事情现在正变得越来越清晰。建筑学——远远不像理论所呈现出的那样是一种高度概念化的运用——也许最重要的还是一种能引起强烈感情的以多种感觉并用为基础的体验，一种具体的有机体对这个提供了必要刺激的世界的反应。如同音乐一样，一座建筑物具有引起即时情感反应的能力，建筑师越是能很好地理解这个过程，那么设计就会越成功（生命 - 持续）。不管神经学家是否能清楚地阐明诸如视觉复杂性、序列、规模、节奏、装饰这些传统的建筑学问题，或者甚至是否存在神经学上首选的建筑比例这类看似永恒的问题，在此时都仍然是未知的。[27] 然而，显而易见的是由于我们在这些领域加强了我们的知识，未来 10 年或 20 年之后的设计原则将很可能与今天所遵循的看上去完全不同。可以说，我们正在进入一个建筑理论的全新阶段。

注释

序言 20 世纪 60 年代

1. 刘易斯·芒福德（Lewis Mumford）有关"海湾地区风格"（Bay Region Style）的评论，发表在他的定期专栏"现状"（Status Quo）上，《纽约客》（The New Yorker），第 11 期（1947年 10 月），第 108、109 页。现代艺术博物馆回应以一场专题研讨会——与会者主要由地域风格的反对派所组成。见"现代建筑正发生着什么？"（What is Happening to Modern Architecture？）《现代艺术博物馆公告》（Museum of Modern Art Bulletin），第 15 期（1948年春季刊）。

2. 见阿尔多·凡·艾克（Aldo van Eyck）对布里奇沃特问卷的回应，该问卷收集在西格弗里德·吉迪恩（Sigfried·Giedion）编辑的《新建筑的 10 年》（A Decade of New Architecture）（苏黎世：Editions Girsberger，1951 年）中，第 37 页。凡·艾克用一系列激动人心的问题结束了他自己的评论，其中，"国际现代建筑协会打算'引导'一种让人类环境趋于改善的理性且机械的进步观念吗？"（Does CIAM intend to 'guide' a rational and mechanistic conception of progress towards an improvement of human environment？）

3. 关于摩洛哥和阿尔及利亚报告，以及英国在普罗旺斯地区艾克斯城（Aix-en-Provence）的报告的综述，见艾瑞克·芒福德，《国际现代建筑协会关于城市化的论说，1928—1960 年》（The CIAM Discourses on Urbanism，1928—1960）（剑桥，马萨诸塞州：麻省理工学院出版社，2000 年）。

4. 在第 59 届国际现代建筑协会会议上对维拉斯加塔楼（the Torre Velasca）的批评，见奥斯卡·纽曼（Oscar Newman），《建筑的新前沿：在奥特罗的第 59 届国际现代建筑协会》（New Frontiers in Architecture: CIAM'59 in Otterlo）（纽约：Universe Books，1961 年），第 92-101 页。见班纳姆（Banham）的文章"新自由：意大利从现代建筑撤出"（Neoliberty: The Italian Retreat from Modern Architecture），《建筑评论》（Architectural Review），第 125 期（1959 年4 月），第 235 页。

5. 雷纳·班纳姆（Reyner Banham），《第一机器时代的理论与设计》（Theory and Design in the First Machine Age）（纽约：Praeger Publishers，1967 年），第 10 页。

6. 班纳姆，《理论与设计》（Theory and Design）（注释 5），第 329-330 页。

7. 班纳姆在《建筑评论》(Architectural Review) 1962 年 2 月至 9 月的 6 期期刊中进行了这一"审判"。对这段巨型结构时期的魅力作出很好总结的是他之后的书《巨型结构：最近的城市未来》(Megastructures: Urban Futures of the Recent Past)(纽约：Harper and Row，1976 年)。

8. 尤纳·弗里德曼 (Yona Friedman)，《移动建筑：由居住者设计的居住区》(L'Architecture mobile: Vers une cite conçue par ses habitants)(巴黎：Casterman，1970 年；私下发表于 1959 年)。

9. 见川添登 (Noboru Kawazeo) 编辑，《新陈代谢 1960 年:关于新城市主义的提案》(Metabolism 1960: Proposals for a New Urbanism)(东京：Bijutsu shuppansha，1960 年) 和黑川纪章 (Kisho Noriaki Kurokawa)，《建筑中的新陈代谢》(Metabolism in Architecture)(博尔德：Westview，1977 年)。

10. 见彼得·库克 (Peter Cook) 编辑，《阿基格拉姆学派》(Archigram)(巴塞尔：Birkhauser，1972 年) 和西蒙·塞德勒 (Simon Sadler)，《阿基格拉姆学派:没有建筑学的建筑》(Archigram: Architecture without Architecture)(剑桥，马萨诸塞州：麻省理工学院出版社，2005 年)。

11. 班纳姆，《理论与设计》(Theory and Design)(注释 5)，第 325、326 页。

12. 约翰·麦克黑尔 (John McHale)，《理查德·巴克敏斯特·富勒》(R. Buckminster Fuller)(纽约：George Braziller，1962 年)；理查德·巴克敏斯特·富勒和约翰·麦克黑尔，《世界资源清单：人类的趋势与需求》(Inventory of World Resources: Human Trends and Needs)(卡本代尔：南伊利诺伊大学出版社，1963 年)。

13. 理查德·巴克敏斯特·富勒 (R. Buckminster Fuller)，《思想与整合：一种自发的自传披露》(Ideas and Integrities: A Spontaneous Autobiographical Disclosure)，罗伯特·W·马克 (Robert W. Marks) 编辑 (纽约：Collier Books，1963 年)，第 270 页。

14. 人类聚居学 (Ekistics) 是关于人类聚居地的研究 (the study of human settlements)，也是道萨迪亚斯 (Doxiadis) 1955 年发行的一本期刊的标题，由杰奎琳·蒂里特 (Jacqueline Tyrwhitt) 负责编辑。后者与国际现代建筑协会 (CIAM) 有长期联系，举例来说，正是她邀请西格弗里德·吉迪恩 (Sigfried Giedion) 前来出席得洛斯的仪式，这一仪式是汇集来自世界各地的技术专家和思想家的 12 件此类事情中的第 1 件。

15. 例如，见芭芭拉·沃德 (Barbara Ward)，《宇宙飞船地球》(Spaceship Earth)(纽约：哥伦比亚大学出版社，1966 年)。此书乃是基于 1965 年的一系列讲座之上完成的。

16. 肯尼斯·博尔丁 (Kenneth Boulding)，"地球正如宇宙飞船"(Earth as a Spaceship) 1965 年 5 月 10 日,华盛顿州立大学,空间科学委员会 (Committee on Spaces Sciences)，见肯尼斯·E·博尔丁 (Kenneth E. Boulding) 的论文，档案 (第 38 盒)，在科罗拉多大学波尔得分校图书馆。

17. 博尔丁，"地球正如宇宙飞船"(注释 16)。亦参见肯尼斯·博尔丁，"未来宇宙飞船经济学"(The Economics of the Coming Spaceship Earth)，见亨利·贾勒特 (Henry Jarrett) 编，《经济增长中的环境质量》(Environmental Quality in a Growing Economy)(巴尔的摩：约翰·霍普金斯大学出版社，1966 年)，第 3-14 页。

18. 见开篇章节，"为什么'现代'建筑？"（Why a 'Modern' Architecture?）见詹姆斯·莫德·理查兹（J. M. Richards），《现代建筑导论》（An Introduction to Modern Architecture）（哈蒙兹沃思：企鹅图书有限公司（Penguin Books Limited），1940年）。

19. 塞尔日·切尔马耶夫（Serge Chermayeff）和克里斯托弗·亚历山大（Christopher Alexander），《社区与私密：走向新的人文主义建筑》（Community and Privacy: Toward a New Architecture of Humanism）（花园城市，新泽西州：Doubleday Anchor，1965年），第20页。

20. 克里斯托弗·亚历山大（Christopher Alexander），"形式的综合及相关理论的论述"（The Synthesis of Form; Some Notes on a Theory）（博士论文，哈佛大学，1962年），第3页。又见，《形式综合论》（Notes on the Synthesis of Form）（剑桥，马萨诸塞州：哈佛大学出版社，1964年）。

21. 关于辩论的一些评论，见艾利森·史密森（Alison Smithson）编，《"十次小组"1953–1984年》（Team 10 Meetings 1953–1984）（纽约：Rizzoli，1991年），第68、69、78页，和弗兰西斯·施特劳芬（Francis Strauven），《阿尔多·凡·艾克：现实的形态》（Aldo van Eyck: The Shape of Reality）（阿姆斯特丹：Architecture & Naturi，1998年），第397、398页。

22. 克里斯托弗·亚历山大，"城市不是树"（A City is Not a Tree），《建筑论坛》（Architectural Forum）（1965年4月）中的第一部分，第58–62页，《建筑论坛》，（1965年5月）中的第二部分，第58–61页。

23. 感谢彼得·兰德（Peter Land）向我展示了他的很多与住房试点（PREVI）项目相关的文件。

24. 马素·麦克鲁汉（Marshall McLuhan）和昆廷·菲奥里（Quentin Fiore），《媒介即信息：影响的清单》（The Medium Is the Message: An Inventory of Effects）（纽约：Bantam，1967年，第16页。

第1章 打破旧风格：1968—1973年

1. 举例，见罗伯特·文丘里（Robert Venturi），《建筑的复杂性与矛盾性》（Complexity and Contradiction in Architecture）（纽约：现代艺术博物馆，1966年），第48–53页。

2. 文丘里，《建筑的复杂性与矛盾性》（注释1），第102页。

3. 同上，第103页。

4. 见梅尔文·韦伯（Melvin Webber），"城市场所与无场所的城市领域"（The Urban Place and the Nonplace Urban Realm），见M.韦伯（M. Webber）等编，《城市结构探索》（Explorations into Urban Structure）（费城：宾夕法尼亚大学出版社，1964年），第147页。

5. 丹尼丝·斯科特·布朗（Denise Scott Brown），"有意义的城市"（The Meaningful City），《美国建筑师学会杂志》（Journal of the American Institute of Architects）（1965年1月），第27–32页。转载自《联系》（Connection）的再版（1967年春季刊），第50页。

6. 罗伯特·文丘里和丹尼丝·斯科特·布朗，"A&P停车场的意义，向拉斯韦加斯学习"（A Significance for A&P Parking Lots, or Learning from Las Vegas），《建筑论坛》（Architectural

Forum），1968 年 3 月，第 39、40 页。

7. 丹尼丝·斯科特·布朗和罗伯特·文丘里，"论鸭子与装饰"（On Ducks and Decoration），《加拿大建筑》（Architecture Canada），1968 年 10 月，第 48 页。

8. 罗伯特·文丘里，丹尼丝·斯科特·布朗和斯蒂文·伊泽诺（Steven Izenour），《向拉斯韦加斯学习：建筑形式中被遗忘的象征主义》（Learning from Las Vegas: The Forgotten Symbolism of Architectural Form）（剑桥，马萨诸塞州：麻省理工学院出版社，1972/1977 年），第 137、163 页。

9. 托马斯·马尔多纳多（Tomas Maldonado），《设计、自然与革命：走向一个批判的生态》（Design, Nature & Revolution: Toward a Critical Ecology），马里奥·多芒蒂（Mario Domandi）译（纽约：Harper & Row，1972 年），第 64 页。这本书最初用意大利语发表，名为《希望工程．环境与社会》（La speranza progettuale. Ambiente e societa）（都灵：Einaudi，1970 年），而且从 1971 年发表的评论来看，显然斯科特·布朗至少非常熟悉它。

10. 丹尼丝·斯科特·布朗，"向波普学习"（Learning from Pop），《美屋》（Casabella），第 359、360 期（1971 年 12 月），第 15 页。

11. 同上，第 17 页。

12. 肯尼思·弗兰姆普敦（Kenneth Frampton），"美国 1960—1970 年：关于城市意象与理论的说明"（America 1960-1970: Notes on Urban Images and Theory），《美屋》（Casabella）（注释 10），第 31 页。

13. 朱塞佩·萨蒙纳（Giuseppe Samonà），《城市规划与城市的未来》（L'urbanistica e l'avvenire della città）（1959 年），里昂纳多·贝内沃洛（Leonardo Benevolo），《现代城市规划起源》（Le origini dell'urbanistica moderna）（1963 年），和卡洛·艾莫尼诺（Carlo Aymonino），《城市地域》（La città territorio）（1964 年），《建筑类型学概念的形成》（La formazione del concetto di tipologia edilizia）（1965 年），和《现代城市的起源与发展》（Origini e sviluppo della città moderna）（1965 年）。

14. 阿尔多·罗西（Aldo Rossi），《科学自传》（A Scientific Autobiography），劳伦斯·韦努蒂（Lawrence Venuti）译（剑桥，马萨诸塞州：麻省理工学院出版社，1981 年），第 15 页。

15. 阿尔多·罗西，《城市建筑学》（L'architettura della citta）（帕多瓦：Marsilio Editori，1966 年）；《城市建筑》（The Architecture of the City），黛安·吉拉尔多（Diane Ghirardo）和琼·奥克曼（Joan Ockman）译（剑桥，马萨诸塞州：麻省理工学院出版社，1982 年），第 41 页。罗西引用卡特勒梅尔·德·昆西（Quatremère de Quincy）的《建筑学历史词典》（Dictionnaire historique d'architecture）（1832 年）中的定义。

16. 乔治·格拉西（Giorgio Grassi），《建筑的逻辑结构》（La costruzione logica dell'architettura）（帕多瓦：Marsilio Editori，1967 年），第 11、104 页。

17. 有关塔夫里（Tafuri）的早期出版的著作，参见乔治·丘奇（Giorgio Ciucci），"形成时期"（The Formative Years），见《美屋》（Casabella），第 619、620 期（1995 年 1 月 /2 月），第 13—25 页。

又见他的书《罗多维科·夸罗尼和意大利现代建筑的发展》（Ludovico Quaroni e lo sviluppo dell'architettura moderna in Italia）（米兰：Edizioni di Comunita，1964年）。

18. 帕多瓦大学政治哲学教授内格里（Negri），宣扬暴力与革命性对抗的攻击防线，与此同时特龙蒂（Tronti）已经加入了意大利共产党（PCI），意图让它摆脱其官僚化倾向。在1968年分裂逐渐显现，当内格里拒收了特龙蒂为《反平面》（Contropiano）第二期——"党作为一个问题"（Il partito come problema）而写的一篇文章的时候。文章之后被其他编辑接受并出版，迫使内格里辞去了他的编辑职位。有关争议的一篇，参见艾伯特·阿索·罗莎（Alberto Asor Rosa），"意识形态批判与历史实践"（Critique of Ideology and Historical Practice），见《美屋》（Casabella），第619–620期（1995年1月/2月），第29页。

19. 曼弗雷多·塔夫里（Manfredo Tafuri），《建筑历史与理论》（Teorie e storia dell'architettura）（罗马：Laterza，1968年）；《建筑历史与理论》（Theories and History of Architecture），乔治·维瑞恰（Giorgio Verrecchia）译（纽约：Harper and Row，1980年），第232、233页。

20. 曼弗雷多·塔夫里，见路易莎·帕塞里尼（Luisa Passerini），"作为计划的历史：对曼弗雷多·塔夫里的访谈"（History as Project: An Interview with Manfredo Tafuri），罗马，1992年2月/3月，丹尼丝·L·布拉顿（Denise L. Bratton）译，见《纽约建筑》（Any），第25/26期（2000年），第40–41页。又见瓦尔特·本雅明（Walter Benjamin），"破坏性特征"（The Destructive Character），罗德尼·利文斯通（Rodney Livingstone）等译，见《瓦尔特·本雅明：著作选》（Walter Benjamin: Selected Writings），第2卷，1927–1934年（剑桥，马萨诸塞州：哈佛贝尔纳普出版社（Harvard Belknap Press），1999年），第541、542页。

21. 曼弗雷多·塔夫里，"对建筑意识形态的批判"（Toward a Critique of Architectural Ideology），斯蒂芬·萨塔雷里（Stephen Sartarelli）译，见K·迈克尔·海斯（K. Michael Hays）编，《1968年以来的建筑理论》（Architecture Theory since 1968）（剑桥，马萨诸塞州：麻省理工学院出版社，2002），第14页。"建筑意识形态的批判"（Per una critica dell'ideologia architettonica）最初发表在《反平面》（Contropiano），第1期（1969年1月–4月）。

22. 塔夫里，"对建筑意识形态的批判"（注释21），第19、28页。

23. 库尔特·W·福斯特（Kurt W. Forster），"没有逃避历史，没有从乌托邦解脱，什么都没有：再见焦虑的历史学家曼弗雷多·塔夫里"（No Escape from History, No Reprieve from Utopia, No Nothing: An Addio to the Anxious Historian Manfredo Tafuri），《纽约建筑》（Any），第25/26期（2000年），第62页。塔夫里史学的其他读物，见托马斯·略伦斯（Tomas Llorens），"曼弗雷多·塔夫里：新先锋派和历史"（Manfredo Tafuri: Neo–Avant–Garde and History），《建筑历史方法论，建筑设计简介》（On the Methodology of Architectural History, Architectural Design Profile），51（6/7）（1981年），第82–95页；弗雷德里克·詹姆逊（Fredric Jameson），"建筑与意识形态的批判"（Architecture and the Critique of Ideology），见琼·奥克曼（Joan Ockman）等编，《建筑、批判、意识形态》（Architecture, Criticism, Ideology）（普林斯顿：普林斯顿建筑出版社，1985年）；琼·奥克曼编，"后记：批评史和西西弗斯

的劳动力"（Postscript: Critical History and the Labors of Sisyphus），见《建筑、批判、意识形态》（Architecture, Criticism, Ideology）（普林斯顿：普林斯顿建筑出版社，1985 年），第 51–87、182–189 页；和帕纳约蒂斯·图尼基沃蒂斯（Panayotis Tournikiotis），《现代建筑史学》（The Historiography of Modern Architecture）（剑桥，马萨诸塞州：麻省理工学院出版社，1999 年）。亦见帕特里夏·隆巴尔多（Patrizia Lombardo）对这期间威尼斯的知识分子氛围的出色描绘，在她对马西莫·卡西亚里（Massimo Cacciari）的介绍中，《建筑与虚无主义：论现代建筑的哲学》（Architecture and Nihilism: On the Philosophy of Modern Architecture），斯蒂芬·萨塔雷里（Stephen Sartarelli）译（纽黑文：耶鲁大学出版社，1993 年）。

24. 曼弗雷多·塔夫里，《计划与乌托邦》（Progetto e Utopia）（巴里：Laterza & Figli，1973 年）；建筑与乌托邦：设计与投资开发（Architecture and Utopia: Design and Capitalist Development），露易佳·拉·佩那（Luigia La Pena）译（剑桥，马萨诸塞州：麻省理工学院出版社，1976 年），第 56 页。

25. 塔夫里，《计划与乌托邦》（Progetto e Utopia）（注释 24），第 182 页。

26. 曼弗雷多·塔夫里，《意大利建筑史，1944—1985 年》（History of Italian Architecture，1944–1985），杰西卡·莱文（Jessica Levine）译（剑桥：剑桥大学出版社，1989 年），第 136 页；"卧室里的建筑：批评的语言和语言的批评"（L'Architecture dans le Boudoir. The Language of Criticism and the Criticism of Language），维克托·卡利安德罗（Victor Caliandro）译，《反对派》（第 3 期）（Oppositions 3），见《反对派读本》（Oppositions Reader）（纽约：普林斯顿建筑出版社，1998 年），第 299 页。

27. 拉斐尔·莫内奥（Rafael Moneo），"阿尔多·罗西：建筑的理念和摩德纳公墓"（Aldo Rossi: The Idea of Architecture and the Modena Cemetery），《反对派》（第 5 期）（Oppositions 5），见《反对派读本》（Oppositions Reader）（纽约：普林斯顿建筑出版社，1998 年），第 119 页。

28. 阿尔多·罗西（Aldo Rossi），《理性建筑：第 15 届米兰国际建筑三年展》（Architettura Razionale: XV Triennale di Milano Sezione Internazionale di Architettura）序言（米兰：Franco Angeli，1973 年），第 17 页。

29. 马西莫·什科拉里（Massimo Scolari），"先锋派和新建筑"（Avanguardia e nuova architettura，第 153–187 页。斯蒂芬·萨塔雷里（Stephen Sartarelli）译为"新建筑和先锋派"，见 K·麦克·海思（K. Michael Hays），《1968 年以来的建筑理论》（Architecture Theory since 1968）（剑桥，马萨诸塞州：麻省理工学院出版社，2000 年），第 133、134 页。

30. 什科拉里，"先锋派和新建筑"（注释 29），第 136–137 页。

31. 为支持这些参数，什科拉里（Scolari）引用了格雷戈蒂（Gregotti）1969 年发表的《Orientamenti nuovi nell'architettura italiana》（意大利建筑的新方向）。

32. 约瑟夫·里克沃特（Joseph Rykwert），"第 15 届三年展"（15a Triennale），见《Domus》，第 530 期（1974 年 1 月），第 4 页。

33. 柯林·罗（Colin Rowe），"理想别墅中的数学"（The Mathematics of the Ideal Villa）见《建筑评论》

（Architectural Review），第 101 期（1947 年 3 月），第 101–104 页。再版于《理想别墅中的数学，及其他文章》（The Mathematics of the Idea Villa, and Other Essays）（剑桥，马萨诸塞州：麻省理工学院出版社，1976 年）。关于罗的生平与思想，见琼·奥克曼（Joan Ockman），"没有乌托邦的形式：置柯林·罗于语境中"（Form without Utopia: Contextualizing Colin Rowe）（评论文章），《建筑史学家协会杂志》（Journal of the Society of Architectural Historians），第 57 期（1998 年 12 月），第 448–456 页，和《纽约建筑》（Architecture New York）专门为罗编辑的特刊，第 7、8 期（1994 年）。

34. 关于哈里斯（Harris）在计划内的作用，见丽莎·杰门（Lisa Germany），《哈韦尔·汉密尔顿·哈里斯》（Harwell Hamilton Harris）（伯克利：加利福尼亚大学出版社，2000 年），第 139–156 页。

35. 关于德州游侠，参见亚历山大·卡拉贡（Alexander Caragonne），《德州游侠：建筑地下日记》（The Texas Rangers: Notes from the Architectural Underground）（剑桥，马萨诸塞州：麻省理工学院出版社，1995 年）。

36. 彼得·埃森曼（Peter Eisenman），"现代建筑的形式基础"（The Formal Basis of Modern Architecture）（博士论文，剑桥大学，1963 年）。关于埃森曼和其这些年的著作，见刘易斯·马丁（Louis Martin）论文第八章，"建筑理论的探索：英美辩论，1957–1976 年"（The Search for a Theory in Architecture: Anglo–American Debates，1957–1976）（博士论文，普林斯顿大学，2002 年）。

37. 见柯林·罗（Colin Rowe）和罗伯特·斯拉茨基（Robert Slutzky），"透明性：字面和现象的"（Transparency: Literal and Phenomenal），见《瞭望》（Perspecta），第 8 期（1963 年）第一部分，和《瞭望》（Perspecta），第 13、14 期（1971 年）第二部分。

38. 与 CASE 成立相关的各种文件和 IAUS 的可在蒙特利尔的加拿大建筑中心找到。

39. 住宅 1 号（House I），受保罗·贝纳塞拉夫（Paul Benacerraf）教授和夫人的委托，作为在普林斯顿的一栋住宅的扩建物而建造，用作玩具博物馆。

40. 见弗兰克·劳埃德·赖特（Frank Lloyd Wright），"纸板屋"（The Cardboard House），在普林斯顿大学的演讲，再版于《弗兰克·劳埃德·赖特：作品集》（Frank Lloyd Wright: Collected Writings），第 2 卷，1930–1932 年（纽约：Rizzoli，1992 年）。

41. 彼得·埃森曼编，"住宅 1 号"（House I），见《建筑师五人：埃森曼、格雷夫斯、格瓦思米、海杜克、迈耶》（Five Architects: Eisenman，Graves Gwathmey，Hejduk，Meier）（纽约：牛津大学出版社，1975 年），第 15 页。

42. 罗莎琳德·克劳斯（Rosalind Krauss），"一种解释学幻影之死：彼得·埃森曼作品中的符号物化"（Death of a Hermeneutic Phantom: Materialization of the Sign in the Work of Peter Eisenman），见彼得·埃森曼，《卡纸屋》（House of Cards）（纽约：牛津大学出版社（Oxford University Press），1987 年），第 173 页。

43. 刘易斯·马丁（Louis Martin）推测在委托了住宅 2 号（House II）的理查德·福尔克（Richard Falk）的授意下，埃森曼在 1969 年初第一次见到了乔姆斯基（Chomsky）的句法结构（1957

年）。参见刘易斯·马丁，"理论探索"（Search for a Theory）（注释 36）第 549 页。

44. 彼得·埃森曼，"从对象到关系：特拉尼的法肖住宅"（From Object to Relationship: The Casa del Fascio by Terragni），见《美屋》（Casabella），第 344 期（1970 年 1 月），第 38 页。

45. 这个标题的第一篇文章，这是空白（概念）文本下面的脚注，1970 年发表在《设计季刊》（Design Quarterly）。全篇文章发表在《美屋》（Casabella），第 359、360 期（1971 年 11-12 月），第 49-57 页。

46. 第一（限量）版是《建筑师五人：埃森曼、格雷夫斯、格瓦思米、海杜克、迈耶》（Five Architects: Eisenman, Graves Gwathmey, Hejduk, Meier）（纽约：George Wittenborn & Co.，1972 年）；引文取自 1975 的重印版（纽约：牛津大学出版社）。

47. 肯·弗兰姆普敦（Ken Frampton），对斯坦·艾伦（Stan Allen）和哈尔·福斯特（Hal Foster）的访谈，见《十月》（October），第 106 期（2003 年秋），第 42 页。

48. 肯尼思·弗兰姆普敦（Kenneth Frampton），"正面对旋转"（Frontality vs. Rotation），《建筑师五人》（Five Architects）（注释 46），第 12 页。

49. 柯林·罗（Colin Rowe），引言，《建筑师五人》（Five Architects）（注释 46），第 4 页。

50. 罗，引言（注释 46），第 5-7 页。

51. 对于出版史，参见琼·奥克曼（Joan Ockman），"复活先锋派：《反对派》的历史和计划"（Resurrecting the Avant-Garde: The History and Program of Oppositions），见比阿特丽斯·科洛米娜（Beatriz Colomina），《建筑复制》（Architecture Reproduction）（纽约：普林斯顿建筑出版社，1998 年），第 180-199 页。

52. "社论声明"（Editorial Statement），《反对派》（Oppositions），第 1 期（1973 年），n.p.

53. 见曼弗雷多·塔夫里，"卧室里的建筑：批评的语言和语言的批评"（L'Architecture dans le boudoir: The Language of Criticism and the Criticism of Language），维克多·卡利安德罗（Victor Caliandro）译，《反对派》（Oppositions），第 3 期（1974 年 5 月）。这篇文章是根据他 1974 年春季在普林斯顿大学做的一场演讲。

第 2 章　意义的危机

1. 查尔斯·W·莫里斯（Charles W. Morris），"符号理论的基础"（Foundations of the Theory of Signs），见《国际统一科学百科全书》（International Encyclopedia of Unified Science），第 1 卷，第 2 册（芝加哥：芝加哥大学出版社，1939 年），第 91、99、108 页；亦见 C·哈茨霍恩（C. Hartshorne）和 P·韦斯（P. Weiss）编，《查尔斯·桑德斯·皮尔斯论文集》（The Collected Papers of Charles Sanders Peirce），8 卷（8 vols）。（剑桥，马萨诸塞州：哈佛大学出版社，1974 年）。

2. 查尔斯·莫里斯，"知识整合"（Intellectual Integration），伊利诺大学芝加哥分校设计学院档案的打字原稿，第 3 盒，第 64 号文件夹。有关新包豪斯及其继任者计划，参见阿兰·芬德尔（Alain Findeli），"莫霍伊 – 纳吉在芝加哥的设计教育学（1937–46 年）"（Moholy–Nagy's Design Pedagogy in Chicago（1937–1946）），见《设计论点》（Design Issues），第 7 卷（第 1 期）（1990 年秋季刊），第 4–19 页。

3. 关于这所学院（在 1968 年关门）的历史，见赫伯特·林丁格（Herbert Lindinger）编，《乌尔姆设计：造物之道，乌尔姆造型学院 1953–68 年》（Ulm Design: The Morality of Objects, Hochschule für Gestaltung Ulm 1953–68），大卫·布里特（David Britt）译，（剑桥，马萨诸塞州：麻省理工学院出版社，1991 年），和雷诺·史必兹（René Spitz），《乌尔姆造型学院：前景后的景色》（hfg ulm: The View Behind the Foreground）（斯图加特：Axel Menges，2002 年）。

4. 托马斯·马尔多纳多（Tomás Maldonado），"沟通笔记"（Notes on Communication），《大写字母》（Uppercase），第 5 期（1962 年），第 5 页。

5. 马尔多纳多和古·柏斯普（Giu Bonsiepe）发表在《大写字母》（Uppercase），第 5 期中的五篇文章，由西奥·克罗斯比（Theo Crosby）编辑。马尔多纳多早前曾把他的文章"传播学和符号学"（Communication and Semiotics）发表在三语出版物《乌尔姆 5》（Ulm 5）（1959 年）中。

6. 约瑟夫·里克沃特（Joseph Rykwert），"意义与建筑"（Meaning and Building），《十二宫 6：国际当代建筑杂志》（Zodiac 6: International Magazine of Contemporary Architecture）（1960 年），第 193–196 页。在《技巧的必要性》（The Necessity of Artifice）（1982 年）中的文章再版中，里克沃特指出他所说的"语义研究"（semantic study）的意思是"查尔斯·桑德斯·皮尔斯重提洛克所假定的符号科学"（Charles Saunders Peirce's restatement of Locke's postulated science of signs）。

7. 克里斯蒂安·诺伯格 – 舒尔茨（Christian Norberg–Schulz），《建筑的意向》（Intentions in Architecture）（伦敦：Allen & Unwin，1963 年）。引自平装本（剑桥，马萨诸塞州：麻省理工学院出版社，1968 年），第 99、188，104n.87。

8. 见塞尔吉奥·贝蒂尼（Sergio Bettini），"语义学批评；和欧洲建筑的历史延续性"（Semantic Criticism；and the Historical Continuity of European Architecture），《十二宫 2：国际当代建筑杂志》（Zodiac 2: International Magazine of Contemporary Architecture）（1958 年）；乔瓦尼·克劳斯·科尼格（Giovanni Klaus Koenig），《建筑语言分析》（Analisi del linguaggio architettonico）（佛罗伦萨：Liberia editrice Fiorentina，1964 年）；雷纳托·德·弗斯科（Renato De Fusco），《建筑作为一种大众媒介：一套建筑符号学笔记》（Architettura come mass medium: Note per una semiologia architettonica）（巴里：Dedalo，1967 年）；翁贝托·艾柯（Umberto Eco），《缺席的结构：符号学研究导论》（La struttura assente: Introduzione alla ricerca semiologica）（米兰：Bompiani，1968 年）。

9. 乔治·贝尔德（George Baird），"建筑中的'令人喜爱的尺度'"（'La Dimension Amoureuse' in Architecture），见查尔斯·詹克斯（Charles Jencks）和乔治·贝尔德编，《建筑的意义》（Meaning in Architecture）（伦敦：Design Yearbook Limited，1969 年），第 78–99 页。

10. 查尔斯·詹克斯（Charles Jencks），"符号学与建筑"（Semiology and Architecture），见查尔斯·詹克斯和乔治·贝尔德编，《建筑的意义》（Meaning in Architecture）（伦敦：Design Yearbook Limited, 1969 年），第 10-25 页。

11. 文章由托马斯·略伦斯（Tomás Llorens）用西班牙语发表在《建筑、历史与符号理论：卡斯特尔德费尔斯研讨会》（Arquitectura, historia y teoria de lossignos: El symposium de Castelldefels）（巴塞罗那：La Gay Ceincia, 1974 年）上。对于这次会议的扩展讨论，参见刘易斯·马丁（Louis Martin），"建筑理论的探索：英美辩论, 1957-1976 年"（The Search for a Theory in Architecture: Anglo-American Debates, 1957-1976），（普林斯顿大学博士论文，2002 年），第 671-690 页。

12. 杰弗里·布罗德本特（Geoffrey Broadbent），"建筑的深层结构"（The Deep Structures of Architecture），见 G·布罗德本特（G. Broadbent）、R·邦特（R. Bunt）和 C·詹克斯（C. Jencks）编，《符号、象征与建筑》（Signs, Symbols, and Architecture）（奇切斯特：John Wiley & Sons, Ltd, 1980 年），第 119-168 页。

13. 胡安·巴勃罗·邦塔（Juan Pablo Bonta），"设计中的意义理论"（Notes for a Theory of Meaning in Design），见布罗德本特、邦特和詹克斯，《符号》（Signs）（注释 12），第 274-310 页；《建筑及其解释：建筑中表达系统的研究》（Architecture and Its Interpretation: A Study of Expressive Systems in Architecture）（纽约：Rizzoli, 1979 年）。邦塔在他早期的论文中还没有使用"伪信号"（pseudo signals）一词。

14. 查尔斯·詹克斯，"建筑修辞学"（Rhetoric in Architecture），《AAQ：建筑联盟学院季刊》（AAQ: Architectural Association Quarterly），第 4 卷（第 3 期）（1972 年夏季刊），第 4-17 页。再版于布罗德本特、邦特和詹克斯，《符号》（Signs）（注释 12），第 17 页。

15. 艾伦·科洪（Alan Colquhoun），"历史主义和符号学的局限性"（Historicism and the Limits of Semiology），见《建筑评论文集：现代建筑与历史变迁》（Essays in Architectural Criticism: Modern Architecture and Historical Change）（剑桥，马萨诸塞州：麻省理工学院出版社，1985 年），第 129-138 页。文章首次发表在前面引用的书中（1972 年 9 月）。

16. 马里奥·冈德索纳斯（Mario Gandelsonas），"符号学作为理论发展的工具"（Semiotics as a Tool for Theoretical Development），见沃尔夫冈·E·普赖泽尔（Wolfgang F. E. Preiser）编，《环境设计研究：研讨会及工作坊》（Environmental Design Research: Symposia and Workshops），第 2 卷（斯特劳兹堡（Stroudsburg），宾夕法尼亚州：Dowden, Hutchinson & Ross, 1973 年），第 324-329 页。

17. D·阿格雷斯特（D. Agrest）和 M·冈德索纳斯（M. Gandelsonas），"符号学与建筑：意识形态消费或理论工作"（Semiotics and Architecture: Ideological Consumption or Theoretical Work），《反对派》（Oppositions），第 1 期（1973），第 93-100 页。

18. 翁贝托·艾柯（Umberto Eco），"功能与符号：建筑符号学"（Function and Sign: The Semiotics of Architecture），见布罗德本特、邦特和詹克斯，《符号》（Signs）（注释 12），

第 11–69 页。各个章节用英语首次发表在《VIA：美术研究生院的学生刊物》（VIA: The Student Publication of the Graduate School of Fine Arts）（宾夕法尼亚大学）第 2 期（1973 年），第 130–150 页。

19. 罗伯特·A·M·斯特恩（Robert A. M. Stern）和纽约建筑协会（Architectural League of New York），《40 位 40 岁以下建筑青年人才的展览》（40 under 40: An Exhibition of Young Talent in Architecture）（纽约：纽约建筑协会，1966 年）。

20. 罗伯特·A·M·斯特恩，《美国建筑的新方向》（New Directions in American Architecture）（纽约：George Braziller，1969 年）。

21. "《五位建筑师的五篇文章》"（Five on Five），《建筑论坛》（Architectural Forum），第 138 卷（第 4 期）（1973 年 5 月），第 46–57 页。每篇论文的标题是罗伯特·斯特恩，"在萨伏伊踩脚跳舞"（Stompin' at the Savoye）；雅克兰·罗伯逊（Jaquelin Robertson），"花园里的机器"（Machines in the Garden）；查尔斯·穆尔（Charles Moore），"未着装的相似状态"（In Similar States of Undress）；艾伦·格林伯格（Allan Greenberg），"潜伏的美国遗产"（The Lurking American Legacy）；和罗马尔多·朱尔戈拉（Romaldo Giurgola），"资产阶级的审慎魅力"（The Discreet Charm of the Bourgeoisie）。

22. 斯特恩，"在萨伏伊踩脚跳舞"（注释 21），第 46–48 页。

23. 格林伯格，"潜伏的美国遗产"（注释 21），第 55 页；朱尔戈拉，"资产阶级的审慎魅力"（注释 21），第 57 页。

24. 查尔斯·穆尔，"未着装的相似状态"（注释 21），第 53 页。

25. 罗伯逊，"花园里的机器"（注释 21），第 53 页。

26. 《五位建筑师的五篇文章》的编者序（注释 21），第 46 页。

27. 保罗·戈德伯格（Paul Goldberger），"应该有人关心'纽约五人组'吗？……或他们的批评者，《五位建筑师的五篇文章》？"（Should Anyone Care About the 'New York Five'？ ... Or About Their Critics, The 'Five on Five'？）《建筑实录》（Architectural Record）（1974 年 2 月），第 113–114 页。

28. "白色、灰色、银色、深红色"（White，Gray，Silver，Crimson），《建筑进展》（Progressive Architecture）新闻报道（1974 年 7 月），第 30 页。

29. "白色和灰色"（White and Gray），《A+U：建筑与都市》（a+u: Architecture and Urbanism），第 4 卷（第 52 期）（1975 年），第 25–80 页。

30. 柯林·罗（Colin Rowe），"拼贴城市"（Collage City），《建筑评论》（Architectural Review），第 158 卷（第 942 期）（1975 年 8 月），第 81 页。这段文字部分也出现在注释 29 中引用的《A+U：建筑与都市》（A+U: Architecture and Urbanism）中。虽然许多图像是相同的，但是文本在罗和弗瑞德·科特（Fred Koetter）的《拼贴城市》（Collage City）一书中被重写（剑桥：马萨诸塞州：麻省理工学院出版社，1978 年）。

31. 亚瑟·德雷克斯勒（Arthur Drexler），《巴黎美院建筑》（The Architecture of the Ecole des

Beaux-Arts）的序言（展览目录）（纽约：现代艺术博物馆，1975 年），第 3、4 页。

32. 亚瑟·德雷克斯勒编，《巴黎美院建筑》（纽约：现代艺术博物馆，1977 年），第 50、51 页。

33. 罗伯特·米德尔顿（Robert Middleton），"万岁学校"（Vive l'Ecole），《建筑设计》（Architectural Design），48，（11/12）（1978 年），第 38 页。

34. 艾达·刘易斯·赫克斯特波尔（Ada Louise Huxtable），"吉迪恩和格罗皮乌斯的福音遭受攻击"（The Gospel According to Giedion and Gropius is under Attack），《纽约时报》（New York Times），6 月 27 日，1976 年。

35. 乔治·贝尔德（George Baird），见威廉·埃利斯（William Ellis）编，"论坛：美术展览"（Forum: The Beaux-Arts Exhibition），《反对派》（Oppositions），第 8 期（1977 年春季刊），第 160 页。

36. 埃利斯，"论坛"（Forum）（注释 35），第 162 和 164 页。

37. 同上，第 165-166 页。

38. 马里奥·冈德索纳斯（Mario Gandelsonas），社论，"后功能主义"（Post-Functionalism），《反对派》，第 5 期（1976 年夏季刊），n.p.

39. 彼得·埃森曼（Peter Eisenman），社论，"后功能主义"（Post-Functionalism），《反对派》，第 6 期（1976 年秋季），n.p.

40. 埃森曼，社论，（注释 39），n.p.

41. 查尔斯·詹克斯（Charles Jencks），"洛杉矶银"（The Los Angeles Silvers），《A+U：建筑与都市》，第 5 卷（第 70 期）（1976 年 10 月），第 14 页。

42. 这个词是审判"芝加哥七人"（Chicago Seven）的政治上的参考，它源于 1978 年在芝加哥召开的民主党大会的中断。

43. 奥斯瓦尔德·W·格鲁布（Oswald W. Grube）、彼得·C·普兰（Peter C. Pran）和弗朗茨·舒尔茨（Franz Schulze），《芝加哥建筑的 100 滴眼泪：结构和形式的连续性》（100 Tears of Architecture in Chicago: Continuity of Structure and Form），大卫·诺里斯（David Norris）译（芝加哥：Follett Publications Co.，1976 年）。展览在芝加哥的当代艺术博物馆举行。

44. 斯图尔特·科恩（Stuart Cohen）和斯坦利·泰格曼（Stanley Tigerman），《芝加哥建筑师》（Chicago Architects）（芝加哥：Swallow Press，1976 年）。

45. 参见展览目录，《七位芝加哥建筑师：彼比、布斯、科恩、弗里德、内格尔、泰格曼、威斯》（Seven Chicago Architects: Beeby, Booth, Cohen, Freed, Nagle, Tigerman, Weese）（芝加哥：理查德·格雷画廊（Richard Grey Gallery），1977 年）。关于"精致的僵尸"（Exquisite Corpse）展览，参见《A+U：建筑与都市》，第 7 卷（第 93 期）（1978 年 6 月），第 96-104 页。该学术研讨会于 1977 年 10 月 25-26 日在格雷厄姆基金会（the Graham Foundation）和伊利诺伊理工学院的皇冠厅（Crown Hall）举行。该事件的录音带，中村敏夫（Toshio Nakamura）本希望能借此制作议程的对外公布的转录副本，但不幸丢失。关于"芝加哥七人"（Chicago Seven），参见拉米亚·杜玛窦（Lamia Doumato）准备的万斯参考文献（the Vance bibliography），"芝加哥七人"（Chicago Seven），国家艺术馆（National Gallery of Art），参考

文献（Bibliography），A 792（1982 年）。

46. 这两册卷本专门用来描述《芝加哥论坛》（the Chicago Tribune）的竞赛，此竞赛被记录在最初的《论坛大厦竞赛》（Tribune Tower Competition）中，附上了一系列《迟到的参赛作品》（Late Entries）（纽约：Rizzoli，1980 年）。该展览由斯坦利·泰格曼（Stanley Tigerman）、斯图尔特·E·科恩（Stuart E. Cohen）和罗娜·霍夫曼（Rhona Hoffman）共同组织。

47. 罗伯特·A·M·斯特恩（Robert A. M. Stern），"灰色建筑作为后现代主义，或正统的上下"（Gray Architecture as Post-Modernism, or, Up and Down from Orthodoxy），《今日建筑》（L'Architecture d'aujourd'hui），第 186 期（1976 年 8 月、9 月）；这篇文章原来的英文版丢失了，但是被重建，为了 K·迈克尔·海斯（K. Michael Hays）编，《1968 年以来的建筑理论》（Architecture Theory since 1968）（剑桥，马萨诸塞州：麻省理工学院出版社，2000 年），第 242、243 页。

48. 斯特恩，"灰色建筑"（注释 47），第 245 页。

49. 罗伯特·A·M·斯特恩，"现代美国建筑的新方向；在现代主义边缘的后记"（New Directions in Modern American Architecture；Postscript at the Edge of Modernism），《建筑联盟学院季刊》（AAQ）第 9 卷，（第 2、3 期）（1977 年），第 66–71 页。

第 3 章　早期后现代主义

1. 约瑟夫·赫德纳特（Joseph Hudnut），"后现代住宅"（The Post-Modern House），《建筑实录》（Architectural Record），第 97 期（1945 年 5 月），第 70–75 页。

2. 尼古拉斯·佩夫斯纳（Nikolaus Pevsner），"我们时代的建筑：反先锋者"（Architecture in Our Time: The Anti-Pioneers），《听众》（The Listener），第 29 卷（第 12 期）（1966 年）。

3. 查尔斯·詹克斯（Charles Jencks），"后现代建筑的谱系学"（A Genealogy of Post-Modern Architecture），《A.D. Profile》，第 4 期（1977 年），第 269 页。

4. 参见约瑟夫·里克沃特（Joseph Rykwert），"装饰没有罪恶"（Ornament is no Crime），见《国际工作室》（Studio International），第 190 期（1975 年 10 月），第 91–97 页，再版于《技巧的必要性》（The Necessity of Artifice）（纽约：Rizzoli，1982 年），第 97 页。在为 1982 文集的重印本作序的评论中，里克沃特（Rykwert）对"术语的不幸和过早使用"（unfortunate and precocious use of the term）表示歉意，实际上目的是在该词的后来意思的相反意义上。

5. 参见查尔斯·詹克斯，"后现代建筑的兴起"（The Rise of Post Modern Architecture），《建筑联盟学院季刊》（AAQ: Architectural Association Quarterly），第 7 卷（第 4 期）（1975 年 10 月 /12 月），第 3–14 页。又见他序言的评论"后现代历史"（Post-Modern History），《A. D. Profiles》，第 1 期（1978 年），第 14 页。

6. 查尔斯·詹克斯，《现代建筑运动》（Modern Movements in Architecture）（花园城，纽约州：Anchor Books，1973 年）。

7. 查尔斯·詹克斯和内森·希尔弗（Nathan Silver），《局部独立主义：即兴创作的案例》

（Adhocism: The Case for Improvisation）（纽约：Doubleday，1972 年）。

8. 查尔斯·詹克斯，"洛杉矶的仿造物"（Ersatz in LA），《建筑设计》（Architectural Design），第 43 期（1973 年 9 月），第 596–601 页。

9. 詹克斯，"后现代建筑"（Post Modern Architecture）（注释 5），第 3 页。

10. 同上，第 10 页。与唐纳森（Donaldson）相似之处，参见"在伦敦大学学院之前的初步论述"（Preliminary Discourse before the University College of London）（1842 年），见哈里·弗朗西斯·马尔格雷夫（Harry Francis Mallgrave）编，《建筑理论：从维特鲁威到 1870 年文选》（Architectural Theory: An Anthology from Vitruvius to 1870）（牛津：Blackwell Publishing，2006 年），第 1 卷：第 478 页。

11. 查尔斯·A·詹克斯（Charles A. Jencks），《后现代建筑语言》（The Language of Post-Modern Architecture）（纽约：Rizzoli International，1977 年），第 9 页。

12. 吉迪恩（Giedion）在《Bauen in Frankreich, Bauen in Eisen, Bauen in Eisenbeton》的"序言评注"（Preliminary Remark）中用这个术语来劝告读者（莱比锡：Klinkhardt & Biermann，1928 年）。

13. 詹克斯，《语言》（注释 11），第 43 页。

14. 同上，第 83 页。

15. 同上，第 97 页。

16. 同上，第 101 页。

17. 查尔斯·穆尔（Charles Moore），"论后现代主义"（On Post-Modernism），《A.D. Profile》，第 4 期（1977 年），第 255 页。

18. 保罗·戈德伯格（Paul Goldberger），"后现代主义：导论"（Post-Modernism: An Introduction），《A.D. Profile》，第 4 期（1977 年），第 260 页。

19. 杰弗里·布罗德本特（Geoffrey Broadbent），"后现代建筑语言：评论"（The Language of Post-Modern Architecture: A Review），《A.D. Profile》，第 4 期（1977 年），第 272 页。

20. 查尔斯·詹克斯，"后现代建筑的'传统'"（The 'Tradition' of Post-Modern Architecture），《国内建筑师》（Inland Architect）（1977 年 11 月），第 14–23 页，（1977 年 12 月），第 6–15 页。

21. 詹克斯，"后现代建筑的'传统'"（注释 20），第 19–22 页。

22. 同上，第 19 页。关于詹克斯的术语或替代物的批评性评论，见 C·雷·史密斯（C. Ray Smith），《超风格主义：后现代建筑的新态度》（Supermannerism: New Attitudes in Post- Modern Architecture）（纽约：E. P. Dutton，1977 年）；迈克尔·麦克莫迪（Michael McMordie），评论《后现代建筑语言》（review of The Language of Post-Modern Architecture），《建筑史学家协会杂志》（Journal of the Society of Architectural Historians），第 38 卷（第 4 期）（1979 年 12 月），第 404 页；和《CRIT 4：建筑学生杂志》（CRIT 4: The Architectural Student Journal）（1978 年秋季），其中包含三篇文章，克里斯蒂安·K·莱恩（Christian K. Laine），"建筑思想的冻结"（The Freeze of Architectural Thought）；杰弗里·M·库西德（Jeffrey M. Chusid），"后现代主义的失败：逃入风格"（The Failures of Postmodernism: Escaping into

Style）；和雪莉·卡佩（Shelly Kappe），"后现代，历史主义的炒作：伪装成民粹主义的新精英"（Postmodernism, An Historicism Hype: A New Elitism Masquerading as Popularism）。亦见，康拉德·詹姆逊（Conrad Jameson），"现代建筑作为一种意识形态：是激进传统主义者的社会学分析"（Modern Architecture as an Ideology: Being the Sociological Analysis of a Radical Traditionalist），《AAQ：建筑联盟学院季刊》（AAQ: Architectural Association Quarterly）第 7 卷（第 4 期）（1975 年 10 月 /12 月），第 15–21 页。

23. 保罗·波托盖希（Paolo Portoghesi），"禁酒论的结束"（The End of Prohibitionism），见加布里埃拉·波尔萨诺（Gabriella Borsano）编，《建筑 1980 年：过去的在场，威尼斯双年展》（Architecture 1980: The Presence of the Past, Venice Biennale）（纽约：Rizzoli，1980 年），第 9 页。

24. 文森特·斯库利（Vincent Scully），"事物是如何成为它们现在的样子"（How Things Got To Be the Way They Are Now），见波尔萨诺，《建筑 1980 年》（Architecture 1980），第 15–20 页。

25. 查尔斯·詹克斯，"走向激进的折中主义"（Toward Radical Eclecticism），见波尔萨诺，《建筑 1980 年》（Architecture 1980），第 30–37 页。

26. 汤姆·沃尔夫（Tom Wolfe），《从包豪斯到我们的房子》（From Bauhaus to Our House）（纽约：Farrar Straus Giroux，1981 年）。

27. 曼弗雷多·塔夫里（Manfredo Tafuri），《意大利建筑史，1944–1985 年》（History of Italian Architecture，1944–1985），杰西卡·莱文（Jessica Levine）译（剑桥，马萨诸塞州：麻省理工学院出版社，1989 年）；原书名为《Storia dell'architettura italiana，1944–1985》（都灵：Giulio Einaudi，1986 年）。

28. 塔夫里，《意大利建筑》（Italian Architecture）（注释 27），第 190–192 页。

29. 罗布·克里尔（Rob Krier），《城市空间》（Urban Space），（纽约：Rizzoli，1979 年）。亦见他的后续研究，《论建筑》（On Architecture）（伦敦：Academy Editions/St. Martin's Press，1982 年）。

30. 罗伯特·L·德勒瓦（Robert L. Delevoy），"对角线：走向一座建筑"（Diagonal: Towards an Architecture），见《理性建筑：欧洲城市的重建》（Rational Architecture: The Reconstruction of the European City）（布鲁塞尔：Archives d'Architecture Moderne，1978 年），第 15 页。

31. 安东尼·维德勒（Anthony Vidler），"第三类型学"（The Third Typology），见《理性建筑》（Rational Architecture）（注释 30），第 31、32 页。这篇文章也发表在《反对派》（Oppositions）第 7 期（1976 年冬季刊）。

32. 莱昂·克里尔（Léon Krier），"城市的重建"（The Reconstruction of the City），见《理性建筑》（Rational Architecture）（注释 30），第 40–41 页。

33. 莱昂·克里尔，"盲点"（The Blind Spot），《AD Profiles 12》，"城市转型"（Urban Transformations），第 48 卷（第 4 期）（1978 年），第 219–221 页。

34. 参见，"布鲁塞尔宣言：欧洲城市的重建"（The Brussels Declaration: Reconstruction of the European City），卡尔·克罗普夫（Karl Kropf）译，见查尔斯·詹克斯和卡尔·克罗普夫，

《当代建筑的理论与宣言》（Theories and Manifestoes of Contemporary Architecture）（奇切斯特：Wiley-Academy，2006 年），第 176–177 页。

35. 莫里斯·库洛特（Maurice Culot）和卡尔·克罗普夫，"建筑的唯一出路"（The Only Path for Architecture），克里斯蒂安·休伯特（Christian Hubert）译，《反对派》（Oppositions），第 14 期（1978 年秋季刊），第 40–43 页。

36. 莫里斯·库洛特，"重建石头上的城市"（Reconstructing the City in Stone），S·戴（S. Day）译，见查尔斯·詹克斯和卡尔·克罗普夫，《理论与宣言》（注释 34），第 178 页。

第 4 章 现代主义的持续

1. 关于康（Khan）的生活和工作，见雅思明·萨宾娜·康（Yasmin Sabina Khan），《工程建筑：法兹勒·R·康的视界》（Engineering Architecture: The Vision of Fazlur R. Khan）（纽约：W. W. Norton & Company，2004 年）。亦见布鲁斯·格雷厄姆（Bruce Graham）的评论，见贝蒂·J·布鲁姆（Betty J. Blum）（采访者），《布鲁斯·约翰·格雷厄姆的口述史》（Oral History of Bruce John Graham），芝加哥艺术学院（The Art Institute of Chicago）（1997 年 5 月 25–28 日）第 125 页。

2. 关于迈伦·戈德史密斯（Myron Goldsmith）的传记，参见他在贝蒂·J·布鲁姆（采访者），《迈伦·戈德史密斯的口述史》（Oral History of Myron Goldsmith）中的口述历史，芝加哥艺术学院（1986 年 7 月 25–26 日、9 月 7 日、10 月 3 日）第 125 页。亦见，爱德华·文德霍斯特（Edward Windhorst），《伊利诺斯理工学院高层和大跨度研究：迈伦·戈德史密斯和大卫·C·夏普的遗产》（High-Rise and Long-Span Research at Illinois Institute of Technology: The Legacy of Myron Goldsmith and David C. Sharpe）（芝加哥：伊利诺斯理工学院，2010 年）。

3. 关于"管"（tube）概念的讨论，参加伊纳克·阿巴罗斯（Inaki Abalos）和胡安·埃雷罗斯（Juan Herreros），《塔楼和办公室：从现代主义理论到当代实践》（Tower and Office: From Modernist Theory to Contemporary Practice）（剑桥，马萨诸塞州：麻省理工学院出版社，2003 年），第 54–70 页。亦见，迈伦·戈德史密斯（Myron Goldsmith）、大卫·C·夏普（David C. Sharpe），和马哈吉卜·艾尼美立（Mahjoub Elnimeiri），"建筑结构一体化"（Architectural-Structural Integration），见保罗·J·阿姆斯壮（Paul J. Armstrong）编，《高层建筑：高层建筑与城市人居委员会》（Architecture of Tall Buildings: Council of Tall Buildings and Urban Habitat）（纽约：McGraw-Hill，1995 年），第 102–106 页。

4. 迈伦·戈德史密斯（Myron Goldsmith），"高层建筑：规模效应"（The Tall Building: The Effects of Scale）（论文课题，伊利诺斯理工学院，1953 年）。该篇文章，"规模效应"（The Effects of Scale），后来以扩大版本再版入迈伦·戈德史密斯，《建筑物和概念》（Buildings and Concepts），维尔纳·布雷则（Werner Blaser）编（纽约：Rizzoli，1987 年），第 8–22 页。在戈德史密斯的口述历史中，他后来指出相比他的主要混凝土设计"当时我认为斜撑的钢结构更重要"（at the time I considered the diagonally braced steel building more important）。参见布鲁姆，《迈伦·戈德史密斯的口述史》（注释 3），第 59 页。

5. 参见爱德华·文德霍斯特（Edward Windhorst）和凯文·哈林顿（Kevin Harrington），《湖心大厦：设计史》（Lake Point Tower: A Design History）（芝加哥：芝加哥建筑基金会（Chicago Architecture Foundation），2009 年）。

6. Sasaki 的设计被出版在文德霍斯特，《高层和大跨度研究》（High-Rise and Long-Span Research）（注释 2），第 20、21 页。

7. 实际上，其中一个实验涉及到密斯塔楼附近的菲利斯·兰伯特（Phyllis Lambert）的顶层单元。加拿大建筑中心的现任主任兰伯特女士，当时是伊利诺斯理工学院的一名学生。

8. A·G·克里希纳·梅农（A. G. Krishna Menon），"90 层公寓楼采用一种优化的混凝土结构"（A Ninety Story Apartment Building Using an Optimized Concrete Structure）（论文课题，伊利诺斯理工学院，1966 年）。该课题还出版在文德霍斯特，《高层和大跨度研究》（注释 2），第 26、27 页。

9. 参见雅思明·萨宾娜·康（Yasmin Sabina Khan），《工程建筑》（Engineering Architecture）（注释 1），第 225 页。

10. 康，《工程建筑》（注释 1），第 222-225 页。

11. 奥托（Otto）和他作品的最全面的讨论出现在温菲尔德·奈丁格（Winfried Nerdinger）编，《弗雷·奥托作品全集：轻质结构自然的设计》（Frei Otto Complete Works: Lightweight Construction Natural Design）（巴塞尔：Birkhauser，2005 年）中。

12. 弗雷·奥托（Frei Otto），《屋顶：屋顶的形状和结构》（Das hangende Dach: Gestalt und Struktur）（柏林：Bauwelt-Verlag，1954 年）。

13. 弗雷·奥托，《Zugbeanspruchte Konstruktionen: Gestalt，Struktur und Berechnung von Bauten ausSeilen，Netzen und Membranen》（法兰克福 /M：Verlag Ullstein，1962 年）。第 2 卷在 1966 年出版。

14. 迪特马尔·M·施泰纳（Dietmar M. Steiner），"在国际背景下的新德国建筑"（New German Architecture in the International Context），见乌尔里希·施瓦茨（Ullrich Schwarz）编，《新德国建筑：自反性的现代主义》（New German Architecture: A Reflexive Modernism）（奥斯特菲尔登 - 鲁伊特：Hatje Cantz Verlag，2002 年），第 343 页。

15. 全面论述奥托对该项目的贡献，参见米克·埃克豪特（Mick Eekhout），"弗雷·奥托与慕尼黑奥运会：从测量实验模型到模式的计算机测定"（Frei Otto and the Munich Olympic Games: From the Measuring Experimental Models to the Computer Determination of the Pattern），见《十二宫》（Zodiac）第 21 期（1974 年），第 12-73 页。

16. 尤其参见克里斯蒂安·布莱辛（Christian Brensing），"弗雷·奥托与奥韦·阿鲁普：相互启发的案例"（Frei Otto and Ove Arup: A Case of Mutual Inspiration）和迈克尔·迪克森（Michael Dickson），"弗雷·奥托与特德·哈波尔德：1967-1996 年及以后"（Frei Otto and

Ted Happold: 1967–1996 and Beyond），见奈丁格（Nerdinger），《弗雷·奥托作品全集》（Frei Otto Complete Works）（注释 11），第 102–123 页。亦见"莱纳特·格鲁特、特德·哈波尔德和彼得·赖斯探讨弗雷·奥托及其作品"（Lennart Grut, Ted Happold and Peter Rice Discuss Frei Otto and His Work），见《建筑设计》（Architectural Design）（1971 年 3 月），第 144–155 页。亦见彼得·赖斯（Peter Rice）对奥托的评论，见《彼得·赖斯：一个工程师的影像》（Peter Rice: An Engineer Imagines）（伦敦：Artemis，1994 年），第 25、66、95 页；和迈克尔·迪克森，"轻质结构实验室"（The Lightweight Structures Laboratory），《阿鲁普杂志》（The Arup Journal）（1975 年 3 月），第 11 页之后。

17. 弗雷·奥托，"生物学和建筑"（Biology and Building），《轻质结构 3》（IL 3）（1971 年 10 月 15 日），第 7 页。

18. 弗雷·奥托和博多·拉什（Bodo Rasch），《寻找形式：走向最小建筑》（Finding Form: Towards an Architecture of the Minimal）（慕尼黑：Edition Axel Menges，1995 年），米歇尔·鲁滨逊（Michael Robinson）译，第 15 页。

19. 奥托和拉什，《寻找形式》（注释 18），第 17 页。

20. 弗雷·奥托，"自然和技术中的气动"（Pneus in Nature and Technics），《轻质结构 9》（IL 9）（1977 年 9 月 28 日），第 22 页。

21. 奥托，"自然中的气动"（Pneus in Nature）（注释 20），第 13 页。

22. 《轻质结构 14》（IL 14），"适应性建筑"（Adaptable Architecture），（1975 年 12 月 29 日），第 166 页。

23. 阿鲁普（Arup）和事务所的历史，参见彼得·琼斯（Peter Jones），《奥韦·阿鲁普：20 世纪的建造大师》（Ove Arup: Masterbuilder of the Twentieth Century）（纽黑文：耶鲁大学出版社，2006 年）。阿鲁普的这个理念归因于彼得·琼斯，虽然早些时候遭到了三上祐三（Yuzo Mikami）的驳斥，见《伍重的球体》（Utzon's Sphere）（东京：Shoku Kusha，2001 年）。

24. 罗杰斯（Rogers）的生活和工作的细节，参见布莱恩·艾波雅（Bryan Appleyard），《理查德·罗杰斯：传记》（Richard Rogers: A Biography）（伦敦：Faber and Faber，1986 年）。

25. 他的生活和工作的细节，参见马丁·鲍莱（Martin Pawley），《诺曼·福斯特：全球建筑》（Norman Foster: A Global Architecture）（伦敦：Universe Publishing，1999 年），马尔科姆·昆特里尔（Malcolm Quantrill），《诺曼·福斯特工作室：经由多样性获得的连贯性》（The Norman Foster Studio: Consistency through Diversity）（伦敦：E & FN Spon，1999 年）。

26. 雷纳·班纳姆（Reyner Banham），《巨型结构：最近过去的城市未来》（Megastructure: Urban Futures of the Recent Past）（纽约：Harper & Rowe，1976 年），第 212 页。亦见彼得·赖斯（Peter Rice），《一个工程师的影像》（An Engineer Imagines）（伦敦：Artemis，1994 年），第 25–46 页。赖斯把建筑物称作"信息机"（information machine）。

27. 艾伦·科洪（Alan Colquhoun），"布堡平地"（Plateau Beaubourg），见艾伦·科洪，《建筑批评文集：现代建筑与历史变迁》（Essays in Architectural Criticism: Modern Architecture and

Historical Change）（剑桥，马萨诸塞州：麻省理工学院出版社，1985 年），第 112、114 页。

28. 肯尼斯·鲍威尔（Kenneth Powell），《劳埃德大楼：理查德·罗杰斯合伙人事务所》（Lloyd's Building: Richard Rogers Partnership）（伦敦：Phaidon Press，1994 年），第 6、29 页。罗杰斯在《小小地球上的城市》（Cities for a Small Planet）里还讨论了它的能源效率（博尔德：Westview Press，1998 年），第 96、97 页。

29. 诺曼·福斯特（Norman Foster），"设计生活"（Design for Living），《BP Shield》（1969 年 3 月）；引自《福斯特及合伙人事务所：近期作品》（Foster Associates: Recent Works）（伦敦：Academy Editions/ St. Martin's Press，1992 年），第 25 页。

30. 参见伊恩·拉姆勃特（Ian Lambot），《诺曼·福斯特，福斯特及合伙人事务所：建筑和工程项目》（Norman Foster, Foster Associates: Buildings and Projects），第 2 卷，1971–1978 年（香港：Watermark，1989 年），第 58、59 页。

31. 黑川纪章（Kisho Kurokawa），《建筑中的新陈代谢》（Metabolism in Architecture）（伦敦：Studio Vista，1977 年），第 25 页。

32. 菊竹清训（Kiyonori Kikutake）等，序言，《新陈代谢：新城市主义的提案》（Metabolism: Proposals for New Urbanism）（东京：Bijutu Syuppan Sha，1960 年）。

33. 黑川，《建筑中的新陈代谢》（注释 31），第 92–94 页。

34. 同上，第 87 页。

35. 同上，第 67–74 页。

36. 同上，第 75–85 页。

37. 参见黑川纪章，"媒体空间，或封闭空间"（Media Space, or En-Space），见《建筑中的新陈代谢》（注释 33），第 171–179 页；"共存的哲学"（The Philosophy of Coexistence），《日本建筑师》（Japan Architect），247（1977 年 10–11 月），第 30–31 页；"共生哲学：从国际主义到跨文化交流"（The Philosophy of Symbiosis: From Internationalism to Interculturalism），《过程：建筑》（Process: Architecture），第 66 期（1986 年 3 月），第 48–55 页；"建筑中的诗意：超越符号"（Le Poetique in Architecture: Beyond Semiotics），《过程：建筑》（Process: Architecture），第 66 期（1986 年 3 月），第 153–159 页；"共生的建筑"（The Architecture of Symbiosis），见《黑川纪章：共生的建筑》（Kisho Kurokawa: The Architecture of Symbiosis）（纽约：Rizzoli，1988 年），第 11–19 页。

38. 黑川纪章，"共生哲学：从国际主义到跨文化交流"，见《过程》（注释 37），第 52 页。"欲望机器"（Desiring-Machines）是吉尔·德勒兹（Gilles Deleuze）和费利克斯·瓜塔里（Felix Guattari）的《反俄狄浦斯：资本主义和精神分裂症》（Anti-Oedipus: Capitalism and Schizophrenia）的第 1 章。

39. 黑川纪章，"共生的建筑"（注释 37），第 97 页。

40. "日本建筑新浪潮"（New Wave in Japanese Architecture）这一术语好像首先是由石井和纮（Kazuhiro Ishii）和铃木裕之（Hiroyuki Suzuki）予以引用，见《日本建筑师》（Japan

Architect），第 247 期（1977 年 10 月 –11 月），第 8–11 页。它也被肯尼思·弗兰姆普敦（Kenneth Frampton）用于《日本建筑新浪潮》（New Wave of Japanese Architecture）展览，展览图录第 10 期（Catalogue 10）中（纽约：建筑与城市研究所（Institute for Architecture and Urban Studies），1978 年）。

41. 波同德·伯格纳（Botond Bognar），《日本当代建筑：它的发展和挑战》（Contemporary Japanese Architecture: Its Development and Challenge）（纽约：Van Nostrand Reinhold，1985 年），第 183 页。

42. 查尔斯·詹克斯（Charles Jencks），"矶崎新的矛盾的立方体"（Isozaki's Paradoxical Cube），见《日本建筑师》（Japan Architect），第 229 期（1976 年 3 月），第 49 页。

43. 矶崎新（Arata Isozaki），"从手法，到修辞，到……"（From Manner, to Rhetoric, to ... ），见《日本建筑师》，第 230 期（1976 年 4 月），第 64 页。亦见"关于我的方法"（About My Method），见《日本建筑师》，第 188 期（1972 年 8 月），第 22–28 页。

44. 参见戴维·B·斯图尔特（David B. Stewart）关于矶崎新的 7 种操作的讨论，见《日本现代建筑的形成过程：从 1868 年到现在》（Making of a Modern Japanese Architecture: 1868 to the Present）（东京：Kodansha International，1987 年），第 240、241 页。

45. 矶崎新，"从手法，到修辞，到……"（注释 43），第 65 页。

46. 槙文彦（Fumihiko Maki），"城市中的运动系统"（Movement Systems in the City），《联系》（Connection）（1966 年冬季刊），第 6–13 页。

47. 槙文彦，"建筑学的环境方法"（An Environmental Approach to Architecture），见《日本建筑师》（1973 年 3 月），第 19–22 页。

48. 槙文彦，"在本世纪末的最后一个季度之初：一个日本建筑师的反思"（At the Beginning of the Last Quarter of the Century: Reflections of a Japanese Architect），《日本建筑师》，第 219 期（1975 年 4 月），第 19–22 页。

49. 槙文彦，"论暮色的可能性"（On the Possibilities of Twilight），见《日本建筑师》，第 249 期（1978 年 1 月），第 5 页。

50. 槙文彦，"关于设计的思考"（Reflections on the Design），见《日本建筑师》，第 219 期（1975 年 4 月），第 30 页。

51. 槙文彦，《分裂的美学》（An Aesthetics of Fragmentation）（纽约：Rizzoli，1988 年），第 51 页。

52. 槙文彦，"城市、形象、物质性"（City, Image, Materiality）（1986 年），见《一种美学》（An Aesthetics）（注释 51），第 12 页。

53. 槙文彦，"城市、形象、物质性"（1986 年），见《一种美学》（注释 51），第 11、15 页。

54. 克里斯托弗·亚历山大（Christopher Alexander）、莫里·西尔弗斯坦（Murray Silverstein）、什洛莫·安格尔（Shlomo Angel）、萨拉·石川佳纯（Sara Ishikawa）和丹尼·艾布拉姆斯（Denny Abrams），《俄勒冈实验》（The Oregon Experiment）（纽约：牛津大学出版社，1975 年）；克里斯托弗·亚历山大、萨拉·石川佳纯、莫里·西尔斯坦，与麦克斯·雅克布森（Max

Jacobson）、英格里德·菲克斯达尔–肯（Ingrid Fiksdahl–King）和什洛莫·安格尔，《建筑模式语言：城镇、建筑、构造》（A Pattern Language: Towns，Buildings，Construction）（纽约：牛津大学出版社，1977 年）；克里斯托弗·亚历山大，《建筑的永恒之道》（The Timeless Way of Building）（纽约：牛津大学出版社，1979 年）。

55. 亚历山大，《建筑的永恒之道》（注释 54），第 229 页。

56. 曼·赫茨伯格（Herman Hertzberger），"为更宜人的形式所做的必要准备工作"（Homework for More Hospitable Form），《论坛》（Forum），第 XXIV 卷（第 33 期）（1973 年）。

57. 第一版，《左尔纳：两个村庄的传说》（Gourna: A Tale of Two Villages）（开罗：文化部（Ministry of Culture），1969 年），未被广泛流传。参见《贫民的建筑》（Architecture for the Poor）（芝加哥：芝加哥大学出版社，1973 年）。

第 5 章　后现代主义和批判的地域主义

1. 参见埃米利奥·安巴兹（Emilio Ambasz）编，《后现代主义的先驱：米兰 20 世纪 20–30 年代》（Precursors of Post–Modernism: Milan 1920s–30s）[纽约：建筑联盟（The Architectural League），1982 年]。

2. 社论，《哈佛建筑评论》（The Harvard Architecture Review），第 1 期（1980 年春季刊），第 6 页。

3. 罗伯特·A·M·斯特恩（Robert A. M. Stern），"后现代的双重性"（The Doubles of Post–Modern），《哈佛建筑评论》，第 1 期（1980 年春季刊），第 84–86 页。

4. 迈克尔·格雷夫斯（Michael Graves），"具象建筑的实例"（A Case for Figurative Architecture），见迈克尔·格雷夫斯，《建筑和工程项目：1966–1981 年》（Buildings and Projects: 1966–1981）（纽约：Rizzoli，1982 年），第 13 页。

5. 查尔斯·詹克斯（Charles Jencks），《什么是后现代主义？》（What is Postmodernism?）（伦敦：Academy Editions，1986 年），引自 1987 年修订后的第二版，第 14 页。

6. 詹克斯，《什么是后现代主义？》（注释 5），第 28 页。

7. 同上，第 20–22 页。

8. 同上，第 32 页。

9. 查尔斯·詹克斯，《什么是后现代主义？》（伦敦：Academy Editions，修订后的第三版，1989 年），第 58 页。

10. 亨里希·克洛茨（Heinrich Klotz），《后现代建筑的历史》（The History of Postmodern Architecture），拉德卡·唐纳（Radka Donnel）译，（剑桥，马萨诸塞州：麻省理工学院出版社，1988 年），第 425 页。

11. 克罗兹，《后现代建筑的历史》（注释 10），第 434 页。

12. 阿尔多·凡·艾克（Aldo van Eyck），"老鼠，海报和害虫"（Rats Posts and Pests），《英国皇家建筑师协会杂志》（RIBA Journal），第 88 卷，第 4 期（1981 年 4 月），第 47 页。

13. 凡·艾克引用了据他说是他正在准备的《为什么英国建筑如此差劲？》（Why is British Architecture so Lousy？）一书的编辑那儿写来的一封信，该出版项目似乎已被转作他用或放弃。克里尔声明的准确性无法核实。

14. 凡·艾克，"老鼠，海报和害虫"（注释 12），第 48 页。

15. 杰弗里·布罗德本特（Geoffrey Broadbent），"害虫回击！"（The Pests Strike Back!），《英国皇家建筑师协会杂志》（RIBA Journal），第 88 卷（第 11 期）（1981 年 11 月），第 34 页。

16. 维托里奥·格雷戈蒂（Vittorio Gregotti），社论"痴迷历史"（The Obsession with History），《美屋》（Casabella），第 478 期（1982 年 3 月），第 41 页。

17. 约瑟夫-保罗·克莱修斯（Josef-Paul Kleihues），"1984 年：柏林展览，建筑现实的梦想？"（1984: The Berlin Exhibition，Architectural Dream of Reality？）《建筑联盟学院季刊》（Architectural Association Quarterly），第 13 卷（第 23 期）（1982 年 1 月–6 月），第 38 页。对国际建筑展（IBA）计划的批判性分析，参见黛安·吉拉尔多（Diane Ghirardo），《现代主义之后的建筑》（Architecture after Modernism）（伦敦：Thames and Hudson，1996 年），第 108–130 页。

18. 理查德·施特赖特尔（Richard Streiter），"来自慕尼黑"（Aus Munchen）（1896 年），见理查德·施特赖特尔，《论美学外观和艺术史选集》（Ausgewählte Schriften zu Aesthetik und Kunst–Geschichte）（慕尼黑：Delphin，1913 年）。对施特赖特尔的讨论，参见哈里·弗朗西斯·马尔格雷夫（Harry Francis Mallgrave），《现代建筑理论：历史调查 1673–1968 年》（Modern Architectural Theory: A Historical Survey 1673–1968）（纽约：剑桥大学出版社，2005 年），第 208–211 页。

19. 詹姆斯·福特（James Ford）和凯瑟琳·莫罗·福特（Katherine Morrow Ford），《美国现代住宅》（The Modern House in America）（纽约：建筑图书出版有限公司（Architectural Book Publishing Co.），1940 年）。

20. 凯瑟琳·莫罗·福特（Katherine Morrow Ford），"现代是地域性的"（Modern is Regional），《住宅与花园》（House and Garden）（1941 年 3 月），第 35–37 页。

21. 参见刘易斯·芒福德（Lewis Mumford），斯盖·赖（Sky Line），"现状"（Status Quo），《纽约客》（The New Yorker）（1947 年 10 月 11 日），第 108–109 页。亦见"现代建筑正发生着什么"（What is Happening to Modern Architecture）《现代艺术博物馆公告》（Museum of Modern Art Bulletin）第 15 期（1948 年春季刊）。均已被重印在文森特·B·卡尼扎罗（Vincent B. Canizaro）的文选中，《建筑的地域性：有关地方、识别性、现代性与传统的文集》（Architectural Regionalism: Collected Writings on Place，Identity，Modernity，and Tradition）（纽约：普林斯顿大学出版社，2007 年）。亦见，马尔格雷夫（Mallgrave），《现代建筑理论》（Modern Architectural Theory）（注释 18），第 336–340 页。

22. 文章数不胜数，尤其值得注意的是伊丽莎白·戈登（Elizabeth Gordon），"对下一个美国的威胁"（The Threat to Next America）《美丽家居》（House Beautiful）（1953 年 4 月），第

126–127 页；和约瑟夫·巴里（Joseph Barry），"美国现代住宅好与坏之争的报告"（Report on the American Battle between Good and Bad Modern Houses），《美丽家居》（House Beautiful）（1953 年 5 月），第 172、173、266–273 页。

23. 哈韦尔·汉密尔顿·哈里斯（Harwell Hamilton Harris），"地域主义和民族主义"（Regionalism and Nationalism），见《哈韦尔·汉密尔顿·哈里斯：他的著作和建筑作品集》（Harwell Hamilton Harris: A Collection of His Writings and Buildings），第 14 卷（第 5 期）（北卡罗来纳州立大学设计学院，1965 年）；也转载在卡尼扎罗，《建筑的地域性》（注释 21），第 56–65 页。

24. 詹姆斯·莫德·理查兹（J. M. Richards），"新经验主义：瑞典新风格"（The New Empiricism: Sweden's Latest Style），《建筑评论》（Architectural Review）（第 101 期）（1947 年 6 月），第 199–204 页。

25. 参见布鲁诺·赛维（Bruno Zevi），"现代建筑国际大会的一条消息"（A Message to the International Congress of Modern Architecture），见安德里亚·奥本海默·迪恩（Andrea Oppenheimer Dean）的《布鲁诺·赛维论现代建筑》（Bruno Zevi on Modern Architecture）（纽约：Rizzoli，1958 年），第 127–132 页。

26. 西格弗里德·吉迪恩（Sigfried Giedion），"当代建筑的状态 I：地域性方式"（The State of Contemporary Architecture I: The Regional Approach），见卡尼扎罗，《建筑的地域性》（注释 21），第 311–319 页。

27. 亚历山大·佐尼斯（Alexander Tzonis）、利亚纳·勒费夫尔（Liane Lefaivre）、安东尼·阿方辛（Anthony Alofsin），"地域性问题"（Das Frage des Regionalismus），见 M·安德里茨基（M. Andritzky）、L·伯查特（L. Burchardt）和 O·霍夫曼（O. Hoffmann）编，《针对不同的建筑》（Für eine andere Architektur）第 1 卷（法兰克福：Fischer，1981 年），第 121–134 页。

28. 亚历山大·佐尼斯和李芬妮·勒费弗尔，"网格与小路：季米特里斯和苏珊娜·安托纳卡吉斯作品介绍。关于现代希腊建筑文化史的引论"（The Grid and the Pathway: An Introduction to the Work of Dimitris and Susana Antonakakis. With Prolegomena to a History of the Culture of Modern Greek Architecture），《建筑在希腊》（Architecture in Greece），第 15 卷（1981 年），第 176 页。

29. 佐尼斯和勒费夫尔，"网格与小路"（注释 28），第 178 页。

30. 肯尼思·弗兰姆普敦（Kenneth Frampton），"读海德格尔"（On Reading Heidegger），《反对派》（Oppositions），第 4 期（1974 年 10 月），n.p.

31. 马丁·海德格尔（Martin Heidegger），"建筑，居住，思考"（Building Dwelling Thinking），艾伯特·霍夫施塔特（Albert Hofstadter）译，见《诗，语言，思》（Poetry, Language, Thought）（纽约：Harper & Rowe，1971 年），第 145–161 页；稍作修订了马丁·海德格尔，《基础写作》（Basic Writings）（纽约：Harper & Rowe，1977 年），第 323–339 页。

32. 这是海德格尔较早提出的一个观点，在他的文章"艺术作品的本源"（The Origin of the Work of Art）中，《基础写作》（Basic Writings）（注释 31），第 153、154 页。

33. 弗兰姆普敦，"读海德格尔"（注释 30），n.p.

34. 同上

35. 克里斯蒂安·诺伯格 – 舒尔茨（Christian Norberg–Schulz），《存在，空间与建筑》（Existence, Space & Architecture）（纽约：Praeger Publishers，1971 年），第 7 页。他对文丘里的书的评论，参见马尔格雷夫（Mallgrave），《现代建筑理论》（Modern Architectural Theory）（注释 18），第 403 页。

36. 诺伯格 – 舒尔茨，《存在，空间与建筑》，第 39–69 页。

37. 同上，第 114 页。

38. 克里斯蒂安·诺伯格 – 舒尔茨（Christian Norberg–Schulz），《西方建筑的意义》（Meaning in Western Architecture）（纽约：Pracgcr Publishers，1975 年）；《场所精神——迈向建筑现象学》（Genius Loci: Towards a Phenomenology of Architecture）（纽约：Rizzoli，1980 年）。

39. 肯尼思·弗兰姆普敦（Kenneth Frampton），"走向批判的地域主义：建筑的六种阻力"（Towards a Critical Regionalism: Six Points for an Architecture of Resistance），见哈尔·福斯特（Hal Foster）编，《反美学：后现代文化文集》（The Anti–Aesthetic: Essays on Postmodern Culture）（西雅图：Bay Press，1983 年），第 19 页。

40. 弗兰姆普敦，"走向批判的地域主义"（注释 39），第 28 页。

41. 弗兰姆普敦在"论地域性建筑的十点：一场临时的论战"（Ten Points on an Architecture of Regionalism: A Provisional Polemic）中提出的一个论点，见《中心 3：新地域主义》（Center 3: New Regionalism）（奥斯汀：美国建筑与设计中心（Center for American Architecture and Design），1987 年），第 20–27 页。亦见肯尼思·弗兰姆普敦（Kenneth Frampton），"恢复秩序：建构实例"（Rappelàl'ordre: The Case for the Tectonic），见《建筑设计》（Architectural Design），第 60 期，（1990 年），第 19–21 页。

42. 尤哈尼·帕拉斯玛（Juhani Pallasmaa），"传统与现代：后现代社会中地域性建筑的可行性"（Tradition & Modernity: The Feasibility of Regional Architecture in Post–Modern Society），《建筑评论》（Architectural Review），第 188 卷，（第 1095 期）（1988 年 5 月），第 27 页。

43. 尤哈尼·帕拉斯玛，"有感知力的几何形"（The Geometry of Feeling），《碰撞与冲突：帕拉斯玛建筑随笔录》（Encounters: Architectural Essays）（赫尔辛基：Rakennusieto Oy，2005 年），第 90、96 页。

44. 帕拉斯玛，"传统与现代"（注释 42），第 34 页。

45. 拉斐尔·莫内奥（Rafael Moneo），"阿尔多·罗西：建筑理念和摩德纳公墓"（Aldo Rossi: the Idea of Architecture and the Modena Cemetery），安吉拉·吉拉尔（Angela Giral）译，《反对派》（Oppositions）第 5 期（1976 年），引自 K·迈克尔·海斯（K. Michael Hays）编，《反对派读本》（Oppositions Reader）（纽约：普林斯顿大学出版社，1998 年），第 122 页；"阿尔多·罗西"（Aldo Rossi），《理论焦虑和设计策略——八位当代建筑师的工作》（Theoretical Anxiety and Design Strategies in the Work of Eight Architects）（巴塞罗那：ACTAR，2004 年），第 142 页。

46. 拉斐尔·莫内奥，"持久的理念：对话拉斐尔·莫内奥"（The Idea of Lasting: A Conversation with Rafael Monel），《瞭望》（Perspecta），第 24 期（1988 年），第 148、149 页。

47. 莫内奥，"持久的理念"（注释 46），第 155 页。

48. 弗朗西斯科·达尔·科（Francesco Dal Co）和朱塞佩·马扎瑞尔（Giuseppe Mazzariol），《卡洛·斯卡帕：作品全集》（Carlo Scarpa: Opera completa）（米兰：Electa，1984 年）；《卡洛·斯卡帕的全部作品》（Carlo Scarpa: The Complete Works）（纽约：Rizzoli，1984 年）。

49. "蔚蓝的色块"（Azure block）是斯卡帕曾用来表示天空的一个短语。参见卡洛·贝尔泰利（Carlo Bertelli），"光和设计"（Light and Design），见达尔·科（Dal Co）和马扎瑞尔（Mazzariol），《卡洛·斯卡帕》（Carlo Scarpa）（注释 48），第 191 页。

50. 弗朗西斯科·达尔·科（Francesco Dal Co），"卡洛·斯卡帕建筑"（The Architecture of Carlo Scarpa），见达尔·科（Dal Co）和马扎瑞尔（Mazzariol），《卡洛·斯卡帕》（Carlo Scarpa）（注释 48），第 42 页。

51. 马尔科·弗拉斯卡里（Marco Frascari），"讲述故事的细节"（The Tell-the-Tale Detail），《VIA 7》（剑桥，马萨诸塞州：麻省理工学院出版社，1984 年），第 30 页。

第 6 章　传统主义和新城市主义

1. 查尔斯·肯尼维堤（Charles Knevitt）在"建筑师挑战王子以思考现代"（Architects Challenge Prince to Think Modern）中首次报道了这次不成功的干预，《泰晤士报》（The Times）（1984 年 6 月 1 日）。亦见由迈克尔·曼瑟（Michael Manser）转述的此要日的故事，"王子和建筑师"（The Prince and Architects），见《建筑设计》（Architectural Design），第 59 卷，（第 5/6 期）（1989 年），第 17 页。

2. 见威尔士亲王官方网站，"演讲和文章"（Speeches and Articles），1984 年 5 月 30 日，"英国皇家建筑师学会（RIBA）150 周年纪念会上威尔士亲王发表的演讲，举办于汉普顿皇宫皇家晚会"（A Speech by HRH The Prince of Wales at the 150th anniversary of the Royal Institute of British Architects（RIBA），Royal Gala Evening at Hampton Court Palace）。这次演讲的删节版和其他一些由查尔斯·詹克斯（Charles Jencks）顺便收入进《王子、建筑师和新浪潮君主政体》（The Prince, the Architects and the New Wave Monarchy）中（伦敦：Academy Editions，1988 年），第 43-50 页。这里提到的很多细节此前由詹克斯（Jencks）予以报道。亦见安德烈亚斯·C·帕帕扎基斯（Andreas C. Papadakis），"查尔斯王子和建筑辩论"（Prince Charles and the Architectural Debate），《建筑设计》（Architectural Design），第 59 卷，（第 5/6 期）（1989 年）。

3. "建筑师中的王子"（Prince among Architects），《泰晤士报》（The Times）（1984 年 6 月 1 日）。

4. 在查尔斯·肯尼维堤，"建筑师挑战王子以思考现代"，《泰晤士报》（The Times）（1984 年 6 月 1 日）上引用。

5. 西蒙·詹金斯（Simon Jenkins），《星期日泰晤士报》（The Sunday Times）（1984 年 6 月 3 日）。引自詹克斯（Jencks），《王子，建筑师》（The Prince, the Architects）（注释 2），第 55 页。

6. 詹克斯，《王子，建筑师》（The Prince, the Architects）（注释 2），第 56 页。

7. 迈克尔·曼瑟（Michael Manser），"构筑完美婚姻的艺术"（The Art of Building the Perfect Marriage），《星期日泰晤士报》（The Sunday Times）（1984 年 6 月 10 日）。引自詹克斯，《王子，建筑师》（注释 2），第 52 页。

8. 理查德·罗杰斯（Richard Rogers），给《泰晤士报》（The Times）的信（1984 年 6 月 9 日）。

9. 向董事学会讲话，1985 年 2 月 26 日。引自查尔斯·詹克斯，《王子，建筑师》（注释 2），第 44 页。

10. 在泰晤士报 /RIBA 社区建筑颁奖之际的演讲，1986 年 6 月 13 日。引自查尔斯·詹克斯，《王子，建筑师》（注释 2），第 45 页。

11. 在建设社区会议上的演讲，1986 年 11 月 27 日。引自查尔斯·詹克斯，《王子，建筑师》（注释 2），第 46 页。

12. 关于这块基地的历史和早期的辩论，见安德烈亚斯·C·帕帕扎基斯（Andreas C. Papadakis）的各种文章，"主祷文广场和新古典传统"（Paternoster Square and the New Classical Tradition）中，《建筑设计》（Architectural Design），第 62 卷（第 5/6 期），1992 年 5-6 月。

13. 总体规划（1956 年）的设计者是建筑师和规划师霍尔福德勋爵（Lord Holford）。

14. 6 个不成功的方案由弗朗西斯·杜菲（Francis Duffy）提出，"城市的权力：主祷文"（Power to the City: Paternoster），见《建筑评论》（The Architectural Review），第 183 卷（第 1091 期）（1988 年一月）。

15. 见威尔士亲王官方网站，"演讲和文章"（Speeches and Articles），1984 年 5 月 30 日，"在 1987 年 12 月 1 日伦敦市长官邸举办的伦敦规划和交通委员会的年度晚宴上威尔士亲王发表的演讲"（A speech by HRH The Prince of Wales at the Corporation of London Planning and Communication Committee's Annual Dinner, Mansion House, London, 1 December 1987）。亦见詹克斯，《王子，建筑师》（注释 2），第 47-49 页。

16. 詹克斯，《王子，建筑师》（注释 2），第 47-49 页。

17. 参见查尔斯·詹克斯，"伦理与查尔斯王子"（Ethics and Prince Charles），见帕帕扎基斯，"查尔斯王子和建筑辩论"（注释 2），第 26 页。

18. 这一方案的多个演示文稿，见"公共设计"（Public Design），《建筑师期刊》（Architects' Journal），第 187 卷（第 27 期）（1988 年 6 月 6 日），第 24-26 页。

19. "公共设计"，（注释 18），第 24 页。

20. 辛普森的方案随后向另一个变化发展，参见"主祷文广场和新古典传统"（Paternoster Square and the New Classical Tradition），《建筑设计》（Architectural Design）（1992 年 5 月 -6 月）。1996 年该修订方案被另一个由威廉·惠特菲尔德（William Whitfield）所作的总体规

划所取而代之，后者成为了实施项目的基础。

21. 关于此项目的第一次介绍，见莱昂·克里尔（Léon Krier），"多切斯特的庞德布里镇发展的总体规划"（Master Plan for Poundbury Development in Dorchester），见帕帕扎基斯，"查尔斯王子和建筑辩论"（注释2），第46–55页。

22. 比较查尔斯·詹克斯的《王子，建筑师》（注释2）和他的"伦理与查尔斯王子"中对查尔斯王子的立场的陈述，见帕帕扎基斯，"查尔斯王子和建筑辩论"（注释2），第24–29页。

23. 理查德·罗杰斯（Richard Rogers），"把王子拉下来"（Pulling down the Prince），《泰晤士报》（The Times）（1989年7月3日）。引自帕帕扎基斯，"查尔斯王子和建筑辩论"（注释2），第67页。

24. 诺曼·福斯特（Norman Foster），"善的力量，但错的目标"（The Force for Good but the Wrong Target），《星期日泰晤士报》（The Sunday Times）（1987年12月6日）。引自詹克斯，《王子，建筑师》（注释2），第54页。

25. 参见坎塔库济诺（Cantacuzino）给编辑的信，《泰晤士报》（The Times）（1984年6月6日）。

26. 威尔士亲王查尔斯（Charles, Prince of Wales）介绍，"英国的愿景：建筑学的个人观点"（A Vision of Britain: A Personal View of Architecture）（伦敦：Doubleday，1989年），第9页。

27. 威尔士亲王查尔斯，《英国的愿景》（注释26），第10、11页。

28. 同上，第77页。

29. 查尔斯王子对历史和英国传统的热爱构成了贯穿全书的一个强大的真言。

30. 威尔士亲王查尔斯，《英国的愿景》（注释26），第143页。

31. 罗杰·K·刘易斯（Roger K. Lewis），"佛罗里达的开发商试着变化新城镇的旧观念"（Florida Developer Tries a Variation on Old Concept of a New Town），《华盛顿邮报》（The Washington Post），（1986年12月6日），第E14页。

32. 斯蒂夫·加巴里诺（Steve Garbarino），"克拉克：质朴的乡土风格卷土重来因为在这种气候下，这是有道理的"（Cracker: Rustic Native Style Makes a Comeback because, in this Climate, It Makes Sense），《圣彼得堡时报》（St. Petersburg Times）（1987年7月12日），第HI页。

33. 约瑟夫·焦万尼尼（Joseph Giovannini），"国家：今天的规划者们再次想回家；在郊区：恢复了前廊、城镇广场"（The Nation: Today's Planners Want to Go Home Again; In the suburbs: Bringing Back Front Porches, Town Squares），《纽约时报》（The New Tork Times）（1987年12月13日），第4节，第6页。

34. 菲利普·兰登（Philip Langdon），"宜居之所"（A Good Place to Live），《大西洋月刊》（The Atlantic Monthly），261（3）（1988年3月），第39–60页。

35. 兰登，"宜居之所"（注释34），第39页。

36. 同上，第46页。

37. 同上，第46页。有关诺伦的工作，见他的《新古镇：一些美国小城镇和社区在民生改善上的成就》（New Towns for Old: Achievements in Civic Improvements in some American Small

Towns and Neighborhoods），重印版（波士顿：马萨诸塞州立大学出版社，2005 年）；和小米勒德·F·罗杰斯（Millard F. Rogers Jr），《约翰·诺伦和马里蒙特：在俄亥俄州建造一个新城镇》（John Nolen and Mariemont: Building a New Town in Ohio）（巴尔的摩：约翰斯·霍普金斯大学出版社，2001 年）。

38. 约翰·诺伦（John Nolan），"什么是美国城市规划所需要的？"（What is Needed in American City Planning？）（1909 年），华盛顿哥伦比亚特区召开的第 1 次全国城市规划会议上的讲话。引自布鲁斯·斯蒂芬森（Bruce Stephenson）的有趣文章，"新城市主义的根源：约翰·诺伦的花园城市伦理"（The Roots of the New Urbanism: John Nolen's Garden City Ethic），《规划史杂志》（Journal of Planning History），第 1 卷（第 2 期）（2002 年），第 104 页。

39. 西姆·凡·德·雷恩（Sim Van der Ryn）和彼得·卡尔索普（Peter Calthorpe）编，《可持续的社区：城市、郊区和城镇的新设计合成》（Sustainable Communities: A New Design Synthesis for Cities，Suburbs，and Towns）（旧金山：Sierra Club Books，1986 年）。

40. 参见彼得·卡尔索普（Peter Calthorpe），"步行地带：郊区增长的新战略"（Pedestrian Pockets: New Strategies for Suburban Growth），见道格·凯尔博（Doug Kelbaugh）编，《步行地带袖珍手册：一种新的郊区设计战略》（The Pedestrian Pocket Book: A New Suburban Design Strategy）（纽约：普林斯顿建筑出版社，1989 年），第 11 页。

41. 道格·凯尔博（Doug Kelbaugh），序言，见《步行地带袖珍手册》（The Pedestrian Pocket Book）（注释 40），第 vii 页。

42. 库尔特·安德尔森（Kurt Andersen），"老式新城"（Oldfangled New Towns），《时代》（Time Magazine）（1991 年 5 月 20 日）。

43. 彼得·卡尔索普，《下一个美国大都市：生态、社区和美国梦》（The Next American Metropolis: Ecology，Community，and the American Dream）（纽约：普林斯顿建筑出版社，1993 年）。

44. 关于辩论及其后记，见辛西娅·C·戴维森（Cynthia C. Davidson）编，《纽约建筑》（Architecture New York），第 1 期（1993 年 7 月 /8 月），第 28–38 页。

45. 在新城市主义创立的奠基时刻在斯特凡诺斯·波利佐伊迪斯（Stefanos Polyzoides）和伊丽莎白·莫尔（Elizabeth Moule）的两篇介绍性文章中被讨论，见托德·W·布雷西（Todd W. Bressi）编，《锡塞德的辩论：新城市主义的批判》（The Seaside Debates: A Critique of New Urbanism）（纽约：Rizzoli，2002 年）。

46. 阿瓦尼原则（The Ahwahnee Principles）出现在彼得·卡尔索普、安德雷斯·杜安伊（Andres Duany）和伊丽莎白·普拉特－兹伊贝克（Elizabeth Plater–Zyberk），以及伊丽莎白·莫尔（Elizabeth Moule）和斯特凡诺斯·波利佐伊迪斯（Stefanos Polyzoides）的文章中，见彼得·卡茨（Peter Katz），《新城市主义：走向社区的建筑》（The New Urbanism: Toward an Architecture of Community）（纽约：McGraw–Hill，1994 年），第 xi–xxiv 页。

47. 伊丽莎白·莫尔（Elizabeth Moule），"新城市主义章程"（The Charter of the New Urbanism），

见布雷西，《锡塞德的辩论》（注释45），第21页。

48. 新城市主义代表大会（Congress for the New Urbanism），《新城市主义章程》（Charter of the New Urbanism）（纽约：McGraw-Hill，2000年），第v-vi页。

49. 兰德尔·阿伦特（Randall Arendt）（原则2），肯·格林伯格（Ken Greenberg）（原则27），迈伦·奥菲尔德（Myron Orfield）（原则9），见"新城市主义章程"（Charter of the New Urbanism）（注释47），第29-34、173-175，和64-69页。

50. 道格拉斯·凯尔博（Douglas Kelbaugh）（原则24）和马克·M·斯基门蒂（Mark M. Schimmenti）（原则27），见"新城市主义章程"（注释47），第155-159、169-171页。

51. 文森特·斯库利（Vincent Scully），编后记，"社区建筑"（The Architecture of Community），见彼得·卡茨（Peter Katz），《新城市主义》（The New Urbanism）（注释51），第230页。

第7章　理论的黄金时代

1. 关于法兰克福学派，参见罗尔夫·魏格豪（Rolf Wiggershaus），《法兰克福学派：其历史，理论和政治意义》（The Frankfurt School: Its History, Theories, and Political Significance），迈克尔·罗伯逊（Michael Robertson）译，（剑桥，马萨诸塞州：麻省理工学院出版社，1995年）。

2. 参见汉娜·阿伦特（Hannah Arendt）编辑，瓦尔特·本雅明（Walter Benjamin）《启迪》（Illuminations）（纽约：Schocken Books，1969年）。

3. 赫伯特·马尔库塞（Herbert Marcuse），《爱欲与文明：对弗洛伊德思想的哲学探讨》（Eros and Civilization: A Philosophical Inquiry into Freud）（波士顿：The Beacon Press，1955年）。

4. 赫伯特·马尔库塞，《单向度的人：先进工业社会思想研究》（One-Dimensional Man: Studies in the Ideology of AdvancedIndustrial Society）（波士顿：The Beacon Press，1964年）

5. 马克斯·霍克海默（Max Horkheimer）和特奥多尔·W·阿多诺（Theodor W. Adorno），《启蒙的辩证法》（Dialectic of Enlightenment）（纽约：continuum，1989年）。本书德文版由阿姆斯特丹的Querido首版于1947年，由S. Fischer Verlag再版于1969年，英译版最早由Herder and Herder于1972年出版。

6. T·W·阿多诺（T. W. Adorno），《美学理论》（Aesthetic Theory），C·伦哈特（C.Lenhardt）译，葛丽特·阿多诺（Gretel Adorna）和罗尔夫·蒂德曼（Rolf Tiedemann）编辑，（伦敦：Routledge & Kegan Paul，1984年），第321页。德文首版于1970年。

7. 参见"作者之死"（Death of the Author），见罗兰·巴特（Roland Barthes），《图像，音乐，文字》（Image, Music, Text），斯蒂芬·希思（Stephen Heath）译，（纽约：Noonday Press，1998年），第142-148页。又见巴特《文本的愉悦》（The Pleasure of the Text），理查德·米勒（Richard Miller）译，（纽约：Hill and Wang，1975年）。

8. 米歇尔·福柯（Michel Foucault），《事物的秩序：人类科学考古学》（The Order of Things:

An Archaeology of the Human Sciences），艾伦·谢里丹（Alan Sheridan）译，[纽约：Pantheon，1970 年；最早的版本是《词与物》（Les Mots et les choses:un archéologie des sciences humaines），1966 年]。

9. 《知识考古学》（The Archaeology of Knowledge），A·M·谢里丹·史密斯（A. M. Sheridan Smith）译，[纽约：Pantheon，1972 年；源自《知识考古学》（L'Arché ologie du Savoir），1969 年]。

10. 让·鲍德里亚（Jean Baudrillard），《物体系》（The System of Objects）（伦敦：Verso，1996 年），译自《Le Systeme des objets》（巴黎：Denoel-Gonthier，1968 年）；《消费社会》[The Consumer Society（La Societe de Consommation）]（巴黎：Gallimard，1970 年）。

11. 参见让·鲍德里亚《象征交换与死亡》（Symbolic Exchange and Death），伊恩·汉密尔顿·格兰特（Iain Hamilton Grant）（伦敦：Sage Publications，1993 年）第 74 页。法文版，《L'Echange symbolique et la mort》（巴黎：Editions Gallimard，1976 年）。

12. 让 – 弗朗索瓦·利奥塔（Jean-François Lyotard）《后现代的状况：关于知识的报告》（The Postmodern Condition: A Report on Knowledge）杰夫·本宁顿（Geoff Bennington）和布赖恩·马斯密（Brian Massumi）译，（明尼阿波利斯：明尼苏达大学出版社，1979 年）第 xxiv 页。

13. 几个关于德里达和解构的比较经典的段落摘自乔纳森 D·库勒（Jonathan D.Culler）的《论解构：后结构主义的理论与批判》（On Deconstruction: Theory and Criticism after Structuralism）（伦敦：Routledge and Kegan Paul，1983 年），鲁道夫·加谢（Rudolphe Gasché）《镜后的锡箔：德里达和反思哲学》（The Tain of the Mirror:Derrida and the Philosophy of Reflection）（哈佛：剑桥大学出版社，1986 年），克里斯托弗·诺里斯（Christopher Norris），《德里达》（Derrida）（剑桥，马萨诸塞州：哈佛大学出版社，1987 年）。

14. 《论文字学》（Of Grammatology），佳亚特里·恰克瓦帝·斯皮瓦克（Gayatri Chakravorty Spivak）译（巴尔的摩：Johns Hopkins，1976 年），法文版是《De la Grammatologie》（巴黎：Les Editions de Minuit，1967 年）。又参见《写作与差异》（Writing and Difference），艾伦·巴斯（Alan Bass）译，（芝加哥：芝加哥大学出版社，1978 年），法文版是《L'Ecriture et la différence》（巴黎：Editions du Seuil，1967 年）；《胡塞尔的符号学理论中的"语言与现象"与其他文章》（"Speech and Phenomena" and Other Essays on Husserl's Theory of Signs），戴维·B·埃里森（David B. Allison）译，（埃文斯顿：西北大学出版社，1973 年），法文版是《Le Voix et le phénomène, introduction au problème du signe dans la phénomenologie de Husserl》（巴黎：法兰西大学出版社，1967 年）。

15. 尤尔根·哈贝马斯（Jürgen Habermas），"现代性——一个未完成的项目"（Modernity-An Incomplete Project），见哈尔·福斯特（HalFoster）编辑，《反美学：关于后现代文化的论文》（The Anti-Aesthetic:Essays on Postmodern Culture），（西雅图：Bay Press，1983 年），第 3 页。

16. 哈贝马斯，"现代性"（Modernity）（注释 15），第 13、14 页。

17. 安德烈亚斯·胡伊森（Andreas Huyssen），《描绘后现代图景》（Mapping the Postmodern），

1984 年，见《大分裂之后——现代主义、大众文化与后现代主义》(After the Great Divide : Modernism，Mass Culture，Postmodernism)（布卢明顿：印第安纳大学出版社，1986 年），第 209，220 页。

18. 福斯特，序言，《反美学》(The Anti-Aesthetic)（注释 15），第 xii 页。

19. 弗雷德里克·詹姆逊（Frederic Jameson）选自《后现代主义与消费社会》(Postmodernism and Consumer Society)（注释 15），第 125、113 页。

20. 詹姆逊《后现代主义》(Postmodernism)（注释 19），第 124、125 页，参见他在《后现代主义，或晚期资本主义的文化逻辑》(Postmodernism, or, The Cultural Logic of Late Capitalism)"晚期资本主义的文化逻辑"(The Cultural Logic of Late Capitalism)中对文丘里和斯科特·布朗（Scott Brown）的评论（达勒姆：杜克大学出版社，1991 年），第 2 页。本文首次发表于 1984 年的《新左派评论》(New Left Review)上。

21. K·迈克尔·海斯（K.Michael Hays）《批判的建筑：文化与形式之间》(Critical Architecture : Between Culture and Form)，见《瞭望》(Perspecta)，第 21 页（1985 年），第 528–530 页。

22. 詹尼·瓦蒂默（Gianni Vattimo）和皮尔·阿尔多·洛瓦蒂（Pier Aldo Rovatti）编辑，《无力的思维》(Il pensiero debole)（米兰：Garzanti，1983 年）。

23. 首版以"弱建筑"(Arquitectura Dédil/Weak Architecture)为题，《城市与建筑手册》(Quaderns d'Arquitecturi I Urbanisme)，第 175 页（1987 年 10–12 月）；引自伊格纳西·德·索拉-莫拉莱斯（Ignasi de Solà-Morales），《差异：当代建筑地形学》(Differences: Topographies of Contemporary Architecture)，格雷厄姆·汤姆森（Graham Thompson）译，萨拉·怀汀（Sarah Whiting）编辑（剑桥，麻省理工学院出版社，1997 年），第 56–70 页。

24. 黛安娜·阿格雷斯特（Diana Agrest），"设计与非设计"(Design versus Non-Design)，1974 年 7 月米兰第一届国际符号学大会论文，首次发表在《反对派》(Oppositions)（第 6 期）（1976 年秋季刊），引自 K·迈克尔·海斯《1968 年以来的建筑理论》(Architectural Theory since 1968)，剑桥，马萨诸塞州：麻省理工学院出版社，2002 年，第 209–212 页。

25. 彼得·埃森曼（Peter Eisenman），"后功能主义"(Post-Functionalism)，见《反对派》（第 6 期），n.p.

26. 彼得·埃森曼，见辛西娅·戴维森（Cynthia Davidson）编辑，《追踪埃森曼：全集》(Tracing Eisenman: Complete Works)，（纽约：Rizzoli，2006 年），第 73 页。又参见"对话彼得·埃森曼"(Conversation with Peter Eisenman)见让-弗朗索瓦·贝达（Jean-François Bédard）编辑，《人工开挖城：彼得·埃森曼作品 1978-1988》(Cities of Artificial Excavation:The Work of Peter Eisenman 1978-1988)，（蒙特利尔：加拿大建筑中心出版社，1994 年），第 121 页。埃森曼分别在 1975 年和 1976 年的三场讲座以及 1980 年 1 月（1）日本杂志《建筑和城市化》(Architecture and Urbanism)特刊中提出过他的理论。

27. 彼得·埃森曼，《住宅 X》(House X)，（纽约：Rizzoli，1982 年），第 34–36 页。

28. 这些文章最早发表于《哈佛建筑评论》（Harvard Architectural Review），3（1984 年冬季刊），第 146 页。这里引自贝达的《人工开挖城》（Cities of Artificial Excavation）（注释 26）。关于罗西的影响，参见 "访问：彼得·埃森曼"（Interview: Peter Eisenman），《转型》（Transition），3（3 - 4）（1984 年 4 月 /7 月），第 39 页。

29. 贝达《人工开挖城》（注释 26），第 47 页。

30. 同上，第 78 页。

31. 同上，第 73 页。

32. "对话彼得·埃森曼"（Conversation with Peter Eisenman），贝达《人工开挖城》（注释 26），第 119 页。

33. 彼得·埃森曼，"开始、结束和再次开始"（The Beginning, the End and the Beginning Again）《美屋》（casabella）（520/521，1986 年 1 月 /2 月），第 44 页。

34. 彼得·埃森曼，"古典的终结：开始的结束，尽头的结束"（The End of the Classical: The End of the Beginning, the End of the End），《瞭望》（Perspecta）第 21 期（1985 年），引自罗伯特·斯特恩（Robert A.M.Stern），艾伦·布拉特斯（Alan Plattus），佩吉·迪默（Peggy Deamer）编辑，[再版]《瞭望：耶鲁建筑杂志的第一个 50 年》（Perspecta: The First Fifty Years of the Yale Architectural Journal）（剑桥，马萨诸塞州：麻省理工学院出版社，2004 年），第 547、548 页。

35. 参见琳恩·布雷斯林（Lynne Breslin）"采访彼得·埃森曼"（An Interview with Peter Eisenman），《普瑞特建筑学报》（The Pratt Journal of Architecture），第 2 卷（Vol. 2）（1988 年），第 109 页。

36. 屈米的早期作品可由三篇短文很好的涵盖，路易斯·马丁（Louis Martin），"转换：论屈米的建筑理论的思想渊源"（Transpositions: On the Intellectual Origins of Tschumi's Architectural Theory），《集合》（Assemblage），11（1990 年），第 23–35 页；乔凡尼·达米亚尼（Giovanni Damiani）编辑，《伯纳德·屈米》（Bernard Tschumi），（纽约：Rizzoli，2003 年）;伯纳德·屈米和恩里克·沃克（Enrique Walker），《屈米论建筑：对话恩里克·沃克》（Tschumi on Architecture: Conversations with Enrique Walker）（纽约：Monacelli Press，2006 年）。

37. 屈米和沃克，《屈米论建筑》（注释 36），第 19 页；伯纳德·屈米 "环境触发器"（The Environmental Trigger），见詹姆斯·高恩（James Gowan）编辑，《持续的实验：在建筑联盟学院的学习与教学》（A Continuing Experiment: Learning and Teaching at the Architectural Association）（伦敦：建筑出版社，1975 年），第 93 页。

38. 屈米和沃克，《屈米论建筑》（注释 36），第 19 页。

39. 参见丹尼斯·奥尼耶（Dennis Hollier），《反建筑：乔治·巴塔耶的论著》（Against Architecture: The Writings of Georges Bataille），（剑桥，马萨诸塞州：麻省理工学院出版社，1989 年），第 57–73 页。法文首版于 1974 年。

40. 伯纳德·屈米，"空间问题：金字塔和迷宫（或建筑悖论）"【Question of Space: The Pyramid

and the Labyrinth（or the Architectural Paradox）】，见《国际画廊》（Studio International），190（977）（1975 年 9 月 /10 月），第 142 页。

41. 参见伯纳德·屈米，"唐璜花园或隐藏的城市"（Le Jardin de Don Juan ou la ville masquée），《今日建筑》（L'Architecture d'aujour'hui），187（1975 年 10 月 /11 月），第 82–83 页；"建筑的乐趣"（The Pleasure of Architecture），《建筑设计》（Architectural Design），47（1977 年 3 月），第 214–218 页；"建筑及其双重性"（Architecture and its Double），《建筑设计》，50（11–12）（1978 年）；《建筑宣言》（Architectural Manifestoes），艺术空间（Artists' Space）出版的展览目录（纽约 1978 年）；"伦敦的乔伊斯花园：文字与城市的论战"（Joyce's Garden in London: A Polemic on the Written Word and the City），《建筑设计》，50（11–12）（1980 年），第 22 页；"建筑与限制 I"（Architecture and Limits I），《艺术论坛》（Art forum），19（4）（1980 年 11 月），第 36 页；"建筑与限制 II"（Architecture and Limits II），《艺术论坛》，19（7）（1981 年 3 月），第 45 页；"建筑与限制 III"（Architecture and Limits III），《艺术论坛》，20（1）（1981 年 9 月），第 40 页；"几何与欲望的章节"（Episodes in Geometry and Lust），《建筑设计》，51，（1/2）（1981 年），第 26–28 页。

42. 伯纳德·屈米，"建筑与越界"（Architecture and Transgression），见《反对派》（Oppositions），（第 7 期）（1976 年冬季刊），引自 K·米迦勒·海斯编辑，《反对派读者》（Oppositions Reader）（纽约：普林斯顿建筑出版社，1998 年），第 356，363 页。

43. 伯纳德·屈米，"建筑中的暴力"（Violence in Architecture），《艺术论坛》，20（1）（1981 月），第 44 页。

44. 伯纳德·屈米，《曼哈顿成绩单：理论性项目》（The Manhattan Transcripts: Theoretical Projects）（纽约：圣马丁出版社，1981 年）。

45. 达米亚尼（Damiani），"连续性"（Continuity），见《伯纳德·屈米》（注释 36），第 169 页 n.29。

46. 伯纳德·屈米，见屈米和沃克，《屈米论建筑》（注释 36），第 40 页。

47. 关于屈米的讨论，参见他的《电影场景的疯狂物：拉维莱特公园》（Cinegramme Folie: Le Parc de la Villette）（纽约：普林斯顿建筑出版社，1987 年）。

48. 参见曼弗雷多·屈米（Manfredo Tschumi），"杰斐逊的骨灰"（The Ashes of Jefferson），见《球体与迷宫》（The Sphere and the Labyrinth）（剑桥，马萨诸塞州：麻省理工学院出版社，1987 年），第 300 页。

49. 屈米，《电影场景的疯狂物》（注释 47），第 vi 页。

50. 同上，第 vii 页。

51. 赢得竞赛后，法国官员曾要求屈米把名字改为法布里（fabrique），但因为关联性的缺失，被屈米拒绝。参见 "阿尔万·博亚尔斯基（Alvan Boyarsky）与伯纳德·屈米的会晤"（Interview between Alvan Boyarsky and Bernard Tschumi），见《空框：拉维莱特》（La Case vide: La Villette），1985 年（伦敦：建筑联盟学院，1986 年），第 25 页。

52. 关于他们的合作，参见让·路易·科恩（Jean-Louis Cohen），"哲学家花园里的建筑师：拉维拉特的埃森曼"（The Architect in the Philosopher's Garden: Eisenman at La Villette），见贝达，《人工开挖城》（注释 26），第 219–226 页。

53. 贝达编辑，《人工开挖城》（注释 26），图 68。关于德里达对容器（chora）一词选择，参见杰弗里·布罗德本特（Geoffrey Broadbent）和豪尔赫·格鲁斯伯格（Jorge Glusberg）编辑，《解构：学生指南》（Deconstruction: A Student Guide）（伦敦：Academy Editions，1991 年），第 77–79 页。

54. 雅克·德里达，"疯狂的程度——现代建筑"（Point de folie-maintenant l'architecture），见《空框》（La Case vide）（伦敦：建筑联盟学院，1986 年），第 11 页。

第 8 章 解构主义

1. 弗里德里希·阿赫莱特纳（Friedrich Achleitner），"维也纳位置"（Viennese Positions），见《莲花》（Lotus），29（1981 年）。引自肯尼思·弗兰姆普敦（Kenneth Frampton）的，"航空母舰上的沉思：霍莱因的门兴格拉德巴赫"（Meditations on an Aircraft Carrier: Hollein's Mönchengladbach），见汉斯·霍莱因（Hans Hollein），《a + u》，（东京：Yoshio Yoshida，1985 年），第 143 页。又参见同卷中约瑟夫·里克沃特（Joseph Rykwert）有见地的文章，"反讽，霍莱因的惯用方法"（Irony，Hollein's General Approach）。

2. 汉斯·霍莱因，"一切都是建筑"（Alles ist Architektur）（1967 年），网址：www.hollein.com（2010 年 10 月 2 日更新）。

3. 汉斯·霍莱因，"回归建筑"（Zurück zur Architektur）（1962 年），网址：www.hollein.com（2010 年 10 月 2 日更新）。

4. 汉斯·霍莱因，"邮政储蓄银行和圣利奥波德教堂"（Post Office Savings Bank and Church of St.Leopold），见由纪夫二川（Yukio Futagawa）编辑，《全球建筑》（Global Architecture）（1978 年）。他对菲舍尔·冯·埃尔拉赫（Fischer von Erlach）使用这个引用的称号。

5. 参见詹姆斯·斯特林（James Stirling），"极度非正式"（The Monumentally Informally），见罗伯特·马克斯威尔（Robert Maxwell）编辑，《詹姆斯·斯特林：建筑著述》（James Stirling: Writings on Architecture）（米兰：Skira，1998 年），第 151–159 页。

6. 詹姆斯·斯特林，"詹姆斯·斯特林：建筑的目标与影响"（James Stirling: Architectural Aims and Influences）见麦斯威尔，《詹姆斯·斯特林》（注释 5），第 137 页。

7. 拉斐尔·莫内奥（Rafael Moneo），《八个当代建筑师作品中的思想悬念和设计策略》（Theoretical Anxiety and Design Strategies in the Work of Eight Contemporary Architects）（剑桥，马萨诸塞州：麻省理工学院出版社，2004 年），第 41 页。

8. 弗朗西斯科·达尔·科（Francesco Dal Co），"世界颠倒了：乌龟会飞了，野兔吓到了狮子"（The World Turned Upside-Down: The Tortoise Flies and the Hare Threatens the Lion），见《弗兰克·O·盖里：作品全集》（Frank O. Gehry:The Complete Works）（纽约：Monacelli Press，

1998 年），第 48 页。

9. 戈特弗里德·森佩尔（Gottfried Semper），*Ueber die bleiernen Schleudergeschosse der Alten und zweckmässige Gestaltung der Wurfkörpher im Allgemeinen: Ein Versch die dynamische Entstehung gewisser Formen in der Natur and in der Kunst nachzuweisen*（法兰克福：Verlag für Kunst und Wissenschaft，1859 年），副标题，第 8ff.，60 页。又参见戈特弗里德·森佩尔，《技术与建构艺术风格，或实践美学（译著）》（Style in the Technical and Tectonic Arts, or Practical Aesthetics, trans）。H·F·马尔格雷夫（H.F.Mallgrave）和迈克尔·罗宾森（Michael Robinson）（洛杉矶，Getty Publication Programs，2004 年），第 94–95 页。

10. 弗兰克·盖里，"演讲"（The Lecture），见杰马诺·切朗特（Germano Celant），《小刀的旅程：克拉斯·欧登伯格，古斯·凡·布鲁根，弗兰克·O·盖里》（Il Corso del Coltello, The Course of the Knife: Claes Oldenburg，Coosje van Bruggen，Frank O. Gehry）（纽约：Rizzoli，1987 年），第 212–213 页。

11. 关于库哈斯和柏林的主题，参见弗里茨·纽迈耶（Fritz Neumeyer），"OMA 的柏林：城市的辩论岛"（OMA's Berlin: The Polemic Island in the City），见《集合》（Assemblage），11（1990 年 4 月，第 36–53 页）。

12. 该项目赢得由《美屋》（Casabella）杂志发起的竞赛并于 1973 年 6 月发表于该杂志，第 42–46 页；部分转载于《建筑设计》5（47）（1977 年），第 328 页。参见库哈斯在 "OMA 的十六年"（Sixteen Years of OMA）中的描述，见雅克·卢肯（Jacques Lucan）编辑，《OMA——雷姆·库哈斯：建筑 1970－1990》（OMA–Rem Koolhaas: Architecture 1970–1990）（纽约：普林斯顿建筑出版社，1991 年），第 162 页。

13. 雷姆·库哈斯与埃利亚·增西利斯（Elia Zenghelis），"出走或做建筑的自愿囚徒"（Exodus or The Voluntary Prisoners of Architecture），《美屋》，378（1973 年 6 月），第 44 页。

14. 论纳塔利尼（Natalini）对库哈斯的重要性，参见 "La Deuxième chance de l'architecture moderne … entretien avec Rem Koolhaas"，《今日建筑》（Architecture d'Aujourd'hui），238（1985 年 4 月），第 2 页。

15. 雷姆·库哈斯和盖利特·欧席斯（Gerrit Oorthuys），"伊万·列奥尼多夫的 Dom Narkomtjazjprom，莫斯科"，《反对派》（第 2 期）（1974 年 1 月），第 95–103 页，文章也导致一个展览，维埃里·奎利西（Vieri Quilici），《伊万·列奥尼多夫：目录 8》（Ivan Leonidov: Catalogue 8）（纽约：城市建筑研究所，1981 年）。

16. 雷姆·库哈斯，"被囚禁的地球之城，1972"（The City of the Captive Globe, 1972），见《癫狂的纽约》（Delirious New York）（纽约：Monticello Press，1994 年），第 294 页。

17. 参见让·路易·科恩（Jean-Louis Cohen），"理性的反叛，或 OMA 的城市议程"（The Rational Rebel, or the Urban Agenda of OMA），见卢肯，《OMA——雷姆·库哈斯》（注释 12）。

18. 库哈斯，《癫狂的纽约》（注释 16），第 9、10 页。

19. 同上，第 148 页。

20. 同上，第 251 页。

21. 雷姆·库哈斯，《雷姆·库哈斯：与学生的对话》（Rem Koolhaas: Conversations with Students），桑福德·昆特（Sanford Kwinter）编辑（休斯顿：莱斯大学建筑学院，1996 年），第 14 页。

22. 扎哈·哈迪德，"山顶，香港"（The Peak, Hong Kong），见《建筑联盟学院文件》（AA Files），第 4 期（1983 年 7 月），第 84 页。

23. 扎哈·哈迪德，《行星建筑两说》（Architecture Two）（伦敦：建筑联盟学院，1983 年），n.p.

24. 参见杰弗里·基普尼斯，序言见丹尼尔·里勃斯金，《相遇的空间》（The Space of Encounter）（纽约：Universe，2000 年），第 10 页。

25. 参见里勃斯金，"终结空间"（Endspace），见 Micomegas，再版见丹尼尔·里勃斯金，《联署》（Countersign），建筑专著第 16 部（Architectural Monograph No. 16）（伦敦：Academy Editions，1991 年），第 15 页。

26. 丹尼尔·里勃斯金，"建筑中的三种消减"（Three Lessens in Architecture），见《联署》（注释 25），第 47 页。

27. 丹尼尔·里勃斯金，"风格的咒语"（The Maledicta of Style），概略，第 5 期（1984 年秋季刊），第 25 页。

28. 参见作者在自己两篇文章中对作品的描述，"线与线之间"（Between the Lines），见丹尼尔·里勃斯金，《相遇的空间》（纽约：Universe，2000 年），第 23–29 页。

29. "关于集合"（About Assemblage），《集合》第 1 期（1986 年），第 5 页。

30. 泰特美术馆研讨会的两个简要报告在："泰特美术馆"中谈解构（Deconstruction at the Tate Gallery），见《建筑中的解构：建筑设计简介》（Deconstruction in Architecture: An Architectural Design Profile）（伦敦：Academy Editions，1988 年），第 7 页，以及戴维·洛奇（David Lodge），"解构：泰特美术馆学术研讨会评论"（Deconstruction: A Review of the Tate Gallery Symposium），见安德烈亚斯·帕帕扎基斯（Andreas Papadakis），凯瑟琳·库克（Catherine Cooke），和安德鲁·本雅明（Andrew Benjamin）编辑，《解构：综合卷》（Deconstruction: Omnibus Volume）（纽约：Rizzoli，1989 年），第 88–90 页。

31. 德里达采访的全文见《解构：全集》（Deconstruction: Omnibus Volume）（注释 29），第 71–75 页。

32. 《建筑设计》（Architectural Design），设计简介，《建筑中的解构主义》（Deconstruction in Architecture）58（3/4）（伦敦：Academy Group，1988 年），第 17 页。

33. 引自洛奇，"解构"（注释 30），第 89 页。

34. 安德烈亚斯·帕帕扎基斯，"在泰特美术馆中谈解构"，见《建筑中的结构主义》（注释 30），第 7 页。又参见戴维·洛奇的评论，见"解构"（注释 30），第 88–90 页。

35. 威格利（Wigley）的论文以《解构的建筑：难以摆脱德里达》（The Architecture of Deconstruction: Derrida's Haunt）为题修订和出版（剑桥，马萨诸塞州：麻省理工学院出版社，

1993 年）。

36. 与作者对话中的一个观点。

37. 菲利普·约翰逊（Philip Johnson），前言，《解构主义建筑》（Deconstructivist Architecture）（纽约：大都会艺术博物馆，1988 年），第 7 页。

38. 马克·威格利，引言，《解构主义建筑》（注释 37），第 16 页。

39. 同上，第 20 页。

40. 约瑟夫·焦万尼尼（Joseph Giovannini），"打破所有规则"（Breaking All the Rules），《纽约时报》（The New York Times）（1988 年 6 月 12 日），第 6 节，第 40 页。

41. 凯瑟琳·英格拉哈姆（Catherine Ingraham），"挤解构的奶，还是牛是一种展览"（Milking Deconstruction, or Cow Was the Show）？ 见《国内建筑师》（Inland Architect），32（5）（1988 年 9 月 /10 月），第 62、63 页。

第 9 章　风暴复苏

1. 杰弗里·基普尼斯（Jeffrey Kipnis），"无罪申诉"（Nolo Contendere），见《集合》（Assemblage）第 11 期（1990 年 4 月），第 54 页。

2. 基普尼斯，"无罪申诉"（注释 1），第 57 页。

3. 在 2000 年最后一期《集合》上 [《集合》，第 41 期（2000 年 4 月），第 27 页]，鲁道夫·埃尔 – 库利（Rodolphe El-Khoury）将夸张地模仿这一期刊借助于即将出版的一期上虚假的扉页而认同政治的倾向，其题目是：《眨动的眼睛：后殖民奇特空间中具有争议性的视觉中心》（The Winking Eye：Contested Occularcentrism in Postcolonial Queer Space）。

4. 杰弗里·基普尼斯，"走向新建筑"（Towards a New Architecture），《建筑设计》（Architectural Design），102（1993 年 3 月 /4 月），第 42 页。

5. 基普尼斯，"走向新建筑"，（注释 4），第 42 页。

6. 同上，第 42–45 页。

7. 同上，第 45 页。

8. 吉尔·德勒兹（Gilles Deleuze），《褶子：莱布尼茨与巴洛克》（The Fold：Leibniz and the Baroque），汤姆·康利（Tom Conley）译，（明尼阿波利斯：明尼苏达大学出版社，1993 年），第 81–82 页。

9. 德勒兹，《褶子》（注释 8），第 34、35 页，第 121 页。

10. 格雷戈·林恩（Greg Lynn），"可能的几何型：在主体上创作的建筑"（Probable Geometries：The Architecture of Writing in Bodies），《纽约建筑》（ANY），0/0（1993 年 5 月 /6 月）。

11. 格雷戈·林恩，"建筑曲度：折叠、柔软、顺从"（Architectural Curvilnearity：The Folded, the Pliant, and the Supple），见《建筑设计》，102（1993 年 3 月 /4 月）第 8–12 页。

12. 肯尼斯·鲍威尔（Kenneth Powell），"展开折叠"（Unfolding Folding），《建筑设计》，102（1993

年 3 月 /4 月）。

13. 格雷戈·林恩，"多样的无机体"（Multipicitous and Inorganic Bodies），《集合》，19（1992年 12 月），第 42 页。

14. 彼得·埃森曼，引自鲁道夫·马查多（Rodolfo Machado）与鲁道夫·埃尔 – 库利（Rodolph El-Khoury）编辑，《巨型建筑》（Monolithic Architecture）（慕尼黑：Prestel，1995 年），第 80 页。

15. 杰弗里·基普尼斯，"走向新建筑"，《建筑设计》，102（1993 年 3 月 /4 月）第 45、46 页。

16. 参见普雷斯顿·斯科特·科恩（Preston Scott Cohen），"两个住宅"（Two Houses），《集合》，13（1990 年 12 月），第 72–87 页；杰西·赖泽（Jesse Reiser）与梅本奈奈子（Nanako Umemoto），《寻爱绮梦》"Aktion Polophile：Hypnerotomachia → Ero/machia/hypniahouse"，第 88–105 页。页引自本·尼科尔森（Ben Nicholson），"窃盗巢室，装置住宅"（Kleptoman Cell，Appliance House），第 106 页。

17. 参见他在普雷斯顿·斯科特·科恩（Preston Scott Cohen）的《有争议的对称性与建筑的其他窘境》（Contested Symmetries and Other Predicaments in Architecture）上对这些问题的讨论。（纽约：普林斯顿建筑出版社，2001 年），第 12–15 页。

18. 参见塞西尔·巴尔蒙德（Cecil Balmond），《非形式》（Informal）（慕尼黑：Prestel，2002 年）。

19. 塞尔·巴尔蒙德"新结构与非形式"（New Structure and the Informal），见《集合》，33（1997年 8 月），第 55 页。

20. 关于"参数化"（Parametric）和"算法"（Parametric）设计发展的讨论，参见科斯塔斯·特兹迪斯（Kostas Terzidis），《算法建筑》（Algorithmic Architecture）（牛津：建筑出版社，2006 年），迈克尔·梅雷迪斯（Michael Meredith），《从控制到设计：参数 / 算法建筑》（From Control to Design：Parametric/Algorithmic Architecture）（巴塞罗那：Actar，2008 年）。

21. 曼努埃尔·盖飒（Manuel Gausa），"场地建筑：景观与建筑，幼笋"（Land Arch：Landscape and Architecture，Fresh Shoots），见《城市与建筑手册》（Quaderns d'arquitectura i urbanisme），217（1997 年），第 52 页。

22. 雷姆·库哈斯与布鲁斯·毛（Bruce Mau），《小，中，大，超大》（S，M，L，XL）（Monacelli，1995 年）第 1223 页。

23. 参见法希德·穆萨维（Farshid Moussavi）和亚历杭德罗·赛拉 – 波洛（Alejandro Zaera-Polo），"操作地形学"（Operative Topographies）和"嫁接：外围思想"（Graftings：Peripheral Thought），见《城市与建筑手册》，220（1998 年），第 34–41 页。

24. 扎哈·哈迪德，"维特拉"（Vitra）见《建筑素描》（El Croquis），52（1992 年 1 月）第 110 页。

25. 威廉·J·R·柯蒂斯（William J. R. Curtis）提出过由米拉莱斯（Miralles）和皮诺斯（Pinós）论及的流动的，连续的和重叠的社会空间是对绝对真理含蓄的拒绝，是与佛朗哥独裁相关的新理性主义的古典主义，但米拉莱斯和皮诺斯并没有直接提出这一主张。参见威廉·J·R·柯蒂斯，"精神地图与社会景观"（Mental Maps and Social Landscapes），《建筑素描》，49–50（1991 年 9 月），第 6–20 页。

26. 恩里克·米拉莱斯（Enric Miralles），"眉毛"（Eyebrows），见《建筑素描》49、50（1991 年 9 月）第 110 页。

27. 恩里克·米拉莱斯和卡梅·皮诺斯（Carme Pinós），"射箭场"（Archery Ranges），见《建筑素描》，49–50（1991 年 9 月），第 32 页。

第 10 章 实用主义和后批判性

1. 罗伯特·索莫（Robert Somol）和萨拉·怀汀（Sarah Whiting），"多普勒效应的笔记和现代主义的其他心境注"（Notes Around the Doppler Effect and Other Moods of Modernism），见《瞭望》（Perspecta），33（2002 年），第 75 页。

2. 杰弗里·基普尼斯，"近期的库哈斯"（Recent Koolhaas），《建筑素描》（El Croquis），79（1996 年），第 26 页。文中，基普尼斯写道"一个失意的评论家，撤退到虚构的陈词滥调，写道，'没有其他的方式形容：库哈斯就是这个时代的勒·柯布西耶'"（One frustrated critic，retreating to mythic platitudes，writes，"There is no other way to put it；Koolhaas is the Le Corbusier of ourtimes"）。在相关的脚注部分基普尼斯指回上文出现的同一篇文章——一个循环引用。

3. 参考艾伦·格林斯潘（Alan Greenspan）经常被引用的 1996 年对股票市场估值过高的评论。

4. 迈克尔·斯皮克斯（Michael Speaks），"It's out there … the Formal Limits of the American Avant-Garde，"见《建筑设计》，68（5/6）（1998 年 5–6 月），第 30 页。

5. 参见 http://www.archilab.org/public/2000/catalog/ftca01en.htm（2010 年 10 月 2 日更新）阿奇兰布国际会议论文集（ArchiLab International Conference）。"阿奇兰布"（ArchiLab）这个名字是典型的建筑与信息技术领域技术革新的结盟运动，并把学科当作目标的、研究基础领域的研究。

6. 为"哈佛城市项目"（Harvard Project on the City）制造的工作，参见丹法诺·博埃里（Stefano Boeri），哈佛城市项目，多重性，和让·阿塔利（Jean Attali），《变异》（Mutations）（巴塞罗那：ACTAR，2001 年）；翠华·朱迪·钟（Chuihua Judy Chung），杰弗里·伊纳巴（Jeffrey Inaba），雷姆·库哈斯和梁思聪（Sze Tsung Leong），《大跃进》（Great Leap Forward）（科隆：Taschen，2002 年）；翠华·朱迪·钟，杰弗里·伊纳巴，雷姆·库哈斯和梁思聪，《哈佛购物指南》（The Harvard Design School Guide to Shopping）（科隆：Taschen，2002 年）。

7. 采访，亚历杭德罗·赛拉 – 波洛（Alejandro Zaera-Polo）和雷姆·库哈斯，"之后"（The Day After），《建筑素描》，79（1996 年），第 12 页。

8. 采访，阿里桑德罗·柴拉波罗和雷姆·库哈斯，"寻找自由"，《建筑素描》，53（1993 年），第 31 页。

9. 斯坦利·泰格曼（Stanley Tigerman）编辑，《芝加哥录音带》（The Chicago Tapes）（纽约：Rizzoli，1987 年），第 168–173 页。

10. 雷姆·库哈斯，《癫狂的纽约》(DeliriousNew York)（纽约：Monacelli，1994 年），第 152–158 页。

11. 采访，阿里桑德罗·柴拉波罗与雷姆·库哈斯，"寻找自由"，《建筑素描》，53（1993 年），第 8 页。

12. 罗伯特·苏摩（Robert Somo）在后来区别形式（读埃森曼）和"形状"（shape），认为像泽布勒赫这样的"形状"项目，在某种程度上是直接的，形象的，而不是困难的文本式的。参见罗伯特·苏摩，"回归形状的 12 个理由"(12 Reasons to Get Back into Shape) 见雷姆·库哈斯，《正文》(Content)（科隆：Taschen，2004 年），第 86、87 页。

13. 采访，阿里桑德罗·柴拉波罗和雷姆·库哈斯，"寻找自由"，《建筑素描》，531（993 年），第 29、30 页。

14. 雷姆·库哈斯，《建筑素描》，79（1996 年），第 74 页。

15. O.M.A.，雷姆·库哈斯与布鲁斯·毛，《小，中，大，超大》（纽约：Monacelli，1995 年），第 502–515 页。

16. 迈克尔·斯皮克斯（Michael Speaks），《大软橙》(Big Soft Orange)（纽约：艺术与建筑临街，1999 年）。

17. 威尼·马斯（Winy Maas）和雅各布·凡·瑞金斯（Jacob van Rijs），理查德·寇克（Richard Koek）编辑，《容积率最大化：密度中的旅行》(FARMAX : Excursions on Density)（鹿特丹：010 Publishers，1998 年），第 100–103 页。

18. 本·凡·贝克尔（Ben van Berkel）和卡罗琳·博斯（Caroline Bos），《移动：想象》(Move : Imagination)（阿姆斯特丹：UN 工作室和 Goose Press，1999 年），第 1 卷，第 15 页。

19. 凡·贝克尔与博斯，《移动》（注释 18），第 1 卷，第 27 页。

20. 雷姆·库哈斯，《正文》（科隆：Taschen，2004 年），第 20 页。

21. 桑福德·昆特，"FFE：知识分子的背叛（以及其他当代的拙劣仿作）"【FFE: Le Trahison des Clercs (and other Travesties of the Modern)】，《纽约建筑》(ANY)，24（1999 年），第 62 页。

22. 戴夫·希基（Dave Hickey），"论不被治理"(On Not Being Governed)，见《一种新的建筑实用主义：哈佛设计杂志读者》(The New Architectural Pragmatism : A Harvard Design Magazine Reader)（明尼阿波利斯：明尼苏达大学出版社，2007 年），第 100 页。

23. 苏摩和怀汀，"多普勒效应笔记"（注释 1），第 73–77 页。

第 11 章　极简主义

1. 罗莎琳德·克劳斯（Rosalind Krauss），"网格，/云/，和细节"(The Grid，the/Cloud/，and the Detail)，见德特勒夫·莫廷斯（Detlef Mertins）编辑，《密斯的存在》(The Presence of Mies)（纽约：普林斯顿建筑出版社，1994 年），第 133 页。

2. 肯尼思·弗兰姆普敦（Kenneth Frampton），"秩序的召唤：建构案例的研究"(Rappel à l'ordre: The Case for the Tectonic)，见《建筑设计》(Architectural Design)，60（1990 年），第 19 页。

3. 肯尼思·弗兰姆普敦,《建构文化研究——论 19 世纪和 20 世纪建筑中的建造诗学》(Studies in Tectonic Culture:Poetics of Construction in Nineteenth and Twentieth Century Architecture)(剑桥,马萨诸塞州:麻省理工学院出版社,1995 年)。

4. 参见特伦斯·莱利(Terrence Riley),《轻型建筑》(Light Architecture)(纽约:现代艺术博物馆,1995 年),第 9 页。

5. 杰弗里·基普尼斯和雅克·赫尔佐格(Jacques Herzog),"对话"(A Conversation)。特刊,《建筑素描》(El Croquis),60+84(2000 年)第 35 页。

6. 阿里桑德罗·柴拉波罗和雅克·赫尔佐格,"连续性"(Continuities)。特刊,《建筑素描》,60+84(2000 年),第 16 页。

7. 柴拉波罗和赫尔佐格,"连续性"(注释 6),第 18 页。

8. 基普尼斯和赫尔佐格,"对话",《建筑素描》(注释 5),第 33 页。

9. 参见,例如 K·迈克尔·海斯,"批判的建筑——文化与形式之间"(Critical Architecture:Between Culture and Form),见《瞭望》(Perspecta),21(1984 年),第 14–29 页;何塞普·克格拉斯(Josep Quetglas),《玻璃的恐惧》(Fear of Glass)(巴塞尔:Birkhaüser,2001 年);或伊格纳西·德·索拉 – 莫拉莱斯(Ignasi de Solà–Morales),"密斯·凡·德·罗与极少主义"(Mies van der Rohe and Minimalism)见默廷斯(Mertins),《密斯的存在》(注释 1),第 149–155 页。

10. 让·努韦尔(Jean Nouvel),让·努韦尔工作室(Ateliers Jean Nouvel)的项目说明,www.jeannouvel.com(2010 年 10 月 5 日更新)。

11. 伊东丰雄(Toyo Ito),"涡流与流动:建筑现象学"(Vortex and Current:On Architecture as Phenomenalism),见《建筑设计》(Architectural Design),62(9/10)(1992 年 9 月 /10 月),第 22、23 页。

12. 参见伊东丰雄,《仙台媒体中心》(Sendai Mediatheque)(巴塞罗那:Actar,2003 年),第 15、25 页,又参见罗恩·维特(Ron Witte)编辑,《伊东丰雄:仙台媒体中心》(Toyo Ito:Sendai Mediatheque)中翔实的文章介绍(慕尼黑:Prestel Verlag,2002 年)。

13. 拉斐尔·莫内奥(Rafael Moneo),《拉斐尔·莫内奥 1967–2004》(Rafael Moneo1967–2004)。"埃斯科里亚尔"(El Escorial),《建筑素描》编辑(2004 年)第 350 页。

14. 鲁道夫·马查多(Rodolfo Machado)和鲁道夫·埃示 – 库利(Rodolphe el–Khoury),例,用它的整体性来描述这项工作。参见他们的《巨型建筑》(Monolithic Architecture)(慕尼黑:Prestel,1995 年)。

15. 参见,路易吉·斯诺奇(Luigi Snozzi),《Costruzione e progetti 1958–1993》(卢加诺:ADV Publishing House,1995 年)。

16. 乌尔丽克·伊勒 – 舒尔特·施特劳斯(Ulrike Jehle–Schulte Strathaus),"一种最聪明的现代主义:对迪纳 & 迪纳的作品评论"(Modernism of a Most Intelligent Kind:A Commentary on the Work of Diener & Diener),见《集合》(Assemblage),3(1987 年 7 月)第 72–75 页。

17. 约翰·帕森（John Pawson），《极简主义》（Minimum）（伦敦：Phaidon Press，1996 年），第 7 页，以及约翰·帕森，"La Expresion Sencilla del Pensamiento Complejo"，《建筑素描》，127（2005 年）第 6 页。

18. 阿尔瓦罗·西扎（Álvaro Siza），"我的工作"（On my work），见肯尼思·弗兰姆普敦（Kenneth Frampton）编辑，《阿尔瓦罗·西扎：全集》（Álvaro Siza：Complete Works）（伦敦：Phaidon Press，2000 年），第 72 页。

19. 斯蒂文·霍尔（Steven Holl），《锚定：项目选集 1975-1988》（Anchoring：Selected Projects 1975-1988）（纽约：普林斯顿建筑出版社，1989 年）。

20. 斯蒂文·霍尔，《交织》（Intertwining）（纽约：普林斯顿建筑出版社，1996 年），第 11 页。

21. 斯蒂文·霍尔，尤哈尼·帕拉斯玛（Juhani Pallasmaa），阿尔贝托·佩雷斯-戈麦斯（Alberto Pérez-Gómez）编辑，"感知的问题：建筑现象学"（Questions of Perception：Phenomenology of Architecture）。特刊，《a+u》（1994 年 7 月）；相同标题再版（旧金山：William Stout，2006 年）。

22. 尤哈尼·帕拉斯玛，"建筑七感"（An Architecture of the Seven Sense）。特刊，《a+u》（注释 21），第 30 页。又参见他在《肌肤之眼：建筑和感官》（The Eyes of the Skin：Architecture and the Senses）中对这些主题展开的探讨（奇切斯特：wiley-academy，1996/2005 年）。

23. 参见理查德·诺伊特拉（Richard Neutra），《通过设计生存》（Survival through Design）（伦敦：牛津大学出版社，1954 年）；斯坦·埃勒·拉斯穆森（Steen Eiler Rasmussen），《体验建筑》（Experiencing Architecture）（剑桥，马萨诸塞州：麻省理工学院出版社，1959 年）。

24. 彼得·卒姆托（Peter Zumthor），《思考建筑》（Thinking Architecture）（巴塞尔：Birkhäuser，2006 年），第 26 页。

25. 卒姆托，《思考建筑》（注释 24），第 17 页。

26. 同上，第 31-32 页。

第 12 章 可持续与超越

1. 出于探讨的目的，我们将使用"可持续性"（sustainability）这个词来涵盖一系列通常定义这种变换的词汇，以优先顺序：绿色，生态友好，生态设计，亲近生物的设计，实证设计，高性能。

2. 参见联合国文件 A//42/427，"我们共同的未来：世界环境与发展委员会的报告"（Our Common Future：Report of the World Commission on Environment and Development），http://www.un-documents.net/ocf-02.htm（2010 年 10 月 2 日更新）。

3. 维克多·帕帕奈克（Victor Papanek），《绿色律令：现实世界的自然设计》（The Green Imperative：Natural Design for the Real World）（纽约：Thames & Hudson，1995 年），第 236 页。他的这一主题早期经典著作是《现实世界的设计：人类生态学与社会变迁》（Design for the

Real World：Human Ecology and Social Change）（纽约：Pantheon Books，1971 年）。

4. 参见"汉诺威原则：可持续发展的设计"（The Hannover Principles：Design for Sustainability），威廉·麦克多诺建筑师事务所（William McDonough Architects），1992 年。http//www.Mcdonough.com/ principles.pdf（2010 年 10 月 2 日更新）。

5. 参见威廉·麦克多诺，"相互依存的声明"（Declaration of Interdependence），见安德鲁·斯科特（Andrew Scott）编辑，《可持续性层面》（Dimensions of Sustainability）（伦敦：E & FN Spon，1998 年），第 61–75 页。

6. 威廉·麦克多诺和迈克尔·布朗加特（Michael Braungart），《从摇篮到摇篮：重塑我们的做事方式》（Cradle to Cradle：Remaking the Way We Make Things）（纽约：North Point Press，2002 年）第 156 页。

7. 莱昂·凡·斯海克（Leon van Schaik），"可持续发展的美学"（The Aesthetics of Sustainability）见克里斯汀·费尔瑞斯（Kristin Feiress）和卢卡斯·费尔瑞斯（Lukas Feiress）编辑，《变化的建筑：建筑环境的可持续性与人性化》（Architecture of Change：Sustainability and Humanity in the Built Environment）（柏林：Gestalten，2008 年），第 133 页。

8. 杨经文（Ken Yeang），"建筑环境生态设计与规划的理论框架"（A Theoretical Framework for the Ecological Design and Planning of the Built Environment），博士学位论文，剑桥大学，1975 年。

9. 杨经文，《生态摩天大楼》（Eco Skyscrapers）（维多利亚州，澳大利亚：Images Publishing Group，2007 年），第 20 页。

10. 杨经文，《生态设计：生态设计手册》（Ecodesign：A Manual for Ecological Design）（伦敦：Wiley–Academy，2006 年），第 23 页。

11. 杨经文，"绿色设计"（Green Design），《变化的建筑》（Architecture of Change）（注释 7），第 229 页。

12. 网上也可查询到的城市规范文件。参见蒂莫西·比特利(Timothy Beatley)在《绿色城市主义：向欧洲城市学习》（Green Urbanism：Learning from European Cities）（华盛顿：Island Press，2000 年）中对这些计划的讨论。又参见斯蒂芬·M·惠勒（Stephen M. Wheeler）和蒂莫西·比特利，《可持续城市发展读者》（Sustainable Urban Development Reader）（纽约：Routledge，2008 年）。

13. 开创新领域的两篇主要文章分别是爱德华·O·威尔逊（Edward O. Wilson），《社会生物学：新的综合学科》（Sociobiology：The New Synthesis）（剑桥，马萨诸塞州：哈佛大学出版社，1975 年）以及杰罗姆·H·巴科夫（Jerome H. Barko），丽达·考斯米（Leda Cosmides）和约翰·托比（John Tooby）编辑，《适应的思想：进化心理学与文化的产生》（The Adapted Mind：Evolutionary Psychology and the Generation of Culture）（纽约：牛津大学出版社，1992 年）。

14. 这方面的两个开创性研究是杰伊·阿普尔顿（Jay Appleton），《景观体验》（The Experience

of Landscape）（伦敦：New York，1975 年），以及戈登·H·奥里恩斯（Gordon H. Orians），"居所选择：一般理论和理论与人类行为应用"（Habitat Selection：General Theory and Theory and Applications to Human Behavior），见琼·S·洛卡德（Joan S. Lockard）编辑，《人类社会行为进化论》（The Evolution of Human Social Behavior）（纽约：Elsevier，1980 年），第 49–66 页。

15. 这篇文章有大量的篇幅描述栖息地的选择以及与自然接触的好处。参见，例如，戈登·H·奥里恩斯，"景观美学的生态与演化方法"（An Ecological and Evolutionary Approach to Landscape Aesthetics），见埃德蒙德·C·彭宁 – 罗赛尔（Edmund C. Penning-Rowsell）和戴维·罗文索（David Lowenthal）编辑，《景观的意义与价值》（Landscape Meanings and Values）（伦敦：Allen and Unwin，1986 年）；斯蒂芬·卡普兰（Stephen Kaplan）和雷切尔·卡普兰（Rachel Kaplan），《认知与环境：一个不确定世界的运作》（Cognition and Environment：Functioning in an Uncertain World）（纽约：Praeger，1982 年）；斯蒂芬·R·科勒特（Stephen R. Kellert）和爱德华·O·威尔逊，《生命假说》（The Biophilia Hypothesis）（华盛顿特区：Island Press，1993 年）；戈登·H·奥里恩斯和朱迪思·H·赫尔瓦根（Judith H.Heerwagen），"景观的演变反应"（Evolved Responses to Landscapes），见巴科夫，考斯米和托比《适应的思想》（The Adapted Mind）（注释 13）；罗杰·S·乌尔里希（Roger S. Ulrich），"亲近生物，敬畏生物与自然景观"（Biophilia，Biophobia，and Natural Landscapes），见科勒特和威尔逊，《生命假说》；斯蒂芬·卡普兰，"自然的恢复性优点：走向一体化框架"（The Restorative Benefits of Nature：Toward an Integrative Framework），《环境心理学杂志》（Journal of Environmental Psychology），15（1995 年），第 169–182 页；雷切尔·卡普兰，斯蒂芬·卡普兰和罗伯特·瑞安（Robert Ryan），《以人为本：日常自然界的设计与管理》（With People in Mind：Design and Management of Everyday Nature）（华盛顿：Island Press，1998 年）；雷切尔·卡普兰，"从家的角度看自然：心理利益"（The Nature of the View from Home：Psychological Benefits），《环境与行为》（Environment and Behavior），33（507）（2001 年），第 507–542 页；阿格尼斯·E·范登伯格（Agnes E. van den Berg），特里·哈提格（Terry Hartig）和亨克斯·塔茨（Henk Staats），"城市化社会对自然的偏好：压力、恢复和可持续发展的追求"（Preference for Nature in Urbanized Societies：Stress，Restoration，and the Pursuit of Sustainability），《社会问题杂志》（Journal of Social Issues），63（1）（2007 年），第 91 页。

16. 参见爱德华·O·威尔逊（Edward O. Wilson），《亲近生物的本能：人类与其他物种的联系》（Biophilia：The Human Bond with Other Species）（剑桥，马萨诸塞州：哈佛大学出版社，1984 年）。

17. 罗杰·S·乌尔里希（Roger S. Ulrich），"窗口视角可能影响术后恢复"（View through a Window May Influence Recovery from Surgery），《科学》（Science），新系列，224（4647）（1984 年 4 月 27 日），第 420、421 页。又参见特里·哈提格，"康复花园——关怀健康的

自然空间"（Healing Gardens–Places for Nature in Health Care），《医学与创造力》（Medicine and Creativity），368（2006 年 12 月），第 536、537 页；缇娜·布林斯利马克（Tina Bringslimark），特里·哈提格和克里特·格林达尔·帕蒂尔（Grete Grindal Patil），"工作场所放置室内植物的心理益处：实验结果置于上下文中"（Psychological Benefits of Indoor Plants in Workplaces：Putting Experimental Results in Context），《园艺科学》（HortScience），42（3）（2007 年 6 月），第 581–587 页。

18. 具体参见蒂莫西·比特利（Timothy Beatley），"走向生态城市——融入自然的城市设计策略"（Toward Biophilic Cities：Strategies for Integrating Nature into Urban Design），见斯蒂芬·R·凯勒（Stephen R. Keller），朱迪思·H·赫尔瓦根和马丁·L·麦道尔（Martin L. Mador），《亲近生物的设计：理论、科学以及把建筑引入生活的实践》（Biophilic Design：The Theory，Science，and Practice of Bringing Buildings to Life）（纽约：John Wiley & Sons，2008 年），第 277–296 页。

19. 参见斯蒂芬·S·凯勒特（Stephen S. Kellert），《生活的建筑：联系人与自然的设计与理解》（Building for Life：Designing and Understanding the Human‐Nature Connection）（华盛顿特区：Island Press，2005 年），以及凯勒特、赫尔瓦根和麦道尔《亲生物的设计》的各种文章（注释 17）。

20. 神经科学应用在建筑中的两个综合研究：参见约翰·P·埃伯哈德（John P. Eberhard），《大脑的景观：神经科学与建筑的共生》（Brain Landscape：The Coexistence of Neuroscience and Architecture）（牛津：牛津大学出版社，2008 年）以及哈里·弗朗西斯·马尔格雷夫（Harry Francis Mallgrave），《建筑师的大脑：神经科学，创造力和建筑》（The Architect's Brain：Neuroscience，Creativity，and Architecture）（纽约：Wiley–Blackwell，2010 年）。

21. 马丁·斯科夫（Martin Skov）和乌心·瓦塔尼安 Oshin Vartanian，《神经美学》（Neuroaesthetics）（阿米蒂维尔，纽约：Baywood Publishing，2009 年），第 11 页。

22. 特别参见赫尔穆特·莱德（Helmut Leder）的论著，尤其是莱德等人，"审美欣赏与审美判断的模式"（A Model of Aesthetic Appreciation and Aesthetic Judgments），《英国心理学杂志》（British Journal of Psychology），95（2004 年），第 489–508 页。

23. 或许大多数神经美学正追求这个方向。为了试图协调这三个研究结果，参见马科斯·纳达尔（Marcos Nadal）等人，"走向一种美学偏好的神经相关的研究框架"（Towards a Framework for the Study of the Neural Correlates of Aesthetic Preference），《空间视觉》（Spatial Vision），21（3–5）（2008 年），第 379–396 页。

24. 这个学派的领袖是埃伦·迪萨纳亚（Ellen Dissanayake），参见她《艺术与亲密性：艺术如何开始》（Art and Intimacy：How the Arts Began）（西雅图：华盛顿大学出版社，2000 年），以及史蒂文·布朗（Steven Brown）和埃伦·迪萨纳亚，"艺术不止美学：作为狭隘美学的神经美学"（The Arts Are More than Aesthetics：Neuroaesthetics as Narrow Aesthetics），见斯科夫和瓦塔尼安，《神经美学》（Neuroaesthetics）（注释 21），第 43–58 页。

25. 参见赛米尔·泽奇（Semir Zeki），"艺术创造力与大脑"（Artistic Creativity and the Brain），《科学》，293（5527）（2001 年 7 月 6 日），第 52 页，以及《内在愿景：艺术与大脑的探索》（Inner Vision：An Exploration of Art and the Brain）（牛津：牛津大学出版社，1999 年）。泽奇也是第一个使用"神经美学"术语的科学家。

26. 赛米尔·泽奇，"艺术与大脑"（Art and the Brain），《意识研究杂志：科学与人文的论战》（Journal of Consciousness Studies：Controversies in Science and the Humanities）（1999 年 6 月 /7 月），6（6–7），第 77 页。

27. 关于比例的一个有趣研究，参见辛西娅·迪·迪奥（Cinzia Di Dio），埃米利亚诺·马卡鲁索 Emiliano Macaluso，和贾科莫·里佐拉蒂（Giacomo Rizzolatti），"金子般的美：大脑对古典主义和文艺复兴时期雕塑的反应"（The Golden Beauty：Brain Response to Classical and Renaissance Sculptures），《阿尔茨海默病杂志》（PLoS ONE），2（11）。对于艺术和建筑的经验更加普遍的观点，参见戴维·弗里德伯格（David Freedberg）和维托里奥·加莱塞（Vittorio Galles），"审美体验中的运动、情感和共鸣"（Motion，Emotion and Empathy in Esthetic Experience），《认知科学的发展趋势》（Trends in Cognitive Sciences）11（5）（2005 年 5 月），第 197–203 页。

致谢

　　我们想在此感谢很多人，他们以不同的方式促成了本书的出版，有的是通过阅读部分文本，有的是同意分享那些他们曾参与过的活动。他们包括：Francesco Dal Co, Kenneth Frampton, Julia Bloomfield, Stanley Tigerman, Mark Wigley, George Schipporeit, Donna Robertson, Preston Scott Cohen, and K.Michael Hays。一些建筑师事务所非常友好地为我们提供了图片并允许其在本书中出版，他们是 Christopher Alexander's Center for Environmental Structure, Eisenman Architects, Tigerman McCurry Architects, Léon Krier, Edward Windhorst, Kisho Kurokawa Architect and Associates, the office of Prince Charles, the Prince of Wales, Duany Plater–Zyberk & Compsny, Calthorpe Associates, Bernard Tschumi Architects, Atelier Hollein, Tim Brown, Preston Scott Cohen, Office for Metropolitan Architecture, Herman Miller, Inc., and Foster+Partners. Felicity Marsh 以一贯的聪明才智和认真敏锐承担起编辑手稿的重任。威利－布莱克韦尔出版社莫尔登办公室的 Jayne Fargnoli 大力支持本书的问世，同时一直协助她的还有 Margot Morse 和 Matthew Baskin。我们还要感谢牛津办公室的 Lisa Eaton 在负责整体封面设计时表现出的敏锐。在格雷厄姆资源中心，我们得到了 Matt Cook、Kim Soss、Rich Harkin、Stuart Macrae 以及高尔文图书馆（Galvin Library）工作人员的帮助，他们总是那么高效。在此，还要特别感谢 Susan Mallgrave 和 Romina Canna。最后，对现在这一时期所做的最早的历史研究不可能没有遗漏或失实之处。我们力求对所述事实做到公正，同时也对那些可能感到被忽视或者认为自己的观点或行为受到不恰当描述的地方深表歉意。

人名对照表

Benevolo, Leonardo　里昂纳多·贝内沃洛

Benjamin, Walter　瓦尔特·本雅明

Berkel, Ben van　本·凡·贝克尔

Berlin, Isaiah　以赛亚·伯林

Bettini, Sergio　塞尔吉奥·贝蒂尼

Beuys, Joseph　约瑟夫·博伊斯

Blake, Peter　彼得·布莱克

Bloomer, Kent C.　肯特·C.布鲁默

Bloomfiled, Julia　朱莉娅·布卢姆菲尔德

Bofill, Ricardo　里卡多·博菲尔

Bognar, Botond　波同德·伯格纳

Bohr, Niels　尼尔斯·波尔

Bond, James　詹姆斯·邦德

Bonsiepe, Giu　古·柏斯普

Bonta, Juan Pablo　胡安·巴勃罗·邦塔

Borsano, Gabriella　加布里埃拉·波尔萨诺

Bos, Caroline　卡罗琳·博斯

Botta, Mario　马里奥·博塔

Bötucher, Karl　卡尔·波提策尔

Bouldin, Kenneth　肯尼斯·博尔丁

Boullée, Etienne-Louis　艾蒂安－路易斯·
部雷

Boyarsky, Alvin　阿尔文·博雅斯基

Braungart, Michael　迈克尔·布朗加特

Brensing, Christian　克里斯蒂安·布莱辛

Brezhnew, Leonid　列昂尼德·勃列日涅夫

Briseux, Charles Etienne　查尔斯·艾蒂安·布
利塞斯

Britt, David　戴维·布里特

Broadbent, G.　G·布罗德本特

Broadbent, Geoffrey　杰弗里·布罗德本特

Broch, Hermann　赫尔曼·布洛赫

Brown, Denise Scott　丹尼丝·斯科特·布朗

Brown, Tim　提姆·布朗

Bruggen, Coosje van　古斯·凡·布鲁根

Bunshaft, Gordon　戈登·邦夏

Burchardt, L.　L·伯查特

Burlington, Lord　伯林顿爵士

Burton　比东

Buyssens, Eric　艾瑞克·比森斯

罗多维科·巴比安努·迪贝尔焦约索

C

Cacciari, Massimo　马西莫·卡恰里

Calatrava, Santiago　圣地亚哥·卡拉特拉瓦

Caliandro, Victor　维克托·卡利安德罗

Calthorpe, Peter　彼得·卡尔索普

Canizaro, Vincent B.　文森特·B·卡尼扎罗

Canna, Romina　罗米纳·坎纳

Canna, Romina　洛米娜·坎纳

Caragonne, Alexander　亚历山大·卡拉贡

Carnap, Rudolf　鲁道夫·卡纳普

Castro, Fidel　菲德尔·卡斯特罗

Celant, Germano　杰马诺·切朗特

Chaffee, Richard　理查德·查菲

Chambray, Roland Freart de　罗兰·弗雷亚
尔·德尚布雷

Chareau, Pierre　皮埃尔·夏隆

Cheesman, Georgia　格鲁吉亚·奇斯曼

Chermayeff, Serge　塞尔日·切尔马耶夫

Chipperfield, David　戴维·齐普菲尔德

Chomsky, Noam　诺曼·乔姆斯基

Chusid, Jeffrey M.　杰弗里·M·库西德

Ciucci, Giorgio　乔治·丘奇

Co, Francesco Dal　弗朗西斯科·达尔·科

Coates, Nigel　奈杰尔·科茨

Coffin, Christie　克里斯蒂·科芬

Cohen, Jean-Louis　让－路易·科恩

Cohen, Preston Scott　普雷斯顿·斯科特·
科恩

Forest, Kurt W. 库尔特·W·福斯特

Fort-Bresc, Bernardo 贝尔纳多·福特 – 布雷夏

Foster, Hal 哈尔·福斯特

Foster, Norman 诺曼·福斯特

Foucault, Michel 米歇尔·福柯

Frampton, Kenneth 肯尼思·弗兰姆普敦

Francisc, Daniel de 丹尼尔·德·费

Frascari, Marco 马尔科·弗拉斯卡里

Freud, Sigmund 西格蒙德·弗洛伊德

Friedman, Yona 尤纳·弗里德曼

Fromm, Erich 埃里希·弗洛姆

Fry, Maxwell 马克斯威尔·弗莱

Fuller, Kevin 凯文·富勒

Fuller, Richard Buckminster 理查德·巴克敏斯特·富勒

Fusco, Renato de 雷纳托·德·弗斯科朗西斯科

G

Gandelsonas, Mario 马里奥·冈德索纳斯

Gans, Herbert 赫伯特·甘斯

Garbarino, Steve 斯蒂夫·加巴里诺

Gaudi, Antonio 安东尼奥·高迪

Gausa, Manuel 曼努埃尔·盖飒

Gehry, Frank O. 弗兰克·欧恩·盖里

George, St 圣乔治

Geuze, Adriaan 阿德里安·高依策

Ghirardo, Diane 黛安·吉拉尔多

Giedion, Sigfried 西格弗里德·吉迪恩

Gill, Irving 欧文·吉尔

Ginzburg, J.A. J·A·金茨堡

Giovannini, Joseph 约瑟夫·焦万尼尼

Giurgola, Romaldo 罗马尔多·朱尔戈拉

Goethe, Johann Wolfgang von 约翰·沃尔夫冈·冯·歌德

Goldber, Bertrand 贝特朗·戈德堡

Goldberger, Paul 保罗·戈德伯格

Goldsmith, Myron 迈伦·戈德史密斯

Goodman, David 戴维·戈德曼

Gordon, Elizabeth 伊丽莎白·戈登

Gottmann, Jean 琼·戈特曼

Gowan, James 詹姆斯·高恩

Graham, Bruce 布鲁斯·格雷厄姆

Grassi, Giorgio 乔治·格拉西

Graves, Michael 迈克尔·格雷夫斯

Greenberg, Allan 艾伦·格林伯格

Greenberg, Clement 克莱门特·格林伯格

Greenberg, Ken 肯·格林伯格

Greene & Greene 格林兄弟

Gregotti, Vittorio 维托里奥·格雷戈蒂

Gropius, Walter 沃尔特·格罗皮乌斯

Gruen, Victor 维克托·格鲁恩

Guattari, Felix 费利克斯·瓜塔里

Guevara, Che 切·格瓦拉

Gutbrod, Rolf 罗尔夫·古特布罗德

Gwathmey, Charles 查尔斯·格瓦思米

H

Habermas, Jürgen 尤尔根·哈贝马斯

Hackney, Rod 罗德·哈克尼

Hadid, Zaha 扎哈·哈迪德

Hadrian 哈德良

Hagmann, John 约翰·哈格曼

Hall, Edward T. 爱德华·霍尔

Hamilton, Richard 理查德·汉密尔顿

Happold, Ted 特德·哈波尔德

Harkin, Rich 里奇·哈金

Harlow 哈洛

Harrington, Kevin 凯文·哈林顿

Kennedy, John F. 约翰·F·肯尼迪

Kennedy, Robert 罗伯特·肯尼迪

Kennon, Paul 保罗·肯农

Khan, Fazlur 法茨拉·卡恩

Kikutake, Kiyonori 菊竹清训

King, Martin Luther 马丁·路德·金

Kipnis, Jeffery 杰弗里·基普尼斯

Klee, Paul 保罗·克利

Kleihue, Josef 约瑟夫·克莱修斯

Kleihues, Josef Paul 约瑟夫·保罗·克莱修斯

Kleihues, Josef-Paul 约瑟夫-保罗·克莱修斯

Klein, Alexander 亚历山大·克莱因

Klein, Yves 伊夫·克莱因

Klotz, Henrich 亨里希·克洛茨

Knevitt, Charles 查尔斯·肯尼维堤

Koenig, Giovanni Klaus 乔瓦尼·克劳斯·科尼格

Koetter, Fred 弗瑞德·科特

Koolhaas, Rem 雷姆·库哈斯

Koralek 科拉莱克

Krauss, Rosalind 罗莎琳德·克劳斯

Krier, Léon 莱昂·克里尔

Krier, Rob 罗布·克里尔

Kubrick, Stanley 斯坦利·库布里克

Kupper, Eugene 尤金·库佩尔

Kurokawa, Kisho 黑川纪章

Kwinter, Sanford 桑福德·昆特

L

Laine, Christian K. 克里斯蒂安·K·莱恩

Land, Peter 彼得·兰德

Langdon, Philip 菲利普·兰登

Lapidus, Morris 莫里斯·拉皮德斯

Lasso, Julio Cano 胡利奥·卡诺·拉索

Laugier, Marc-Antoine 马克-安托万·洛吉耶

Ledoux, Claude Nicolas 克劳德·尼古拉斯·勒杜

Lefaivre, Liane 利亚纳·勒费夫尔

Leibniz, Gottfried 戈特弗里德·莱布尼茨

Leonidov, Ivan 伊万·列奥尼多夫

Lequeu, Jean-Jacques 让-雅克·勒昆

Levine, Jessica 杰西卡·莱文

Levine, Neil 尼尔·莱文

Levi-Strauss, Claude 克劳德·莱维-斯特劳斯

Lewis, Roger K. 罗杰·K·刘易斯

Liebeskind, Daniel 丹尼尔·里勃斯金

Lin, Fang-Yi 林芳怡

Linder, Mark 马克·林德

Lindinger, Herbert 赫伯特·林丁格

Llorens, Tomás 托马斯·略伦斯

Loos, Adolf 阿道夫·路斯

Lubetki, Berthold 贝特洛·莱伯金

Ludwig, Trostel 路德维希·特罗斯特尔

Lumsden, Anthony 安东尼·拉姆斯登

Lutyens, Edwin 埃德温·勒琴斯

Lynch, Kevin 凯文·林奇

Lynn, Greg 格雷戈·林恩

Lyotard, Jean-Francois 让-弗朗索瓦·利奥塔

M

Maas, Winy 威尼·马斯

Mack, Mark 马克·麦克

Mackay, David 戴维·麦凯

MacKaye, Benton 本顿·麦克凯耶

Macrae, Stuart 斯图亚特·麦克雷

Nouvel, Jean　让·努韦尔

Novotný, Antonín　安东尼·诺沃提尼

O

Ockman, Joan　琼·奥克曼

Oiza, Francisco Javier Sáenz de

Oldenburg, Claes　克拉斯·欧登伯格

Olmsted, Frederick Law　弗雷德里克·劳·奥
姆斯特德

OMA　大都会建筑事务所

Oorthuys, Gerrit　盖利特·欧席斯

Orfield, Myron　迈伦·奥菲尔德

Otaka, Masato　大高正人

Otto, Constant Frei　康斯坦[尼乌文赫伊斯
（Nieuwenhuys）]·弗雷·奥托

Oud, J.J.P.　J·J·P·奥德

弗朗西斯科·哈维尔·萨恩斯·德·奥伊萨

P

Pallasmaa, Juhani　尤哈尼·帕拉斯玛

Papadakis, Andreas　C.安德烈亚斯·C·帕
帕扎基斯

Papanek, Victor　维克多·帕帕奈克

Patkau, John　约翰·帕特考

Patkau, Patricia　帕特里夏·帕特考

Pawson, John　约翰·帕森

Pei, I.M.　贝聿铭

Pelli, Cesar　西萨·佩里

Peressutti, Enrico　恩里科·佩雷苏蒂

Pérez–Gómez, Alberto　阿尔贝托·佩雷斯–
戈麦斯

Pevsner, Nikolaus　尼古拉斯·佩夫斯纳

Piano, Renzo　伦佐·皮亚诺

Pikionis, Dimitris　季米特里斯·皮吉奥尼斯

Pinos, Carme　卡梅·皮诺斯

Piranesi, Giovanni Battista　乔瓦尼·巴蒂斯
塔·皮拉内西

Plater–Zyberk, Elizabeth　伊丽莎白·普拉特–
兹伊贝克

Plater–Zyberk, Duany　杜安伊·普拉特–兹
伊贝克

Plato　柏拉图

Polk, Willis　威利斯·波克

Polycleitus　波留克列特斯

Porphyrios, Dimitris　季米特里斯·波尔菲里
奥斯

Portoghesi, Paolo　保罗·波托盖希

Portzamparc, Christian de　克里斯蒂安·德·鲍
赞巴克

Powell, Kenneth　肯尼斯·鲍威尔

Price, Cedric　塞德里克·普赖斯

Prix, Wolfgang　沃尔夫冈·普瑞克斯

Pugin, Augustus Welby　奥古斯塔斯·韦尔
比·普金

Q

Quetglas, Josep　何塞普·克格拉斯

R

Rakatansky, Mark　马克·拉卡坦斯基

Rasch, Bodo　博多·拉什

Rasmussen, Steen Eiler　斯坦·埃勒·拉斯
穆森

Rauch　劳赫

Reichlin, Bruno　布鲁诺·雷克林

Reinhart, Fabio　法比奥·莱因哈特

Reiser, Jesse　杰西·赖泽

Rice, Peter　彼得·赖斯

Richards, J.M.　詹姆斯·莫德·理查兹

Richards, J.M.　詹姆斯·莫德·理查兹

译后跋

近些年来，西方建筑界不断涌现出有关建筑理论的著作，其中就有伊利诺伊理工学院的哈里·弗朗西斯·马尔格雷夫教授撰写的《建筑理论》（卷一和卷二，2005 年出版）。这两卷分别涵盖了从维特鲁威到 1870 年以及从 1871 年到 2005 年期间的建筑理论，他的另一本《现代建筑理论》（2009 年出版）对 1673—1968 年间的建筑理论进行了深入的历史调查，随后他与戴维·戈德曼合作完成的这本《建筑理论导读》（2011 年出版）则是对 1968 年到 2009 年间的建筑理论所进行的高屋建瓴的回顾与总结。马尔格雷夫教授在给译者的邮件中曾这样写道："总之，我和戴维·戈德曼所做的一切就是捕捉建筑理论在这些年快速发展的步伐。在今天看来，大多数的理论看上去仍相当奇特，但它们的确与当时的语境息息相关。"

从成为一名建筑学子开始，我就对建筑理论敬而远之，一是因为这一领域的读物往往给人留下枯燥晦涩的印象，读半天不知所云，这导致我们对建筑理论方面的学术探索并不十分明了；二是因为建筑理论本身似乎并没有成为中国当下建筑设计过程中不可或缺的因素。而今，作为一名建筑系的教师，为学生拨云见日，厘清西方当代建筑理论的发展脉络，已是我义不容辞的责任。

2013 年，我承担了上海应用技术大学"现当代建筑历史与理论课程群建设"的课题，但一直苦于缺乏一本简明而具有权威性的著作作为当代建筑历史与理论课的教材。随着近几年我国建筑界对建筑理论著述翻译引进力度的加大，2013 年 6 月，一个偶然的机会使我得以翻译此书。翻译的过程较为艰苦，我投入了大量的时间与精力，其间也为自己的莽撞而迟疑，为自己学术积累的浅薄而懊恼，但求知探索的欲望似乎更加强烈，眼前不断出现新的视野，这着实令人振奋。2014 年初，我翻译完成了序言和第 1—6 章。同年底，我赴美做访问学者，这期间幸好我的同事友人——周卓艳和高颖两位志同道合的老师也参加进来，承担了后半部分章节的初译工作，缓解我的压力。她们翻译的章节分别是：周卓艳（第 7，8，11，12 章，注释的序言—第 6 章），高颖（第 9，10 章，注释的第 6—12 章）。此外，上海应用技术大学建筑系对建筑理论感兴趣的优秀学生也为本书提供了若干草译稿，他们是倪博研（第 8，11，12 章），戴文清（第 3，4 章）和卢雨（第 5，6 章），在此我对他们无私地付出了自己宝贵的时间和精力表示深深的谢意。2015 年初，第 7—12 章的译稿初具，在美期间我根据原文，检索了大量资料，力求译文准确，并针对这部分逐字逐句进行了通译和校正，以求全文语感，人名及术语前后一致，语言表述统一，语言风格忠于原文。同时还就翻译中的诸多难点请教了本书的第一作者马尔格雷夫教授。教授对此耐心地给予了一一解答，经其同意，文中将这些注释也一并展现出来。此外，译者通过检索谷歌和维基百科等还对一些术语、人名及事件等进行了解释，以方便读者阅读。根据惯例，译者在附录中提供了人名对照表，并对作者的注释也做翻译，以便读者进一步研究时用。

进入新的世纪后，西方建筑师在我国设计的几座大型公共建筑引发了业内人士的广泛争议，吴良镛教授将这些争议称为"中国现代建筑史上少有的争议"，这不仅反映出我国建筑设计发展与理论探索的严重失衡，同时也突显出翻译引进西方建筑理论的必要性和迫切性。在这种背景下，吴良镛教授倡导"提高全社会的建筑理论修养"，而清华大学王贵祥教授翻译的《建筑理论史——从维特鲁威到现在》及《建筑理论》（上、下）则使我们对西方建筑理论的历史发展有了更为全面和宏观的认识。建筑理论为我们开启了全新的视野，然而理论并非亘古不变，东西方文化也迥然不同，我们应对既有理论加以辨别和思考，批判地运用，而不能因此刻舟求剑，束缚自己的手脚。

在此，我要由衷地感谢清华大学的王贵祥教授。我们素昧谋面，但他却冥冥中对我的翻译工作鼎力相助，不仅给了我这次难得的机会，还为这本译作审稿，提出了许多宝贵的意见和建议。在整个翻译过程中，王教授翻译的《建筑理论史——从维特鲁威到现在》一直是我的参照。作为我的精神导师，他严谨与奉献的学术精神将影响我终生。

感谢中国建筑工业出版社前任社长刘慈慰和董苏华编审为本书的版权引进、翻译工作的顺利推进和详稿的审校所付出的不懈努力；感谢我的家人对我翻译此书的支持，尤其是我的先生赵鹏从职业建筑师的角度为书中涉及建筑技术的翻译提出了更贴切更专业的意见。也希望译作的出版给幼子心齐以鞭策与激励，他见证了我的坚持与苦乐并存的翻译过程。

翻译这本书断断续续共花了三年的时间，有时为了某个专有名词所花费的时间和精力并不亚于翻译一篇文章，面对微薄的经费，三位译者少欲好学，不惑于利，勤心精进，终不懈息，但初次翻译这样一部学术性极强的著作，加之涉及的知识面很广，且文中存在较多的非英语词汇，无论在翻译的准确性上，还是在中文的表述习惯上，难免存在不妥甚至错误，在此我们真诚地期待各位专家学者的指正，以使译稿臻于完美。

赵前

2015 年 10 月于美国